NF文庫
ノンフィクション

昭和の陸軍人事

大戦争を戦う組織の力を発揮する手段

藤井非三四

JN169462

潮書房光人社

はじめに

防衛論議が盛んになると、陸上自衛隊が往時の帝国陸軍よりも劣っているかのような論調を耳にすることが多くなる。それを否定するだけの材料を持ち合わしていないが、こと人事に関しては、陸上自衛隊の方が格段に優れていると断言したい。もちろん、徴兵制と志願制、戦争をした軍隊とそうでない武装集団というちがいがあるにせよ、とにかく陸上自衛隊は真剣に人事と取り組んで来た。

陸上自衛隊における人事の定義は、勢力、補任、規律、士気、戦没者の取扱い、捕虜の取扱い、健康管理及び安全管理の総称としている。この後者四項について、帝国陸軍は落第点以下だった。特に健康管理だ。当時は医療体制が貧弱だったにせよ、健康は管理するものという意識が欠落していたため、有為な人材が病魔に襲われて脱落し、高級人事がくるってしまった事例は意外と多い。そして戦争になると、マラリア、アメーバ赤痢などに対処できず、多くの戦病死者を出してしまった。

では、前者四項について帝国陸軍は合格点だったのか。それがどうも疑問なのだ。まずは勢力、すなわち人的戦力の確保、維持だ。戦前の日本は兵役制度が完備し、総人口の一〇パーセントまでの動員は可能としており、実際に終戦時の動員率は一一・四七パーセントに達していた。このように兵員は十分に集められるものの、それを統率、統御、指揮する将校の絶対数が足りなかった。各級部隊長や幕僚は陸軍士官学校出身の正規将校で固めようとしていたが、支那事変から終戦にいたるまでのあいだの佐官は、陸士の卒業生の極端な低迷期にあたっていた。これは、日本が計画的に侵略戦争を遂行したのではないことの証明にはなるが、同時に長期的な人事計画がないまま大戦争に乗り出した無謀さも意味する。

補任についても、計画がないまま組織を膨張させたのだから混乱するのが当然だ。終戦時、陸軍の将官は一五〇〇人、佐官は四万二六〇〇人、しかも現役と応召者が混在していた。これを限られた人員の陸軍省人事局で扱うとなると、どうしても評判や噂による人事になりがちで、だれもが納得できないまま不満が鬱積する結果となった。そして機械的なあてがいぶちの人事となり、どこも組織としての力が発揮できなくなってしまった。

そもそも、だれもが人事施策というものを考えていなかったのだ。とにかく与えられたもので、どうにかするしかないのだから、あれこれ考えても仕方がないとなる。勝利を収めた軍隊では、こういうことにはならない。第二次世界大戦で著名なイギリスの元帥、バーナード・モントゴメリーは、その回想録でこう記している。

「……おそらく私の勤務時間の三分の一は、人に関しての考慮に費やされたといえよう。部下の扱いにあたってきわめて重要なことは、正義と公平についての鋭い感覚である。それと同時に人間としての情味あふれた配慮が不可欠である」（『モントゴメリー回想録』読売新聞社）。これはどういうことなのか、その追究もこの小著の狙いだ。

これから読み進めていかれる方に、お願いしておきたい。本文は昭和期の陸軍人事を取り上げ、エピソード的なものを加えてその背景を探った。その全体像は、主要な職務の歴任者一覧を参照されたい。その個々人については、略歴などを付した人名索引で理解の緒がえられると思う。このように、この小著が昭和期の陸軍のハンドブックのように活用していただければ、幸甚このうえない。

前作『陸軍人事』に続き、上梓の機会を与えて下さった潮書房光人社の皆様に感謝申し上げたい。

なお、基本的な参考書籍は、『日本陸海軍総合事典』（東京大学出版会）、『陸海軍将官人事総覧』（芙蓉書房）、『帝国陸軍編制総覧』（芙蓉書房）で、ほかは多数となるので記載を省略させてもらった。

二〇一五年九月

藤井非三四

昭和の陸軍人事——目次

はじめに　3

第I部　日本を動かした三長官の人事

人事権と予算権を握る陸軍大臣の選任　14
統帥権独立を支える参謀総長の選任　62
無風地帯にいられる教育総監の選任　94
航空総監の選任　111

第II部　重視されるべき指揮官の人事

軍の命運を握る各級部隊長人事　120
外地にあった四人の軍司令官　148

第Ⅲ部　常に優先された参謀の人事

[付表]

表１　昭和期の陸軍大臣　18
表２　昭和期の陸軍次官　19
表３　昭和期の参謀総長　64
表４　昭和期の参謀次長　65
表５　昭和期の教育総監　96
表６　昭和期の教育総監部本部長　97
表７　航空総監　114
表８　陸軍大将が経験した連隊長、旅団長、師団長　133
表９　昭和期の関東軍司令官　150
表10　昭和期の朝鮮軍司令官　162
表11　昭和期の台湾軍司令官　168
表12　昭和期の支那駐屯軍司令官　176
表13　昭和期の憲兵司令官　186
表14　大東亜戦争開戦時の軍司令官　218
表15　服部卓四郎と西浦進の軍歴　242
表16　昭和期の軍務局軍事課長　248
表17　昭和期の参謀本部第２課長　249
表18　昭和期の陸軍省軍務局長　254
表19　昭和期の陸軍省人事局長　260
表20　昭和期の参謀本部総務部長　268
表21　昭和期の参謀本部第１部長　276
表22　昭和期の参謀本部第２部長　286
表23　北支那方面軍、第１軍、第２軍司令部の主要職員　298
表24　中支那方面軍、上海派遣軍、第10軍司令部の主要職員　298
表25　南方進攻各司令部の主要職員　300
表26　第１総軍、第２総軍等司令部の主要職員　309

昭和の陸軍人事

大戦争を戦う組織の力を発揮する手段

第I部　日本を動かした三長官の人事

人事権と予算権を握る陸軍大臣の選任

◆田中義一が描いた絵図

大正十二（一九二三）年十二月二十七日に起きた虎ノ門事件（摂政宮狙撃事件）によって第二次山本権兵衛内閣が総辞職となり、田中義一陸相も専任の軍事参議官にさがった。彼の宿願「政友会を買って総理になる」準備も整いつつあった頃だから、この事件を一つの踏ん切りにしたのだろう。なお、田中が予備役に入ったのは、十四年四月のことで六一歳だった。すぐに田中内閣は無理にしろ、次の次、もしくは三年後あたりを射程に入れていたはずだ。ちなみに田中義一内閣成立は、昭和二年四月二十日だった。

天下を取るにも、取ってからも陸軍を盤石な支持母体にするには、ここでどういう布石を打つか、そこが田中義一の思案のしどころだ。彼はさほど長州閥を意識していなかったとされるが、彼の周囲はそれにこだわる。ともに山口出身で軍務局長を経験した菅野尚一、寺内正毅の大臣秘書官や軍務局軍事課長をつとめた津野一輔が陸相になれば、田中としても心強いし、なにより長州の先輩に義理が果たせる。もちろん、大正十二年末の時点で菅野は第二〇師団長だから、すぐさまバトンを渡せない。田中は旧八期（士官生徒八期）、そこから士候二期（士官候補生二期）の菅野まで飛ぶとなると、収まらない人が多く出て来る。そこであいだをつなぐ人となれば、一期の宇垣一成が浮かび上がる。

田中義一と宇垣一成との関係は、かなり古く密接だ。田中が軍事局長の時、宇垣は軍事課長だ。田中が参謀次長の時、宇垣は参謀本部第一部長、同総務部長をつとめた。そして、田中が二度目の陸相の時、次官が宇垣だ。宇垣自身が語るように、随分と田中の提灯持ちをして来たので、田中としては宇垣は意のままになると思っていたはずだ。また、山本権兵衛の後継の清浦奎吾内閣はどうせ短命だから、だれが陸相になってもたいした問題ではないと田中は高をくくっていただろう。

さて人事の基本だが、高級人事ほど将来構想や業務の連続性を維持するため、前任者の意向が最大限に尊重される。さらには、「貴官の次は彼にしてもらえれば幸い」と依頼の形で影響力をのちのちまで及ぼせる。もちろん、三長官（陸相、参謀総長、教育総監）の同意は不可欠だ。当時、参謀総長は河合操、教育総監は大庭二郎だから、田中義一の意向通りになる。組閣本部に推薦する陸相は宇垣一成だ。部内ですんなりと決まっても、それを押し通そうとすれば必ず反発をかう。そこでまずは、元帥府に列している終身現役大将のご意向をうかがう。この時、臣下の元帥は奥保鞏と上原勇作の二人で、田中にとって頭が痛いのは、長州閥に対する薩肥閥の首領とされる上原だった。

そこは世慣れた田中義一だけのことはあり、みずから上原勇作の私邸に足を運び、後任陸相の候補三人を示した。その書き付けは、福田雅太郎、尾野実信、そして宇垣一成の順になっていたとされる。社会的な通念としてはこれが優先順位になるだろうし、上原もそう理解したはずだ。田中と犬猿の仲であることは広く知られている福田は落ちるにしても、尾野に落ち着くはずだと上原は思ったにちがいない。そこで上原は田中に、「三人ともに陸相の資格十分、長幼の序を考慮してもらいたい」と語るにとどまった。

ところが、田中義一が清浦奎吾の組閣本部に示した陸相候補は、「宇垣、尾野、福田」の順になっていたとされる。一期、旧一〇期、旧九期と陸士の期を逆転させたわけだ。組閣側としては、これが優先順位と受け止めるし、気持ち良く後継陸相を出してもらうには宇垣一成を選ぶ。しかも、この三人のだれを選んでも良いという上原勇作のお墨付きがあるというのだから安心できる。こうして大正十三年一月に宇垣陸相が誕生した。

トリックもどきのこの策は、清浦奎吾が上原勇作に話してしまったため広まった。「なんという小才を弄するか」と反発した人も多かったろうが、田中が現役にとどまっているうちは、余計なことを口にすれば身に災いが及ぶ。福田雅太郎や尾野実信を推している人も、「清浦内閣という泥舟に乗った宇垣一成も利口ではない、これで彼も中将で終わりか」とさめた見方をしていただろう。

大方の予想通り、清浦奎吾内閣は半年も持たず、大正十三年六月に総辞職となり、後継首班は憲政会の加藤高明となった。自薦、他薦と賑やかに陸相候補が出るなか、宇垣一成は自ら留任を決めた。人事権を握っている者の強みだ。しかも参謀総長と教育総監は半年前と同じ、さらに次官は津野一輔、人事局長は長谷川直敏とこれも動いていない。陸軍の中枢部の陣容からしても、宇垣の留任は最初から確定していたのだ。なお、昭和期の陸相、次官については、表1と表2を参照してもらいたい。

◆辣腕宇垣の後継者

これに先立つ大正十三年一月、陸相に就任した宇垣一成は、すぐに軍制調査会を設けて平時編制改正の研究を進めていた。常設師団四個の廃止を骨子とする成案をえて、同年八月にこれを軍事参議官会議にかけた。もちろん元帥の上原勇作、専任の軍事参議官だった福田雅太郎、尾野実信、町田経宇は猛反発した。しかし、宇垣はたじろぐことなく、異例な多数決に持ち込み、三長官と元帥の閑院宮載仁と奥保鞏の賛成、五対四で押し切り、十四年五月一日に発表の運びとなった。

これだけでも宇垣一成の辣腕は、部内外を驚かせるのに十分だが、その五月一日に発表された不定期な人事は、さらに衝撃的だった。この時、待命となったのは、まず山梨半造、福田雅太郎、町田経宇、尾野実信の軍事参議官だ。さらに清浦奎吾と熊本の同郷ということで組閣時にあれこれ動いたとされる第一師団長の石光真臣、廃止された第一三師団長の井戸川辰三、同じく第一七師団長の大野豊四、そして上原勇作と同じ工兵科出身で第九師団長の星野庄三郎が待命となり、同月末にそろって予備役編入となった。

表１　昭和期の陸軍大臣

大正		就任日時	前職／転出先
13年	宇垣一成（＃ 1）	13. 1. 7	陸軍次官／軍事参議官
14年			
15年			
昭和			
2 年	白川義則（＃ 1）	2. 4.20	軍事参議官／軍事参議官
3 年			
4 年			
	宇垣一成（＃ 1）	4. 7. 2	軍事参議官／朝鮮総督
5 年			
6 年	南　次郎（＃ 6）	6. 4.14	軍事参議官／軍事参議官
	荒木貞夫（＃ 9）	6.12.13	教総本部長／軍事参議官
7 年			
8 年			
9 年	林銑十郎（＃ 8）	9. 1.23	教育総監／軍事参議官
10年			
	川島義之（＃10）	10. 9. 5	軍事参議官／予備役
11年	寺内寿一（＃11）	11. 3. 9	軍事参議官／軍事参議官
12年	中村孝太郎（＃13）	12. 2. 2	教総本部長／参本付
	杉山　元（＃12）	12. 2. 9	教育総監／軍事参議官
13年	板垣征四郎（＃16）	13. 6. 3	第５師団長／参本付
14年			
	畑　俊六（＃12）	14. 8.30	侍従武官長／軍事参議官
15年			
	東条英機（＃17）	15. 7.22	航空総監／予備役
16年			
17年			
18年			
19年			
	杉山　元（＃12）	19. 7.22	教育総監／第１総軍司令官
20年	阿南惟幾（＃18）	20. 4. 7	航空総監／自決
	東久邇宮（＃20）	20. 8.17	軍事参議官／
	下村　定（＃20）	20. 8.23	北支方面軍司令官／

表２　昭和期の陸軍次官

大正		就任日時	前職／転出先
15年	畑英太郎（＃ 7）	15. 7.28	軍務局長／第１師団長
昭和			
2年			
3年			
	阿部信行（＃ 9）	3. 8.10	軍務局長／第４師団長
4年			
5年	杉山　元（＃12）	5. 6.16	軍務局長／第12師団長
6年			
7年	小磯国昭（＃12）	7. 2.29	軍務局長／関東軍参謀長
	柳川平助（＃12）	7. 8. 8	騎兵監／第１師団長
8年			
9年			
	橋本虎之助（＃14）	9. 8. 1	参本総務部長／近衛師団長
10年			
	古荘幹郎（＃14）	10. 9.21	第11師団長／航本付
11年	梅津美治郎（＃15）	11. 3.23	第２師団長／第１軍司令官
12年			
13年	東条英機（＃17）	13. 5.30	関東軍参謀長／航空本部長
	山脇正隆（＃18）	13.12.10	教総本部長／第３師団長
14年			
	阿南惟幾（＃18）	14.10.14	第109師団長／第11軍司令官
15年			
16年	木村兵太郎（＃20）	16. 4.10	関東軍参謀長／軍事参議官
17年			
18年	冨永恭次（＃25）	18. 3.11	人事局長／第４航軍司令官
19年			
	柴山兼四郎（＃24）	19. 8.30	南京政府最高顧問／参本付
20年			
	若松只一（＃26）	20. 7.18	第２総軍参謀長／予備役
	原　守（＃25）	20.11. 1	東部憲兵隊司令官／

この時、宇垣一成はまだ中将だ（大将進級は大正十四年八月）。それなのにこの果敢な人事権行使とはと、現役将官のだれもが震え上がった。「閣下だ」「陛下の直参だ」と胸を張っている将官も、人事権を握っている者のまえでは赤子同然なのだ。現役でなくなれば、なんの権威もなくなり、ただ勲章のクリスマスツリーでしかなくなる。このような先輩を先輩とも思わぬ所業だが、古来からよくあったことだ。処罰するのはより大物を、表彰するのはより小物にすれば、その措置の効果が上がるとされて来た（「殺之貴大、賞之貴小」『尉繚子』武威篇）。武装集団の統率、統御は本来こうあるべきなのだろう。

宇垣一成は引き続き、第二次加藤高明、第一次若槻礼次郎内閣で陸相をつとめていたが、昭和三年三月からの金融恐慌で若槻内閣は総辞職となった。代わって田中義一が後継首班となるが、もちろん田中は宇垣の続投を望んだ。ところが宇垣はこれを断わった。その理由は、憲政会から政友会へという政変なのだから、軍部大臣が例外として留任すれば、軍部への風当たりが強くなるとの、分かったようで分からないものだった。その真意は、田中の積極的な大陸進出方針を危惧し、ここは一旦、身を引いて情勢の推移を見定めようとしたのだろう。宇垣はそれだけの達識の人だったと思いたい。

では、宇垣一成は後任にだれを推したのか。彼と同期、関東軍司令官を下番して軍事参議官になっていた白川義則だった。白川は本郷房太郎に見込まれて人事局課員となり、省部（陸軍省、参謀本部、教育総監部）の勤務が始まった人だ。人事屋はとかく人の恨みをかうものだが、温厚な白川による人事は公平だと好評だった。また、田中義一陸相のもとで人事局長、次官もつとめているから、田中内閣の陸相は適任かもしれない。

しかし、出身学校の期別で人事管理をしている組織では、同期のあいだでのタライ回しは避けるのが賢明だ。その弊害は、すぐまえに起きている。大正七年九月から十三年一月まで、陸相は旧八期の田中義一、次は同期の山梨半造、そしてまた田中とタライ回しを重ねた。そして一期の宇垣一成に飛んだ。そのあいだに敏腕な軍政屋がいなかったから仕方がないとはいっても、旧九期から旧一一期までに割りを食ったとの不満が残る。そこに長州閥と薩肥閥の対立がからむ。それらが解消されないまま昭和に入って行く。

周知のように田中義一内閣は、昭和三年六月四日の張作霖爆殺事件の処理を誤り、昭和天皇に叱責される事態となり、翌四年七月に総辞職となった。後継首班は浜口雄幸となるが、倒閣の事情が事情だけに、白川義則の陸相続投はありえず、宇垣一成の再登板となった。これで宇垣は、都合五代の内閣で陸相をつとめることとなる。

どうして宇垣一成は、田中義一と同じく同期のあいだでタライ回しを重ねたのか。不手際続きの第一次と第二次の山東出兵、そして張作霖爆殺事件、さらに朝鮮総督となった山梨半造の疑獄事件と、陸軍の権威が揺らいだ今、これを立て直せるのは自分のほかにいないと気負い立ったにちがいない。それが宇垣の真骨頂にしろ、陸軍に人がいないと告白しているのに等しい。しかも昭和五年六月頃、宇垣は中耳炎を悪化させ、一時は退任を決意したものの、西園寺公望に慰留されると翻意し、次官の阿部信行を代理に立てるまでした。

昭和五年十一月、浜口雄幸首相がテロに遭い、治療のかいもなく病状が悪化したため、翌六年四月に総辞職となった。さすがの宇垣一成も留任することはなかった。ともあれ、宇垣の陸相在任期間は五年二ヵ月にも及ぶ。なぜそこまで陸相の座にしがみ付いたかといえば、彼の眼鏡に適う後継者が育っていなかったからだ。

そんなはずはない、代理に立てた阿部信行がいるではないかとなるだろう。また、「宇垣四天王」として知られた杉山元、二宮治重、小磯国昭、建川美次もいたという話になる。宇垣一成と白川義則の一期生二人で陸相ポストを七年四ヵ月も占めたのだから、阿部の九期に飛んでもおかしくはない。しかし、四期あたりまでは諦めがつくにしろ、五期から八期までが納得しない。まして一二期、一三期を陸相にすることはまず無理だ。

陸相は予算と人事を握るから、その候補に上げられるのは軍務局長や人事局長の歴任者、軍事課長を経験した者となる。こういう観点で五期から八期で陸相候補者をリストアップすると、軍事課長をやった津野一輔、軍事課長と軍務局長をやった畑英太郎となる。人事局長をやった竹上常三郎と長谷川直敏も候補にはなるが、あと一つ決め手がなく陸相レースから脱落する。

陸士校長、教育総監部本部長、次官と歩いて近衛師団長に上番した津野一輔が、宇垣一成の跡目を継ぐ最有力候補だったはずだ。ところが津野は近衛師団長在任中、昭和三年二月に急逝してしまった。存命ならば彼の陸相は確実だったかといえば、それには疑問符が付く。津野の原隊は長州閥の牙城として知られる近衛歩兵第二連隊、京都出身だが長州藩士の子弟とされる岡市之助の女婿だ。これでは長州閥への大政奉還とひと波乱ある可能性が高い。また、彼は五期だからもう陸相には届かなかったとも見られる。

そこで、軍政屋として大事に育てられてきた七期の畑英太郎だ。彼は次官から第一師団長に転出して親補職をクリアー、さらに経歴に箔を付けるため関東軍司令官に補され、陸相としての資格を十二分にした。これみな、宇垣一成が敷いたレールだった。ところが昭和五年五月、畑は医療事故で任地の旅順で急死してしまった。宇垣の周到な人事施策も、人知の及ばない人の天命に妨げられた形となった。

◆下克上を抑えられなかった南陸相

昭和六年四月十四日に発足した第二次若槻礼次郎内閣の陸相は南次郎となった。軍事参議官にさがった宇垣一成は、あと二年、現役定限年齢の六五歳まで頑張って睨みをきかすかと思いきや、「二足の草鞋ははけない」と同年六月に依願予備役となり、朝鮮総督に転じた。やるだけやったから潮時だと思ったのか、なにやら騒々しい連中に担がれて面目ないと思ったのか（桜会による三月事件）、それとも朝鮮からでも十分院政がきくとの自信があったのか、そのあたりの宇垣の心情ははっきりとしない。

ともあれ、後任陸相を南次郎としたのは宇垣一成だった。本来、高級人事は大正二年七月の「省部協定」（陸軍省、参謀本部、教育総監部関係業務担任規定）によると、「将校の人事は三長官の協議決定による」とあり、これに付いていた覚書には、「ここにいわゆる将校とは将官のみに限定する」とされ、これに従って行なわれるのが通例だ。しかし、宇垣はこの覚書に署名しなかった、ただ一人の陸相だ。そのため南陸相誕生には、教育総監の武藤信義や参謀総長の金谷範三の意向はあまり反映していないと見るべきだ。

では、なぜ宇垣一成は、陸軍省勤務が軍務局騎兵課長の二年だけ、しかも宇垣と接触する機会がほとんどない南次郎を後任陸相に推したかだ。おそらくは次の四点がからまった結果だったはずだ。

まず、一期生による長期政権のツケが回って来たり、前述したようにこれはという人は急死したりと、人材が払底していたことが上げられる。昭和六年三月末の時点で、臣下の大将は侍従武官長の奈良武次を筆頭に六期の南次郎まで、宇垣一成と白川義則を入れて九人だ。政変に即応するとなると、広範囲の玉突き人事を避けるため専任の軍事参議官をあてるとなるが、その軍事参議官は鈴木孝雄、井上幾太郎、そして南の三人だから、経歴と期からして南に落ち着く。

南次郎は、騎兵科の主流に位置していたことも陸相就任の一つの理由だ。彼は昭和二年三月から参謀次長をつとめているが、これは参謀総長の鈴木荘六の意向に沿うところが大きい。承知のように鈴木は騎兵科出身だ。南は参謀次長から朝鮮軍司令官に転出して、陸相候補の資格をえるが、これは先々代の朝鮮軍司令官、森岡守成がレールを敷いた人事だ。語るまでもなく、森岡も騎兵科出身だ。念の入ったことに森岡と義弟の関係にあるのが鈴木と建川美次だ。

騎兵科は小さい所帯だ。南次郎の陸士六期の卒業生は二一六人、うち騎兵科は一二人だったから全員顔見知りだ。これが歩兵科などにない強みだ。また一七個師団体制下、騎兵連隊は師団と騎兵旅団を合わせて二五個あった。連隊長レースも競争率が低い。これらが重なって騎兵科の団結は固く、そこに騎兵科の流れというものが生まれ、陸軍全体にも影響を及ぼすこととなる。

昭和五年二月、参謀総長が金谷範三に代わっていたから、ここに大分コンビが生まれた。九州の人間でないと理解しにくいのだが、大分県人はなぜか九州人から疎外されがちで、「薩肥閥とは九州連合軍、但し大分は除く」のだそうだ。こうまで差別されると、団結するのが世の常だ。しかし、大分は小藩分立のお国柄のためか、なかなか著名な軍人が生まれなかった。ところが第一師団長、関東軍司令官、そして参謀総長となった河合操が出てからは、有能な軍人の供給地として知られるようになった。これは単なる憶測にすぎないが、薩肥閥の巨頭で教育総監の武藤信義に大分勢を差し向けた形にはなった。

おそらく宇垣一成が着目したのは、南次郎の人脈だったはずだ。騎兵科は衛戍地の関係から閉鎖的になるし、貴族趣味でお高くとまっているというのが通り相場だ。ところが南は中尉の時、陸士の区隊長をやっており、一二期生や一三期生に知られていた。また、明治四十年から大正三年まで陸大の教官をしている。陸大の期では二〇期から二五期を指導しており、陸士の期では一二期以降だから、宇垣を支えた人脈はほぼ全部が南の教え子となる。

南次郎は極東裁判でA級戦犯となり、巣鴨プリズンに収監されたが、米軍の看守も親しく接したというほど人あたりの良いタイプだった。これからの陸軍を支える一二期生が南をもり立てれば心配ないし、逆にそれを使って宇垣一成が南を遠隔操作できると考えても不思議ではないだろう。ところが、どんなに権勢を振るった人でも、現役を退けばただの人としか思われないのが軍人の社会だ。それどころか、「やれやれ、重しがなくなったか」と不遜な動きを始めたのが、昭和六年以降の陸軍の姿だった。

昭和六年八月、南次郎陸相による最初の定期異動の概要は、次のようなものだった。まず、台湾軍司令官の渡辺錠太郎が三長官要員として軍事参議官兼航空本部長として東京に戻った。その後任の台湾軍司令官は、第一師団長の真崎甚三郎となった。関東軍司令官の菱刈隆は軍事参議官に回り、後任は第一〇師団長の本庄繁となった。第六師団長の荒木貞夫が教育総監部本部長として東京に帰って来たのもこの時だ。ほかに目立った異動は、参謀本部第二部長の建川美次が同第一部長に横すべりし、同第二課長（作戦課長）が今村均になったことだ。

この体制をもって懸案の満蒙問題の解決をはかりつつ、さらに政党から迫られる軍備整理に対応することとなった。この定期異動の前、六月には「満洲問題解決方策大綱」が定められ、一年間の準備をして国論を統一してから行動を起こすこととしていた。ところが、宇垣一成という圧倒的な重しがなくなったからか、関東軍の幕僚は、先走って九月十八日に火蓋を切った。関東軍は既成事実を積み重ねて事変の拡大をはかる。もちろん政府は不拡大方針だから、南次郎は板挟みとなった。

陸相は身分的には文官、閣僚である以上、内閣の方針に従わなければならない。南次郎は陸相として、すぐさま事変を終息させられなかったのか、この問題は極東国際軍事裁判でも追及された。陸相として人事権を行使して、関東軍参謀や奉天特務機関員を内地召還、停職、免官にすれば、事態は局地的な紛争で収まる。そうしなかったことは、人事権を握る南次郎陸相の失態となる。

そんな混乱した情勢下、また桜会によるクーデター計画、十月事件が露見する。部隊を動かして閣議を襲い、政権を奪取する計画があったのならば、関与した者は全員検挙、軍法会議で銃殺となるのが普通だ。ところが、憲兵隊を区処（指図）する南次郎陸相は、なかなか決心できない。なんとクーデター計画で内閣首班に予定されていた荒木貞夫を桜会の決起本部に派遣して、計画の中止を説得させている。これでは陸相の権威が地に墜ちる。

満州事変が拡大するなか、昭和六年十二月十三日に閣内不一致で第二次若槻礼次郎内閣は総辞職となり、南次郎も軍事参議官にさがることとなった。この一〇日後に金谷範三も参謀総長を下番、大分コンビの退場となった。陸相と参謀総長がほぼ同じ時に交替となると、後任人事は入り組んだものになる。では、南は後任にだれを推したのか。すでに七期には候補がおらず、まずは八期となる。八期の大将は一人だけ、台湾軍司令官をおえて航空本部長兼軍事参議官の渡辺錠太郎だ。また、中将で残っている八期は朝鮮軍司令官の林銑十郎、東京警備司令官の林弥三吉の二人だ。

陸相は大将が望ましいが、そうなれば渡辺錠太郎で決まりだが、そうはならない事情がある。彼は帝大の教授もつとまるほど語学に通じて学識もある。しかし、閣僚の一人として政治的に動き、議会の答弁ができる人とは思えない。しかも渡辺が陸大校長の時、その革新的な教育方針が参謀次長の金谷範三の逆鱗に触れて旭川の第七師団長に飛ばされた経緯があるので、まず金谷の同意は得られない。林銑十郎は朝鮮軍司令官に上番して一年たらず、これは動かしにくい。では、軍務局軍事課長を経験している林弥三吉はどうかとなるが、彼は宇垣一成の信奉者で政治色が濃く、また東京警備司令官から陸相という前例もない。

そうなると九期からとなるしかない。陸相と参謀総長が下番するとなると、教育総監の武藤信義の存在が大きくなる。九期で武藤の膝下にあった者といえば、まず同郷の真崎甚三郎、そして荒木貞夫の二人だ。真崎は台湾軍司令官に出たばかり、そこで第六師団長をおえて教育総監部本部長に戻って来た荒木ということになる。

荒木貞夫は武藤信義が育てた対露情報屋、対露作戦屋の系譜に属する人で、陸軍省の勤務は少佐の時、陸軍省副官をしただけだ。しかし、憲兵司令官を経験しているから、政財界を含めた裏面事情には通じていただろう。そういう背景以上に重要だったのは、中堅から青年将校に声望がある者でないと昨今の若い連中を抑えられないということがあった。それを武藤が指摘すれば、関東軍の独走や桜会の十月事件を巡ってほとほと嫌気がさして投げ槍になっている南次郎と金谷範三は、それに同意するほかない。

◆出処進退を誤った荒木陸相

荒木貞夫が陸相として入閣したのは、昭和六年十二月十三日に成立した犬養毅内閣だった。彼はまず参謀総長の人事に手を付けた。武藤信義の横すべりというのも選択肢の一つだが、閑院宮載仁の出馬を願うこととした。皇族の権威をもって部内の統制をはかるというのも分からないでもない。問題は皇族の総長に事務を押し付けられないから、次長により大きな権限を与えなければならない。いわゆる「大次長」となるから、その人選がむずかしい。

まず、次長に台湾軍司令官の真崎甚三郎をあてた。その後任の台湾軍司令官は第四師団長の阿部信行、そして第四師団長には第五師団長の寺内寿一となった。次長だった二宮治重は、第五師団長に回った。トップ人事になると玉突きが連鎖するから大騒動となる。しかもこの人事は、どことなく不明朗と受け止められ、一等師団長に栄転した寺内でさえ、この人事に疑問の声をあげたという。

犬養毅内閣となってすぐの昭和七年一月八日、桜田門事件が突発した。朝鮮独立運動家、当時の表現を借りれば不逞鮮人が昭和天皇の鹵簿に爆弾を投げた事件だ。大正十二年の虎ノ門事件では、直ちに第二次山本権兵衛内閣は総辞職、田中義一も陸相に復帰することはなかった。ところが今回、犬養内閣は責任を取る姿勢も示さず、熱烈な勤皇家として知られた荒木貞夫もこれといった動きも見せなかった。ただ、七年二月末に東京警備司令官の林弥三吉は待命、憲兵司令官の外山豊造は台湾守備隊司令官に飛ばされたが、陸軍の処分はこれにとどまった。

そして昭和七年の五・一五事件だ。周知のように、現役の海軍士官四人と陸士在学中の候補生五人が首相官邸に討ち入り、犬養毅首相を殺害した事件だ。現役士官の犯行ということで、大角岑生海相、左近司政三次官、豊田貞次郎軍務局長は引責辞任となった。海軍は潔くトップが責任を取った形とはなったが、翌八年一月に大角は再び海相に上番、十年十二月には男爵を拝受したのだから、深刻に反省していたとは思えない。

陸軍では陸士校長の瀬川章友が引責辞任した。軍紀、風紀を司る軍務局兵務課長の安藤利吉も更迭されたが、彼はすぐに駐英武官に栄転している。もちろん荒木貞夫陸相も次期政権では陸相に上番しないと思われ、後任として朝鮮軍司令官の林銑十郎が急ぎ東京に呼び戻された。ところが荒木は辞任の意向を示すことなく、斎藤実内閣に列することとなった。

これでは収まりが付かないということになり、陸士生徒の教育問題だからと武藤信義が教育総監を退くと申し出て、専任の軍事参議官にさがり、後任は宙に浮いていた林銑十郎となった。武藤は明治元年の生まれだから、大将の現役定限年齢の六五歳が迫っている。そこで荒木貞夫は武藤を二度目の関東軍司令官とし、駐満特命全権大使と関東長官を兼務させ、昭和七年九月の日満議定書調印の大舞台を踏ませることとした。

この実績で翌八年五月に武藤信義を元帥府に列せられた。これで武藤は終身現役となり、荒木陣営のバックは盤石なものとなったかに見えた。ところが同年七月に武藤は任地の新京で病没してしまった。なお、上原勇作はこの八年十二月に死去している。

ともあれ荒木貞夫陸相、真崎甚三郎参謀次長、林銑十郎教育総監と、永田鉄山、小畑敏四郎、岡村寧次ら一夕会が目指した、「荒木、真崎、林の三将軍を護り立てながら、正しい陸軍に立て直す」という構想が形になったかに見えた。しかし、それは上原勇作と武藤信義というしろ盾があっての話で、この二人の退場によってこの構想は崩れて行く。この期待された三人は、上原や宇垣一成ほどの超大物に育っていなかったのだ。

荒木貞夫の陸相としての力量にも疑問符が付くようになった。いくら陸相は人事権を握っているとはいえ、あまり細かく干渉すれば、人事局員は聖域を犯されたという気持ちになる。良くいえば後輩、若い者に親切なのだが、真崎甚三郎も尉官、佐官の人事にまで口を出す。そもそも人事は、一方で好評なものは他方で不評なものだ。人事に口を出せば出すほど敵を作る結果となる。特に桜会の構成員にとって荒木人事は不満のタネだ。自分が陸相になるまでは、「君らは憂国の士じゃ。ワシも同じ心根じゃ」といっておきながら、人事権を握ると桜会のメンバーを左遷するとは、なにごとだとなるわけだ。もちろん宇垣一成の恩顧を受けた者は、渋い顔をするどころか不貞腐れる。

長口舌が売りの荒木貞夫だったが、単細胞の軍人には受けても、千軍万馬の政治家や大蔵官僚には通じない。余計なことを口にすれば、言質を取られて不利な立場に追い込まれる。ついには予算を海軍に譲る羽目にもなり、嫌みなことに岡田啓介海相がわざわざ陸軍省にお礼の挨拶に訪れるということすらあった。こうなると予算獲得に命を賭けている陸軍省の中枢、軍務局が怒り出す。

そうこうするうち昭和八年末、荒木貞夫は体調を崩し、折から開会中の第六五議会に登院できなくなった。病気だから仕方がないと、次官の柳川平助あたりを代理に立てて当座をしのげばよいと思うが、五・一五事件の時と打って変わって、「任務を果たせず申し訳ない。すぐに辞任する」の一点張り。そこで急ぎ後任はとなるが、この人選は難問だ。応急的な人事ならば、次官の柳川の昇格だが、彼は陸軍省育ちではなく、また偏屈なところがあってとても軍政の責任者にはなれないことをだれもが知っている。結局は三長官のなかでのタライ回しとなり、教育総監の林銑十郎が陸相、教育総監の後任は真崎甚三郎で落ち着いた。期が戻る高級人事はなにかと問題が起きると語られるが、まさにこの時から陸軍は深刻な混乱に陥ることとなる。

◆「後入斎」と呼ばれた林陸相

満州事変の当初、朝鮮軍が積極的に支援する姿勢を示さなければ、関東軍は立ち枯れになりかねなかった。そこで当時、朝鮮軍司令官の林銑十郎は「越境将軍」ともてはやされていた。しかし、その実態はどうかというと、中央から満州への進出を制肘されると頭を抱え込んでいたようだ。

そもそも林銑十郎は、金沢の第四高等学校在学中、進路を変えて陸士八期に進んだ変わり種だ。陸大一七期を修了した林は、歩兵第六旅団の副官として旅順要塞攻略戦に従軍している。それでも勇猛果敢というタイプではなく、私費でドイツに留学するなど欧米通の人として知られていた。そんなことで中央官衙には暗く、そのためか人の言いなりになる傾向があったとされる。それは彼の持って生まれた性格で、特に最後に耳にしたことをもとに動くとされ、それで付いたあだ名が「後入斎」だった。近衛文麿に似た性格だったといえよう。いくら人の言いなりになるとはいわれても、一旦人事権を握れば、単なるロボットではなくなる。昭和九年三月、林銑十郎による最初の大きな人事で、荒木人事の目玉とされた軍務局長の山岡重厚を整備局長に横すべりさせて、後任に歩兵第一旅団長だった永田鉄山をすえた。小磯国昭軍務局長のもとで手腕を振るった永田を軍務局長にするとは刺激的な人事だ。永田と同志であると同時にライバルとされていた小畑敏四郎を近衛歩兵第一旅団長から陸大幹事にしたことは、林の姿勢を明らかにしている。この人事の知恵を付けたのはだれか。同期の渡辺錠太郎なのか、軍事参議官の南次郎なのか判然としないが、おそらくは参謀総長の閑院宮載仁の意向を受けたものだろう。

昭和九年八月の定期異動で、林銑十郎は独自の色を出し始めた。まず、三長官の要員として台湾軍司令官の松井石根と朝鮮軍司令官の川島義之を専任の軍事参議官として東京に呼び戻した。次官だった柳川平助を第一師団長に出し、後任の次官には柳川と同じ騎兵科で温厚な橋本虎之助とした。さらに軍事課長の山下奉文を陸軍省付として、後任に参謀本部第一課長の橋本群をもって来た。

このように省部を自分の色で固めていった林銑十郎は、昭和十年八月の定期異動を前にして、真崎甚三郎に直接、教育総監辞任を迫った。「君は派閥を作り、人事に介入して皆困っている。予備役に編入しろとの声もあるが、ここはひとつ専任の軍事参議官にさがってくれ」と直接伝えたとされる。これをもって、林と真崎の関係は仇敵同士の間柄とするのは、おそらく間違った認識だろう。これほど直截な物言いができるということは、深い人間関係ができていたからだとするのが、当時の軍人の見方だった。

よく、荒木貞夫と真崎甚三郎は一心同体で、それに対する林銑十郎と語られて来た。実は荒木と真崎は、互いに私宅を訪問し合うという親密な関係になく、むしろ真崎は林と個人的に親しかったという。大正十四年五月、歩兵第二旅団長になった林は、これで終わりかと思われていた。もちろん、将官演習旅行の成績が抜群だったことが決め手にしろ、陸士幹事というフリーな立場にいた真崎は、あれこれと林の援護射撃につとめていた。そして昭和十八年三月、林は死去するが、真っ先に弔問に訪れたのが真崎だった。真崎は日記のなかで林を「土蜘蛛」と記していたが、それはあの髭を親しげに揶揄した表現なはずだ。

こういった林銑十郎と真崎甚三郎の良好な人間関係など問題にならないほど、陸軍内部は緊張状態にあった。行き着いた先は、三長官会議の決定ということで、昭和十年七月に真崎は罷免同然で教育総監を下番し、後任は林と同期の渡辺錠太郎となった。そこで起きたのが怪文書の洪水、細かい事情が分からない青年将校や隊付将校は興奮状態に陥った。林陸相を操っているのはだれか、それは策謀の士、軍務局長の永田鉄山だという短絡的な結論にいたる。そして同年八月十二日、相沢三郎中佐による永田斬殺という事態となる。

陸軍省のなかで現役の少将が、これまた現役の中佐に切られるという前代未聞の事件によって、林銑十郎陸相は昭和十年九月五日に辞任して専任の軍事参議官にさがった。このような突発事態に対応する際、後任はまず軍事参議官の起用となる。この時、臣下で専任の軍事参議官は、九期の荒木貞夫、阿部信行、真崎甚三郎、一〇期の川島義之だ。このなかからとなれば、川島に落ち着くほかない。

◆二・二六事件に直面した川島陸相

川島義之は教育総監部の第二課長と第一課長、本部長を歴任した教育畑で大成した人だ。また同郷の白川義則陸相のしたで人事局長をつとめ、公平な人事をする人と好評だった。大将に進級する頃から、いまひとつ覇気に欠けるとの評もあった。実は朝鮮軍司令官の時、軽い脳卒中を患い、少し言葉に不自由だったから、そう思われたのだろう。

昭和維新断行を叫ぶ集団にとって、事態は有利に推移していると感じていたはずだ。白刃をかざして陸軍省に切り込んでも、たいした妨害もなく目的を達した。しかも相沢三郎中佐はすぐに拘束されることもなかった。こんな失態にも関わらず、陸軍省で処分された者もいない。相沢を裁く軍法会議を指揮する第一師団長は、昭和維新運動に理解があると見られる柳川平助だ。そして陸相は川島義之だ。川島は挙事に即応して断固武力鎮圧を決心できるタイプではない。決起を画策する集団は、このような情勢ならば短切な一撃で事は決すると思ったはずだ。

昭和十一年二月二十五日、相沢三郎を裁く軍法会議に証人として真崎甚三郎が出廷、その翌日に二・二六事件が突発する。事件そのものについてはここで語る必要もないだろう。ただ、徴兵制度そのものが揺らぎかねない流血事態を避けられたことは特筆すべきだ。ではその原動力はだれかと功名手柄話となる。それはやはり参謀本部第二課長の石原莞爾だ、そうではなく強引さでは定評がある軍事課高級課員の武藤章だ、いやあの時、省部で一番落ち着いていた軍務局防備課長の安田武雄と諸説賑やかだ。

ここでつい忘れがちなのが、軍事参議官の功績だ。あの時、軍事参議官はそろって愚図だったのではない。そこはやはり年の功、老獪ともいえる対応が無血解決をもたらした。すぐには結論をくださず、やれ大臣告示がこうだ、決起の趣旨は上聞に達したはず、ついには決起将校に向かって「ワシらはどうすればよいのか」とまで問い掛ける。つられて決起側も話し合いに応じる。これは立ち上がって走り回っていたが、急に立ち止まって腰をおろした状況だ。こうなるとまず闘争心、気力がそがれる。寒い季節だから体力の消耗も激しい。そんなことで結局、決起部隊は流れ解散の形となり、流血の惨事は避けられたのだ。川島義之、そして戒厳司令官の香椎浩平らの努力も記録にとどめなければならない。

明治十一年八月の竹橋騒動以来の大不祥事、まず川島義之陸相と本庄繁侍従武官長が引責辞任のうえ、予備役に入る意向を固めた。また、軍事参議官も道義的な責任をとって予備役に入ろうと阿部信行が提案し、さらに話が進んで、大将全員予備役に入るとなった。三長官と各軍司令官は中将でも可だが、臣下の大将が皆無というのも問題だとされ、責任が比較的軽い若手の三人、すなわち一〇期の西義一と植田謙吉、一一期の寺内寿一の三人が現役にとどまることとなった。

◆粛軍人事を断行した寺内陸相

昭和十一年二月二十八日、岡田啓介内閣が総辞職、広田弘毅に組閣の大命がくだったのは三月五日だった。この時ばかりは、進んで陸相になろうという人はいない。決起将校の軍法会議だけでも気が重いし、大規模な問責人事の責任者になることはだれでも二の足を踏む。結局、現役に残してもらった西義一、植田謙吉、寺内寿一の三人で三長官を埋めなければならないが、三人そろって陸軍省の勤務がない。

長く侍従武官をつとめて宮中に信用がある西義一が教育総監、支那駐屯軍司令官と朝鮮軍司令官を歴任した植田謙吉は関東軍司令官に適任だとなると、自動的に陸相は寺内寿一となる。親の七光りということにせよ、育ちの良さからくる明るさ、人の恨みをかっても気にしない天衣無縫の寺内は時節に合った陸相だともいえる。難は事務的な手腕だが、そこは手堅い梅津美治郎を次官に付ければよい。人事局長は、川島義之陸相の時からの後宮淳の留任となった。後宮も人に恨まれたり、悪評が立っても平気なタイプだから、この修羅場に好適な人事局長だ。

陸相に就任した寺内寿一は、前述した人事に関する省部協定を一切無視することとした。宇垣一成のように人事権を確実に掌握して諸施策を推し進めるということだ。閑院宮載仁が参謀総長に上番してから、三長官会議が有名無実になっていたことは事実にしろ、あの堅い組織で慣例を否定するには勇気がいる。寺内や後宮淳の強引な性格も関係しているが、大不祥事の後始末だからとそれを許す雰囲気になっていたのだろう。

このような下準備をしておいて、まず昭和十一年三月二十三日、二・二六事件に直接関係する問責人事を行ない、決起部隊を出した指揮官は軒並み待命、もしくは左遷させられた。

第一師団長の堀丈夫が待命となるのも仕方がないが、中尉一人、下士官兵六〇人の事件関与者を出した近衛師団長の橋本虎之助までもが待命だ。決起将校を出した旅団長、連隊長も待命となり、四月に入ってからのことだが、なんと戒厳司令官をつとめた香椎浩平すら待命を申し付けられた。

この際、徹底的に部内を掃除するということか、昭和十一年八月の定期異動で将官の陣容は一変した。第四師団長の建川美次は依願予備役、台湾軍司令官の柳川平助は参本付となってすぐに予備役編入、第九師団長の山岡重厚も参本付から予備役だ。宇垣派と反宇垣派、統制派と皇道派、どちらも目立った存在には退場を願うという凄まじい人事となった。

それでよくも文句も出ず、すんなりと辞表がそろったものだ。そこには人事当局の詐術的な心理作戦があった。この待命は復活待命とされるもので、現役にとどめおき、いずれそのうちに補職されるはずと思わせたのだ。ところがすぐさま予備役編入となったのだから、怨嗟の声が巻き上がるはずだが、やはり二・二六事件の負い目があるから大きな声にはならない。また、この粛軍人事で思いもよらぬ栄職にありついた人もいるわけだから、感謝の声と怨嗟の声が打ち消しあう形にもなった。そしてすぐに支那事変で予備役召集となり、復職した人も多いし、そのチャンスも生まれた。そういった背景があったから、支那事変の拡大を阻止しようにも、どうにもならなかったのだ。

寺内寿一という人に対する評価はさまざまだが、冷徹な梅津美治郎が次官、腕力のある後宮淳が人事局長など周囲を固めておけば大過はない。しかし、議政壇上で一人になると、お坊ちゃん育ちの生地が出る。昭和十二年一月二十一日、第七〇議会で政友会の議員が軍部批判の演説をしたところ、そのなかに「軍人を侮辱する言葉がある」と寺内が噛み付いた。するとと議員は、「侮辱した言葉があれば腹を切る。なかったならば陸相が腹を切れ」との時代がかった論争になった。冷笑して済ませればよいものを、寺内は議会解散だと息巻き、これで閣内不統一となって二十三日に広田弘毅内閣は総辞職となった。

◆七日大臣となった中村陸相

さて、後任の内閣首班はだれかだが、大方の予想では近衛文麿、平沼騏一郎、軍人出身となれば林銑十郎、末次信正かだった。ところが昭和十二年一月二十五日、組閣の大命がくだったのは朝鮮総督を下番した宇垣一成だった。陸軍を抑えられるのは、宇垣のほかにいないということだ。

陸士一〇期代までは、どのような形にせよ宇垣一成の恩顧を被っている。それだからこそ現在の地位にいるわけだ。ところが二〇期代になると、宇垣とじかに接したことはなく、その悪評ばかりを聞かされた世代だ。そのため中堅どころが猛反発し、宇垣内閣阻止に動いた。こじ付ければ、大義名分はすぐ立てられる。昭和十一年十一月に策定の「軍備充実計画ノ大綱」とそれを裏付ける立案中の「重要産業五ケ年計画」が大正軍縮を強行した宇垣の登場で頓挫しかねないというのも、それなりに説得力がある。この中心にいたのが当時、参謀本部第一部長の石原莞爾だが、彼の原隊、会津若松の歩兵第六五連隊が宇垣軍縮で廃止されたとの恨みが深層心理にあるから、話は厄介なことになる。

首脳陣としては、どちらでも良いことだが、若い者の説得に手間暇かかることを考えれば石原莞爾の一派に同調するほうが楽だ。また石原の盛名は、それほど神秘的な力があったともいえる。そこで形式的に三長官会議を開き、参謀次長の杉山元、教育総監部本部長の中村孝太郎、近衛師団長の香月清司の三人を陸相候補としたが、そろって「その任に非ず」と辞退したので、陸軍として陸相を推挙できないとした。昭和十一年五月、陸軍省、海軍省の官制が改正されて、陸相、海相は現役武官制に戻っていたので、宇垣一成も組閣を断念して異例の大命拝辞という事態となった。

代わりの内閣首班は林銑十郎となり、その組閣本部は関東軍参謀長の板垣征四郎を陸相に求めた。軍内で板垣陸相案を主張したのは、石原莞爾、満州事変時の関東軍参謀で軍務課員の片倉衷だったとされる。そしてそれを取り巻く民間の利権屋だ。なぜ彼らが板垣を推したか、改めて語るまでもないだろう。

この板垣陸相案の裏面事情は、人事から見るとかなり入り組んでいた。板垣征四郎は陸士一六期、梅津美治郎は陸士一五期だから、もし板垣が陸相に上番すれば自動的に梅津は次官下番となる。それが真の狙いだ。下僚の言いなりにならず、陸軍省の機密費に大ナタを振るった梅津を追い落とす策謀と理解すると、全体として納得できる。これに対して梅津は、憲兵まで使って軍務課の動きを封殺したとされるから、凄まじい権力闘争だった。

そもそも一一期から一六期に飛ぶこと自体に無理があるし、板垣征四郎はまだ親補職の師団長をやっていないのだから、陸相に推薦はできない。そこで寺内寿一は、後任陸相は中村孝太郎と通告してそれで落ち着いた。

ところがなんと中村孝太郎は、陸相在任一週間で辞任してしまった。本人がチフスに罹ったという説、親戚に結核患者がいたためとの説がある。どちらにしろ、天皇とじかに接する立場の陸相としては、その任に堪えないということだった。軍医学校での診断の結果もはっきりしないし、身内に結核患者が本当にいたかといえば、これまたはっきりしない。

陸相の重責を一週間で投げ出すほどのことならば、すぐにも予備役に入るかと思えば、そういうことでもない。もちろん中村孝太郎は参謀本部付にさがったが、すぐに軍事参議官、東部防衛司令官、朝鮮軍司令官と歩き、昭和十八年五月まで現役だった。陸相辞任の理由が明確にされない、これこそ陸軍迷走を証明している。

◆支那事変突発に直面した杉山陸相

陸相が一週間で辞任するという突発事態が起きてしまうと、混乱が波及しないように大きな人事をすることなく後任を決めなければならない。そこで教育総監の杉山元を陸相に、教育総監には専任の軍事参議官だった寺内寿一をあてた。ともかく落ち着きがない時代で昭和十二年五月三十一日、林銑十郎内閣がわずか四ヵ月で総辞職してしまった。次の第一次近衛文麿内閣では、杉山が陸相に留任した。

人事的にみれば、杉山元の留任は当然だろう。しかし、後知恵にしろ中国情勢の大きな変化を見れば、またべつの選択を考えてしかるべきだった。まずは、一九三六（昭和十一）年十二月十二日の西安事件だ。張学良に監禁されながらも、蔣介石は殺害されることなく周恩来と会談した。そして翌年二月十日、中国共産党は国共合作を提議し、同月十五日、中国国民党第三次中央執行委員会全体会議は、国共合作・抗日を決議している。あれほどいがみ合ってきた国民党と共産党が手を握れば、そのパワーは日本に向けられるのは必定、事実、抗日を宣言しているのだ。

こういう中国情勢の変化を認識すれば、政府はさておき陸軍はその中枢部を強力にし、いわゆる支那屋を糾合した体制を確立すべきだったのだ。では強力な陸軍省にすることができる陸相はだれか。次官の梅津美治郎を持ち上がりにするしかなかったはずだ。彼は支那駐屯軍司令官を経験して中国を知っている。では次官の後任となれば、一六期の岡村寧次や磯谷廉介と中国通は多い。軍務局長は特に支那屋でなければならないこともなく、一八期から二〇期まで候補はいくらでもいる。

ところが史実はそうならず、陸相は杉山元のまま昭和十二年七月七日の盧溝橋事件を迎える。参謀本部第一部長の石原莞爾は、大手を広げて事変の拡大を止めようとしたことは広く知られている。参謀本部は常に誤解されているのだが、万能な権限が与えられているのではなく、人と物を与えられて戦争の図面を描く設計屋の集団なのだ。人と物、そして金、これを差配しているのが陸軍省の軍務局軍事課だ。

従って軍事課の予算班長と編制班長が検討し、その結果、人、物、金の算段がどうにもなりませんとなれば、「拡大だ」「いや一撃だ」「不拡大だ」と議論の余地がないことになる。ところがその大元、軍事課長の田中新一が一撃論に固執しているのだから、拡大の歯止めがなくなる。これはまさに杉山元が陸相として部内の統制に失敗したということになる。

閣議における杉山元陸相の姿勢も、問題を複雑にした。当初から杉山は、政府の不拡大方針に沿っていた。文官として閣僚につらなっている身分からして当然だ。そうなると居留民や権益の保護といった政治問題に発展すると、政府の方針も揺れ、それに合わせて杉山も揺れだす。

内地師団の動員は三個までとしていたものの、上海への飛び火が確実となると、米内光政海相は陸軍の増援を求め、閣議の席で杉山元はこれを認めた。これには強い反対意見もあったが、陸相としての面目から閣議での約束は反故にできないと、上海に二個師団を送ることとなった。「約束がなんだ」「閣議での発言がなんだ」と開き直れるような、恥という意識がない人間でないと戦時の陸相はつとまらないということになるのだろう。

◆最初から疑問視された板垣陸相

昭和十二年末、日本軍は国民政府の首都、南京を攻略したものの中国の継戦意志に衰えが見えなかった。そこで十三年五月二十六日、近衛文麿首相は日中和平を模索するため、内閣改造に踏み切った。改造の目玉は宇垣一成の外相就任だが、全面戦争に突入した今、個人の力でどうにかなると思うとは失笑を禁じえない。

陸相人事も注目された。林銑十郎内閣の時、見送られた板垣征四郎陸相が実現した。日中和平を模索するとしながら、満州事変の立役者を陸相にすえるとは、その神経を疑う。しかも、当時のメディアは「征四郎は征支郎に通じる」と煽り立てていたのだから、これでは日中和平で国論がまとまるはずもない。

板垣征四郎の陸相上番にあたって、陸軍部内の不満は陸軍省の頭越しで決まったことだった。ここでまた当時、関東軍参謀副長の石原莞爾が背後にいて、東京では参謀次長の多田駿が動いたとする人も多い。それについて否定できる材料もない。そうではなく、日本の決意を鮮明にするため、出征している師団長を陸相にしようという動きがあったとも考えられる。人事局長の阿南惟幾は、早くから板垣にほれ込んでいたため、板垣陸相が実現したと説明する人も多い。この頃、次官だった梅津美治郎の陸相昇格がもっぱらだったのだから、なぜ梅津と大分の同郷の阿南がそれを受け入れなかったのかなど疑問の多い陸相人事だ。

どのような経緯があったにせよ、板垣征四郎が陸相になると聞いて、あれこれ危惧する人は多かったはずだ。板垣の中央官衙勤務は、少佐の時に参謀本部第六課（支那課）部員、中佐の時に同兵要地誌班長の二度だけだ。それでこの戦時、繁雑な事務処理ができるのかという疑問があって当然だ。また、彼は清濁併せ呑む中国の大人タイプだから、いわゆる満州ゴロの食い物にされかねないと危惧する向きもあったはずだ。

そこで陸相の周囲を固めることとなった。事務能力には定評がある東条英機を関東軍参謀長から次官にもって来る。部外者との接触は、今村均兵務局長が目を光らせる。東条の生まれ育ちは東京だが、本籍は盛岡、板垣征四郎と同郷となる。そんなこともあってか、だれとでも衝突する東条だったが、板垣とは妙に馬が合った。また、板垣が関東軍参謀副長の時、東条は関東憲兵隊司令官という関係もある。板垣と今村の原隊は、同じく仙台の歩兵第四連隊、少尉、中尉の頃からの付き合いだ。

板垣征四郎が陸相に上番したのは昭和十三年六月、陸相の手腕がどうだといった時代ではなくなっていた。まずは、同年七月から朝鮮軍正面で起きた日ソ国境紛争、張鼓峰事件だ。この対応にあたって、陸軍省、参謀本部、外務省の連携が悪く、事件の処理について板垣陸相が天皇に叱責されもした。同じ頃、ドイツとの対ソ同盟条約の問題が表面化し、十四年五月からのノモンハン事件と重なる。中国戦線でも決定打が見い出せないまま推移し、アメリカの貿易締め付けも顕在化した。

陸軍の人事もぎくしゃくした。参謀次長の多田駿と次官の東条英機の衝突だ。多田は板垣の一期先輩、しかも仙台幼年学校の同窓だ。こういった関係に加えて多田には、皇族総長のもとの大次長という意識もあったろうから、なにかあれば次官を通さず直接、陸相と接触してことを進める。これは次官の東条にとって面白くない。筋を通せ、次長が連帯する相手は次官のはずだとなって、東条と多田の関係が悪くなる。そこへそれぞれに応援団が付いて話は大きくなる。

これには困った板垣征四郎陸相は昭和十三年十一月末、東条英機に次官辞任を求めた。すると東条は、「多田が次長を辞めるならば、自分も辞める。そうでなければ自分は辞めない。

どうしてもというのならば、自分を首にしてくれ」と突っ張る。結局は喧嘩両成敗となり、多田駿は関東軍の第三軍司令官に転出、東条は同年十二月に新設された航空総監となった。東条は次官の時、航空本部長を兼任しており、これと航空総監は二位一体だから、異動は簡単だ。しかし、第三軍司令官となると玉突き人事となる。第三軍司令官だった山田乙三は中支那派遣軍司令官に、その前任の畑俊六は軍事参議官となって東京に帰って来た。畑が東京にいたことが、次の展開に大きく関係し、また東条が東京に残ったことが彼の栄達の始まりとなる。

昭和十四年一月四日、近衛文麿は予算成立を見ると、これといった理由もなく政権を投げ出した。次の平沼騏一郎内閣で板垣征四郎は留任となった。そして一九三九（昭和十四）年八月二十三日、ドイツは日本に対して背信ともいうべき独ソ不可侵条約を締結し、同月二十八日に平沼内閣は総辞職となった。

◆天の声で生まれた畑陸相

後任陸相の候補は、関東軍参謀長の磯谷廉介と第三軍司令官の多田駿の二人に絞られた。後任の首相は阿部信行と見られたので、同じ砲兵科出身の多田の方が適任とされた。昭和天皇も理数的な砲兵科出身者を好むということも関係しているはずだ。しかし、多田は第三軍司令官を九ヵ月しかつとめていない。内規では、団隊長は二年以上の連続勤務となっている。多田は動かせないということになるが、そんな内規に縛られていては陸相を出せないほど人材不足に悩んでいた。

多田駿の内諾をえるため、人事局長の飯沼守が満州に飛んだが、事情通ほど磯谷廉介のところに向かったと思うだろうし、そういう報道もされた。そうこうしているうち、昭和十四年八月二十七日に組閣の大命は阿部信行にくだった。阿部首相誕生の背景だが、彼が参謀本部総務部長の時、東宮（昭和天皇）に軍事学を進講していたことに始まる。また阿部と木戸幸一が姻戚関係にあったことも、阿部内閣誕生に大きく影響している。

さて、そこで天の声となった。後任陸相は畑俊六か梅津美治郎にせよということだ。畑は侍従武官長になって三ヵ月だ。梅津はこの時まだ第一軍司令官だったが、関東軍司令官になることは内定していた。なお、梅津の関東軍司令官上番は九月七日だった。梅津の関東軍司令官は動かせないとなり、天皇が望んでいる以上、畑を陸相にするほかない。

ここでまた玉突き人事となるが、侍従武官長となると大変だ。二・二六事件の直後、本庄繁が侍従武官長を辞任した際も後任が問題となった。候補もいろいろ上がったが、職務柄、馬に乗る機会が多いということから、騎兵科出身で第七師団長の宇佐美興屋があてられた。ところが彼は政治性が欠けるとの不可解な評価がくだされ、昭和十四年五月に下番となり、しかも大将の資格が生まれるからと、即予備役編入となった。その後任の畑俊六も事情はどうであれ、三ヵ月で下番となれば、だれもが侍従武官長を敬遠して逃げ回る。結局、騎兵科出身で侍従武官の勤務が長く、昭和天皇の意中の人とされていた蓮沼蕃で落ち着いた。

さてこの時期、畑俊六の陸相は昭和天皇が考えたように適材適所だったのだろうか。彼は昭和期の将帥で最も頭脳明晰だったとされる。頭の切れる人は先を見通せるからか、この世界的な動乱の時代、「なるようにしかならない」との諦観を抱きがちだが、畑にもそういう傾向があった。性格も実兄の畑英太郎のような迫力、威圧力はなく、むしろ軽妙洒脱な人だったと伝えられている。

そもそも、畑俊六は生粋の作戦屋だ。彼は陸大二二期の首席、すぐに参謀本部第二課の勤務将校となり、以降、第二課作戦班長、第二課長、参謀本部第四部長、同第一部長と不動の参謀総長要員として歩んで来た。ところが、閑院宮載仁の参謀総長があまりに長くなったため、畑は教育総監、中支那派遣軍司令官に回り、作戦屋の本道からはずれてしまった。陸軍省の事情にうとい彼が陸相になっても、その才幹が活かされるはずもない。昭和十四年八月末の時点では、梅津美治郎の関東軍司令官は内示の段階だったのだから、畑を関東軍司令官に回し、梅津を陸相にすることも可能だった。人の良い畑で関東軍の下克上を封じられるかどうかはまた別問題だ。

畑俊六陸相による主要人事は次のようなものだった。閑院宮載仁の参謀総長は変わらず、教育総監は西尾寿造から山田乙三となった。次官は山脇正隆から阿南惟幾、参謀次長はノモンハン事件の問責人事で中島鉄蔵から沢田茂、教育総監部本部長は河辺正三で変わっていない。軍務局長は町尻量基が病気のため武藤章、人事局長は飯沼守から野田謙吾に代わった。参謀本部総務部長は笠原幸雄から神田正種、同第一部長はこれまたノモンハン事件の関係で橋本群から冨永恭次となった。

次官、次長は一八期のタライ回し、中堅は若返りの人事となる。一八期は卒業生九二〇人と大きな期だから、ここで消化しておく必要があった。さらにいえば、中国と満州に展開している野戦部隊の指揮官や幕僚を優先した人事でもあった。この畑人事の評価はさておき、これで東条英機を迎える舞台が整ったといえよう。

国家総動員法の本格施行に天候不順が重なって経済が逼迫したため、昭和十五年一月十日に阿部信行内閣は総辞職となり、後継首班は海軍の米内光政となった。畑俊六は留任となったが、すぐに難題に直面する。参謀本部は閑院宮載仁総長の名をもって、挙国一致の強力な内閣にするよう畑陸相に求めた。軍政を司り、かつ出身母体から難題を突き付けられた畑は板挟みとなって七月十六日に単独辞職をして、これで米内内閣は総辞職となった。

この時、陸軍部内では、後継首班は畑俊六その人ではないかとささやかれていた。それが陸軍の希望で、それを実現するための策謀が強力内閣要求だったのだろう。ところはそううまくは運ばず、組閣の大命はまた近衛文麿にくだった。近衛に対する陸軍の評価は、さまざまだったが、米内光政内閣を倒閣に導いた以上、陸軍としても気持ち良く陸相を出さなければならない。

◆東条陸相となった背景

畑俊六の後任陸相は、かなり早くから二人に絞られていた。関東軍司令官の梅津美治郎と航空総監の東条英機で、ともにまだ中将だ。ちなみに梅津の大将進級は昭和十五年八月一日、東条は十六年十月十八日だった。期別の人事管理を重視したり、「事実上、戦時なのだから陸相には大将を」という声を考慮すれば、一四期に残っている古荘幹郎、西尾寿造の二人の大将からとなる。教育総監の山田乙三も候補に上がるが、彼もまだ中将だ。しかし、古荘は病床にあり（十五年七月二十一日死去）、西尾は十四年九月から支那派遣軍総司令官で動かせない。そうなると一五期以降に飛ぶしかないし、一六期は板垣征四郎を出しているから、一七期までが候補の範囲に入る。

一五期では半年前、陸相の内示まで出そうとしていた多田駿がおり、彼は第三軍司令官から北支那方面軍司令官に回っていたが、今度こそ彼を陸相にという声は上がらなかった。天の声ではずされた者を再び推すわけにはいかないということだが、外回りをさせられているうちに忘れ去られたというのが実態だろう。天の声を重んじるならば、「畑か、梅津か」とされたのだから、今度は梅津美治郎だとなりそうなものだが、そうはならなかった。

ここで働くのが官僚的な論理で、団隊長は二年以上の連続勤務、梅津美治郎の関東軍司令官は一年足らず、よって彼は動かせないとなる。同時にノモンハン事件でガタガタになった関東軍司令部を立て直すには、梅津の手腕に頼るほかないというもっともらしい理由もあった。どちらも耳に入りやすい理由だが、梅津陸相阻止の動きはかなり複雑だった。

梅津美治郎の閲歴を見てみよう。満州事変の時、参謀本部総務部長で関東軍の独断専行を抑える姿勢を示し続けた。二・二六事件突発時、第二師団長だった梅津は真っ先に即時鎮圧を中央に意見具申した。次官の時、支那事変が勃発するが、ここでもまた不拡大方針派の一員だった。ノモンハン事件後、関東軍司令官として積極派を司令部から一掃した。このような、良くいえば良識ある慎重派、悪くいえば臆病な消極派、この人が激動の時代の陸相に適しているかとの疑問を感じる人もいる。しかも梅津は冷徹との評が高い。宇垣一成首相を阻止したように、若い者の手に負えない大物は、事前に排除しておこうという気運になったように思われる。

加えて梅津美治郎は、河合操、金谷範三、南次郎、和田亀治の衣鉢をつぐ大分閥のエースと見られたことも不利に働いた。さらに彼につらなる大分出身者だが、憲兵司令官をやった中島今朝吾、東大経済学部で学んだ戦時経済の専門家、秋永月三と池田純久といった存在も梅津が色眼鏡で見られることになる。あの頃、経済といえばマルクス、すなわち「赤」、それが梅津を取り巻いていると近衛文麿に吹き込めば、それで陸相人事は決まりだ。

本来ならば、関東憲兵隊司令官と関東軍参謀長を歴任して関東軍の事情に明るい東条英機が関東軍司令官に回り、軍政屋としての定評があるうえに、期別の人事管理からしても妥当な梅津美治郎が陸相になるべきだったのだ。そうなれば大東亜戦争にならなかったというには論理の飛躍があるだろうが、あれほどの悲劇に発展はしなかったのではないかという思いがする。

さて昭和十五年七月二十二日、陸相に東条英機が上番した。大東亜戦争の責任は、なんでも東条に押し付けるという真実を糊塗するようなことは考えものだ。まだ畑俊六が陸相の時、昭和十五年六月末から省部の課長クラスが討議し、七月三日に決定した『世界情勢ノ推移ニ伴フ時局処理要綱』の方針の項には、「……速ニ支那事変ヲ解決スルト共ニ内外ノ情勢ヲ改善シ続イテ好機ヲ捕捉シ対南方問題ノ解決ニ務ム」とある。時系列からすれば、東条に南方進出の責任はないとなろう。性急に事を運んだのは彼だという論法は成り立つにしても、ここで論じる問題ではなかろう。

ここで本来のテーマに戻り、東条英機陸相による人事を見てみたい。おそらくは宇垣一成を手本として、陸相になってすぐの果敢な人事を、それからの部内統制の武器とした。それが昭和十五年九月の北部仏印（北ベトナム）進駐を巡る問責人事だ。援蔣ルートの遮断を目的として行なわれた南寧作戦が苦戦に陥り、第五師団の撤収路をベトナム経由とし、合わせてここの援蔣ルートを破壊するという構想だった。このため参謀本部第一部長の冨永恭次が現地指導に向かったものの、不手際続きで越権行為も見られた。

これがポーズか本気かは定かではないが、東条英機陸相の逆鱗に触れたということになり、冨永恭次ばかりか、第二課長の岡田重一、同課作戦班長の高月保、同課高級部員の荒尾興功が昭和十五年九月から十一月にかけて更迭された。第二課は「作戦課モンロー主義」と語られ、そとからの容喙を許さない伝統を誇っていたが、そのプライドが木っ端微塵に打ち砕かれた。この問責人事とは関係ないと強調されてはいるが、この十月三日に参謀総長は閑院宮載仁から杉山元、十一月十五日に参謀次長は沢田茂から塚田攻に代わった。これで大東亜戦争に向けての統帥部の態勢が固まり、同時に東条幕府への道が開ける。

◆東条幕府の成立と崩壊

昭和十六年八月一日、対日石油輸出の全面停止とアメリカの締め付けが緊迫化した。日米交渉も思うようにはいかないなか、十月十二日に最高首脳会談が開かれ、近衛文麿首相に対して、東条英機陸相は「もう外交の余地はない。中国での防共駐兵は譲れない」、及川古志郎海相は「和戦の決定は首相一任、それもどちらか一本、途中の変更は許されない」と迫った。いつもの事というべきか、そもそも判断能力がないというべきか、近衛は政権を投げ出して答とした。これが十月十六日のことだった。

近衛文麿の後継首班は、早くから候補が考えられていた。その条件は陸軍を抑えられる人ということで、皇族の出馬、またもや宇垣一成の起用、そして東条英機だ。結局は陸軍部内の統制で辣腕を振るった東条となり、昭和十六年十月十七日に組閣の大命がくだった。これが日本にとって運命の別れ道という歴史観もあるだろうが、だれが首相になっても同じ事というのが正しい認識のはずだ。皇族内閣となっても、蔣介石が日本に譲歩するはずもないからだ。

首相の座についても東条英機は、陸相を下番しようとはしなかった。軍人の人事権を握っていることが、自分の権力と権威の源泉であることを深く認識していたからだ。それは彼の慧眼であると同時に、その限界をも物語る。陸相に上番する時、その職の重要性に鑑み、次はだれを陸相にするか心積もりだけでもしておくべきだ。まして戦時、なにが起きるのか分からないのだからなおさらだ。

そういった意識は、東条英機にはなかった。そうでなければ、内相、外相、文相、商工相（軍需相）を兼任することはない。ついには参謀総長にまで手を出した。これは法制的には兼務ではないと説明されており、そのためか参謀本部にいる時は参謀飾緒を着け、それ以外ははずすと芸が細かい。これらは旺盛な責任感の発露といえば聞こえは良いが、なんでも「俺が、俺が」という哀れな人としか思えない。戦時でなくとも、これだけの重職をこなすのは天才でも無理だ。ともかく巨大な組織をマネージメントする姿ではない。

それでも同情的に見れば、東条英機が首相になった時、すぐに陸相のポストを渡せる人の手当が付かなかったことも事実だ。この昭和十六年十月の時点で、関東軍、朝鮮軍、台湾軍に加えて支那派遣軍を筆頭に野戦軍司令部が一七個もあったのだ。ここに大将、シニアの中将が食われるから、陸相要員の層が薄くなる。もともと陸軍省に勤務して経験を積んだ軍政屋の数は限られている。

首相も現役の将官だから、それより先任の陸相は避けるとなれば、一七期以降から人選することになる。そこでまず候補は、東条英機と同期で人事局長と軍務局長を歴任している後宮淳となる。しかし、後宮は本来、鉄道の専門家で、しかも性格的に陸相の適任者ではないことは衆目の一致するところだ。一八期には、常に陸相の本命と語られ続けた山下奉文がいる。しかし、山下を陸相に登用するだけの度量が東条にあるとは思えず、さらには二・二六事件の問題から宮中が山下を受け入れないだろう。

一九期は卒業生が一〇〇〇人を超える大きな期だったこともあって、人材豊富と語られていた。しかし周知のように、この一九期生のほぼ全部が中学出身者で、なにかと敬遠されていて、また同期の結束が弱かったことも事実だ。そんなことも関係してか、軍務局長、人事局長、軍事課長と陸軍省の中枢に上番した一九期生はいない。では、二〇期、二一期となると期が飛びすぎることや、そもそもこの二つの期にも練達の軍政屋は見当たらない。二〇期の橋本群が残っていればと嘆いてもせんないことだ。二一期の町尻量基かといっても、石原莞爾との関係から東条英機が納得するはずもない。

野戦軍司令部の陣容を維持するため、中央官衙が犠牲になるという構図は、東条英機が冨永恭次を重用し続けたことが象徴的だった。前述したように、北部仏印進駐を巡っての不手際で参謀本部第一部長だった冨永と第二課長の岡田重一は更迭され、冨永は公主嶺の戦車学校長、岡田は京城・龍山の歩兵第七八連隊長に飛ばされていた。ところがまだ半年もたたない昭和十六年四月、冨永は人事局長として中央に返り咲いた。冨永は十八年三月に次官に栄進したが、人事局長事務取扱として人事を手放さず権勢をきわめた。岡田は十六年十月に補任課長に抜擢された。

なんとも不可解な人事だが、中央の人材が枯渇していたのでこうなったといえる。同時に左遷された者が復活させてもらうと、恩義を感じて忠勤を励むということもある。これはなにも東条英機の独創ではなく、古くから語られている人心収攬術だ。唐の太宗から李勣という将軍の処遇について質問を受けた李靖は、まずは左遷し、代替わりしてから改めて登用してはどうかと答えた。そうすれば恩に報いようとするはずだということだ（「莫若黜勣、令

太子復用之。則必感恩図報」『李衛公問対』)。

昭和十九年七月七日にサイパン失陥、これが一つの契機となって重臣を中心とする倒閣運動が本格化した。東条英機は同月十八日までに、まず参謀総長を辞任、続いて内閣総辞職となったが、それでも陸相のポストに執着した。内閣総辞職した以上、後任陸相を推挙しなければならないので、新参謀総長の梅津美治郎、教育総監の杉山元、そして東条の三長官会議がもたれた。その席上、特に陪席が許された次官の冨永恭次の口を借りて、東条は陸相続投の意欲を示した。

それを梅津美治郎が拒絶し、後任陸相に阿南惟幾を推した。それに対して東条英機は、阿南は豪北第一線、第二方面軍司令官の要職にあるので引き抜けないとした。そこで梅津は、山下奉文ではどうかと提案する。するとまた東条は、二・二六事件の問題から山下陸相案は昭和天皇が御嘉納しないと、これにも強く反対した。東条は、自分しかいないと強くアピールし、前任者の意向が優先されるから陸相留任を期待したわけだ。ところがその席に、後継首班は小磯国昭と米内光政の連立との一報が入った。すると直情径行タイプの東条は、「米内のしたで陸相はやれない」と一転、辞任の意志を表明し、後任は杉山元、教育総監は代理として野田謙吾となった。

◆大掃除役を果たした杉山陸相

これまで陸相、教育総監を二度、そして大東亜戦争開戦時の参謀総長という空前の閲歴、そして元帥府に列している杉山元でなければ、部内から東条色を一掃できないということで、二度目の陸相上番となった（杉山の元帥府入りは昭和十八年六月二十一日）。もちろん、後継首班が大尉の頃からの盟友、小磯国昭であったこともおおいに関係している。

まず昭和十九年七月中に、長らく冨永恭次次官の事務取扱で空席だった人事局長を補任課長の岡田重一の持ち上がりで埋めた。後任の補任課長は、同課高級課員だった新宮陽太とした。人事はまず人事当局の異動からという常道に沿ったものだ。続いて八月から翌二十年四月七日に杉山元が下番するまでの人事の流れは、次のようになる。

まず昭和十九年八月、次官の冨永恭次が更迭され、フィリピンの第四航空軍司令官に飛ばされた。後任の次官は、南京政府最高顧問の柴山兼四郎となった。これは参謀総長の梅津美治郎が強く希望した人事だった。十二月には、軍事課長の西浦進が支那派遣軍第三課長に転出し、歩兵第三四連隊長の二神力が後任となった。また、軍務局長の佐藤賢了が支那派遣軍総参謀副長に転出、後任は参謀本部第一部長の真田穣一郎、さらに翌二十年三月には整備局長だった吉積正雄となっている。第一部長の後任は、第六方面軍参謀長だった宮崎周一となった。翌二十年二月には、参謀本部第三部長の額田坦が人事局長に、参謀本部第二課長の服部卓四郎は華中の歩兵第六五連隊長に転出、後任は第六方面軍参謀副長の天野正一となる。四月に入ると参謀次長の秦彦三郎が関東軍総参謀長に転出、後任は航空総監部次長の河辺虎四郎となった。

このように省部から東条派を一掃したが、この多くは梅津美治郎の方寸から出たものとされる。これからこうしようという構想は、杉山元にはこれといったものはなかったろう。彼は当時六七歳、同期の小磯国昭が首相としてやりやすいように、後輩がやりたいようにという気持ちだけだったと思われる。そういうことで、後任の陸相をだれにするかということもあまり意識になかったはずだ。

杉山元を悪くいう人は、彼を「洗面所の扉」、その心は「どちらからでも開く」と評していたが、自分の考えをはっきり口にするタイプではないから、意中の人物は推察するほかない。常識的に考えれば、昭和十二年二月から翌十三年六月まで陸相だった杉山を次官として支えた梅津美治郎、人事局長だった阿南惟幾、参謀本部第一部長だった下村定といったところが陸相候補となる。梅津が参謀総長になれば、陸相はまず阿南、次いで下村となるが、事実そうなった。

昭和十九年十二月、豪北正面の第二方面軍司令官だった阿南惟幾は、陸相要員として東京に呼び戻され、航空総監となった。そして対中和平工作を巡る問題で昭和二十年四月五日に小磯国昭内閣が総辞職となり、後継首班は枢密顧問官の鈴木貫太郎となった。老獪な鈴木はみずから市ケ谷に足を運び、後任陸相の推挙を求めた。陸軍は「戦争完遂」「陸海軍一体化」「本土決戦準備の促進」の三点を要求したところ、鈴木はあっさりとこの三条件に同意した。だから二十年八月十四日、ポツダム宣言受諾を決定した御前会議のあと、軍務局長の吉積正雄は、「総理、約束がちがう」と鈴木に詰め寄ったわけだ。

◆帝国陸軍の幕を閉じた二人

陸軍の意向を全面的に認めたからには、陸軍は鈴木貫太郎内閣に快く陸相を送らなければならない。そこで陸相候補として東京にプールしていた阿南惟幾を推挙した。阿南自身は、「自分はその任に非ず」として、第一五方面軍司令官として大阪にいた河辺正三を推した。しかし、阿南は昭和四年から四年間も侍従武官をつとめたが、その時の侍従長が鈴木だったこともあり、ついに逃げ切れなかった。彼は兵務局長、人事局長、次官を歴任しているが、それはあくまで巡り合わせで、本来は単純な武人だ。逆にいえば武人だから陸軍省の要職を任されたのだ。阿南は政治性が豊かな人でないから、切腹して事態を収拾するしかないという悲劇的な結末を迎えることとなる。

昭和二十年四月七日に阿南惟幾は陸相に就任したが、この前後から本土決戦に備えて第一総軍と第二総軍の司令部の新設に始まり、六月までに朝鮮の第一七方面軍と軍司令部一二個が新編された。これには大きな人事異動がともなうが、おおむね杉山元陸相の時に決まっていたものだ。陸軍省の人事もあてがいぶちのまま、八月十五日を迎えている。ただ、四月中に軍事課長の二神力と参謀本部運輸課長の荒尾興功がそれぞれ交替している。また七月に入って次官の柴山兼四郎が病気のため辞任、後任は第二総軍参謀長だった若松只一となったが、これも阿南の希望ではない。

昭和二十年八月十四日正午、御前会議でポツダム宣言受諾、日本降伏と決まった。これを受けて同日午後二時四十分、「皇軍ハ飽迄御聖談ニ従ヒ行動ス」との覚書に阿南惟幾、梅津美治郎、土肥原賢二の三長官、杉山元、畑俊六、河辺正三の総軍司令官が署名し、陸軍の総意として降伏する意志を鮮明にした。翌十五日午前四時すぎに阿南陸相は切腹、正午に玉音放送、午後三時に鈴木貫太郎内閣総辞職となった。

八月十六日午前十時、組閣の大命が東久邇宮稔彦にくだった。陸相の後任は教育総監の土肥原賢二に内定していた。参謀総長の梅津美治郎の次級者ということで、この人選に深い意味はない。ところが東久邇宮は、この人事に難色を示した。大将進級は東久邇宮が昭和十四年八月、土肥原が十六年四月だから東久邇宮が先任だ。しかし、陸士の期では四年後輩だからやりにくいということで、東久邇宮は同期の下村定を希望した。人事に注文を付けるとは皇族でしかできないことだが、最終局面でようやく首相が陸相を選べたことになる。

終戦当時、下村定は北支那方面軍司令官として北京にあった。あの混乱期、東京に帰るにも時間がかかり、陸相兼教育総監着任は八月二十三日となり、そのあいだ、陸相は東久邇宮首相の兼摂となった。軍の解体という空前の復員業務、占領軍の受け入れ、次々と自決する高級軍人の後任人事と、未曾有の事態に下村陸相はよく対処したと評価されるべきだろう。

昭和二十年十一月二十八日、第八九臨時議会で下村定陸相は登壇し、「……国を今日の非運に導いたことは、誠に申訳ない。陸軍の最後に当り、全国民に衷心よりお詫び申し上げます」と謝罪し、「こんな軍人もいたのか」との驚きの声も上がった。また、「国を思い身を挺して戦った将兵とその英霊に対しましては、なにとぞご同情を賜らんことをお願いいたすものであります」とあり、「そらまた、英霊の陰に隠れようとする」との声もあったことを記しておく必要もあるだろう。

昭和二十年十一月三十日、陸軍省と海軍省の廃止にあたり、下村定は未復員兵に対する責任、恩給停止に関する責任を取る形で同日付で依願免官となった。大山巌から数えて兼摂、代理を含めて四〇代、これをもって帝国陸軍は終焉を迎えた。

統帥権独立を支える参謀総長の選任

◆長期にわたった鈴木荘六の時代

大正十五年三月二日、朝鮮軍司令官だった鈴木荘六が参謀総長に上番した。陸相は宇垣一成、参謀総長は河合操、教育総監は大庭二郎の三長官による決定だが、大方が納得するトップ人事だったはずだ。河合は参謀総長在任三年だったから、旧八期から士候一期に飛んでもおかしくはないし、旧九期から旧一一期までには正統派の作戦屋も見当たらない。この時、大将には参謀次長をつとめた福田雅太郎、参謀本部第一部長をつとめた尾野実信がいたが、福田は情報畑の人、尾野は総務部系統の人で、参謀総長というには食い足りない。なお、昭和期の参謀総長、参謀次長については、表3と表4を参照してもらいたい。

鈴木荘六の参謀総長が長くなったこともあり、批判的な人は彼を「戦術総長」「図上作戦屋」と酷評するが、それは間違いだ。昭和期、鈴木ほど歴戦の士はいない。騎兵第四大隊副官として日清戦争、第五師団参謀として北清事変、第二軍の作戦主任や参謀副長として日露戦争、第五師団長としてシベリア出兵にそれぞれ従軍している。明治四十一年十二月に参謀本部が部課制になって最初の第二課長（作戦課長）が鈴木で、教官や幹事と陸大の勤務も豊富だ。この経歴ならば、生粋の作戦屋と認めざるをえず、天皇の幕僚長が適役となる。

参謀総長まで登り詰め、しかも長期政権樹立となると、その支持基盤すなわち人脈が問題となる。その点、鈴木荘六はさまざまな点で恵まれていた。日露戦争中、作戦主任、参謀副長として仕えた第二軍司令官の奥保鞏は、明治四十四年十月に元帥府に列せられ、昭和五年七月に亡くなるまで、現役の大将として鈴木の後見役だった。そして第二軍参謀副長の鈴木のしたで作戦補佐をつとめたのが金谷範三だったのだから、人に恵まれているの一言だ。

陸士は士官候補生制度一期だったことも、鈴木荘六の財産の一つとなった。なんでも一期というのは注目を浴びるもので、だれかが、どこかで見ていてくれる人がいないと、どうにもならない軍人社会ではこれが大切だ。しかも、鈴木、宇垣一成、白川義則とトリオを組めたことも財産になった。よく同期の桜とその結束が語られるが、それは表面的な話で実態は永遠のライバル関係になりがちだ。ところがこのトリオに限って助け合い、三人そろって頂点をきわめた。

騎兵科出身であったことも、鈴木荘六に幸運をもたらした。秋山好古、閑院宮載仁、稲垣三郎、南次郎、橋本虎之助とつらなる騎兵科の流れは強力だ。しかも、鈴木の場合は念が入っている。騎兵の草分けとして知られる森岡政元が鈴木の岳父だ。森岡守成は養子、建川美次の妻も森岡の息女だ。また、白川義則は騎兵の父といわれる秋山の子飼いだ。

表３　昭和期の参謀総長

		就任日時	前職／転出先
大正15年	鈴木荘六（＃１）	15. 3. 2	朝鮮軍司令官／予備役
昭和２年			
３年			
４年			
５年	金谷範三（＃ 5）	5. 2.19	軍事参議官／軍事参議官
６年			
	閑院宮（草創期）	6.12.23	軍事参議官／
７年			
８年			
９年			
10年			
11年			
12年			
13年			
14年			
15年			
	杉山　元（＃12）	15.10. 3	軍事参議官／教育総監
16年			
17年			
18年			
19年	東条英機（＃17）	19. 2.21	陸相兼務／予備役
	梅津美治郎（＃15）	19. 7.18	関東軍総司令官／

表４　昭和期の参謀次長

大正		就任日時	前職／転出先
14年	金谷範三（＃ 5）	14. 5. 1	第18師団長／朝鮮軍司令官
15年			
昭和			
2年	南　次郎（＃ 6）	2. 3. 5	第16師団長／朝鮮軍司令官
3年			
4年			
	岡本連一郎（＃ 9）	4. 8. 1	参本総務部長／近衛師団長
5年			
	二宮治重（＃12）	5.12.22	参本総務部長／第5師団長
6年			
7年	真崎甚三郎（＃ 9）	7. 1. 9	台湾軍司令官／軍事参議官
8年	植田謙吉（＃10）	8. 6.19	第9師団長／朝鮮軍司令官
9年			
	杉山　元（＃12）	9. 8. 1	航空本部長／参本付
10年			
11年	西尾寿造（＃14）	11. 3.23	関東軍参謀長／近衛師団長
12年	今井　清（＃15）	12. 3. 1	第4師団長／参本付
	多田　駿（＃15）	12. 8.14	第11師団長／第3軍司令官
13年			
	中島鉄蔵（＃18）	13.12.10	参本総務部長／参本付
14年			
	沢田　茂（＃18）	14.10. 2	第4師団長／参本付
15年			
	塚田　攻（＃19）	15.11.15	第8師団長／南方軍総参謀長
16年			
	田辺盛武（＃22）	16.11. 6	北支方面軍参謀長／第25軍司令官
17年			
18年	秦彦三郎（＃24）	18. 4. 8	第34師団長／次席次長
19年	後宮　淳（＃17）	19. 2.21	中部軍司令官／第3方面軍司令官
	秦彦三郎	19. 7.18	次席次長／関東軍総参謀長
20年	河辺虎四郎（＃24）	20. 4. 7	航空総監部次長／

新潟県出身であったことも、鈴木荘六に利した。大正七年七月から参謀本部第二課長は大竹沢治、十五年三月から小川恒三郎、この二人、鈴木と同郷の新潟県人だ。「将官になれなくとも第二課長はやってみたい」といわれた栄職についたのは、兼務や代理などを含めて三〇人だが、そのうち三人が新潟出身とは意外に思う。鈴木の引きでこうなったのか判然とはしないが、才能ある同郷人に恵まれたことは事実だ。

鈴木荘六の参謀総長在任は、まる四年になった。宇垣一成の場合もいえたことだが、長期政権になればなるほど、後任の育成、手当を十分にしておかないと人事計画にくるいが出てくる。順当な期別管理に戻すことは大変で、飛ばされる期が多くなると不満が鬱積する。鈴木の後任人事は簡単だ。日露戦争中、ともに苦労した金谷範三にバトンを渡せばよいということで、金谷はすでに参謀次長をおえてスタンバイしている。

では、金谷範三の次はだれか。鈴木荘六ほどの人物ならば、そこまで心積もりしていたはずだ。そこで前述した同郷の作戦屋、大竹沢治と小川恒三郎だ。小川の一四期まで先はともかく、五期の金谷範三、七期の大竹とつないでいくと構想していたにちがいない。そして九期の荒木貞夫はともかく、一二期の畑俊六へという順当な参謀総長の帯が生まれていたはずだ。そうなれば閑院宮載仁の長期政権というものはなかった計算になる。

ところが、大竹沢治は参謀本部第一部長在任中、発病して大正十二年七月に病死してしまった。小川恒三郎は昭和四年八月、参謀本部第四部長の時に航空機事故に遭って殉職してしまう。もし小川が存命だったとすれば、参謀総長はともかく、彼が顧問格だったとされる一夕会の性格や動向が、かなりちがったものになっていたはずだ。

◆多難な時代に直面した金谷参謀長

大将の定限年齢六五歳までつとめ上げた鈴木荘六は、昭和五年二月に参謀総長を下番、現役を去った。ここですんなり金谷範三の上番かと思われたが、そうはならなかった。薩肥閥の反撃というべきか、上原勇作の横槍が入った。参謀総長の後任は、参謀次長と関東軍司令官を歴任したうえ、教育総監をもう二年四ヵ月もつとめている武藤信義にすべきだと強く主張した。

これを派閥意識による難癖だとすれば簡単だが、よく考えてみると案外と理屈は通っている。大元帥たる天皇に直隷する幕僚の長、まさに統帥権の要となる参謀総長は、より権威がある存在であるべきで、より多くの重要な職務を経験した者をすえるべきであると論じられれば、反論の余地はない。そうなれば、期別の管理はさておき、キャリアの軽重から次期参謀総長は武藤信義であるべきと上原勇作は論じたわけだ。

上原勇作がこう言い出したのには、それなりの背景があった。鈴木荘六の時とちがって、金谷範三の参謀総長昇任にだれもが納得していなかったのだ。まだ藩閥意識が強く残る時代だから、河合操が去ったかと思えば、またすぐ大分かとうんざりするという声もあったはずだ。金谷は参謀次長から朝鮮軍司令官に転出したが、後任の参謀次長はこれまた大分県人の南次郎だから、藩閥人事だという声が上がる。さらに金谷がアルコール依存症ぎみなことも広く知られていた。酒気帯び参内で粗相しかねないと心配する人もいたろうし、あんなに飲んでは体がもたないと心配もされていた。

新進気鋭の若手が金谷範三に不満を感じていた理由は、その用兵思想の古さにあった。「演習次長」と揶揄されたほど教育訓練に熱心なことは結構なのだが、その指導要領が旧態依然としたものだった。日露戦争中、鈴木荘六と金谷が幕僚をつとめた第二軍は満州軍の主力で、常に戦線の中央で戦ったのだから、そこでの成功体験からなかなか抜け出せないのは理解できる。しかし、第一次世界大戦を知る若手にとって、金谷の指導は物足りない。満面に朱を注ぎ叱咤する金谷の迫力には圧倒されるものの、すぐに一盃やってのことだと知ると幻滅する。

こういった頑迷で扱いづらい人は、過ぎ去るのを待つのが賢明だ。ところが権力を振りかざして人事に介入して来るとなると、漫然とはしていられなくなる。大正十五年三月、陸大校長在任一年足らずの渡辺錠太郎が突然、解任されて旭川の第七師団長に飛ばされた。日露戦争の戦史を中心にした教育から、第一次世界大戦での戦訓に沿ったものへの移行を試みたことが、鈴木荘六と金谷範三の怒りをかった結果だったとされる。しかも、金谷は参謀次長のまま陸大校長を兼務して乗り込んで来たのだから、心ある人は眉をひそめる。昭和五年に入ってからのことだが、陸大の教官として斬新な教育を進めていた筒井正雄も、歩兵学校の教育部長に飛ばされた。陸大二一期で恩賜の筒井は、新しい戦術をリードする人材と嘱望されていたが、結局はその才能が野に埋もれてしまった。

このような部内の雰囲気に気を遣うような鈴木荘六や宇垣一成ではない。上原勇作らの思うようにはさせないの一念で、金谷範三参謀総長実現へ一路邁進だ。まず、宇垣は奥保鞏の意向を打診した。奥が金谷案に反対するはずがない。日露戦争中の部下二人とも参謀総長とは感謝感激だ。そうしておいて、武藤信義の懐柔につとめるが、その話の持って行き方がなんとも面白い。

参謀総長の人事が迫っているが、三長官会議で二対一の決定という形にならないよう、事前協議をしたいというのが宇垣一成の口上だ。続いて軍政、軍令、教育の三本柱、それを支えている陸相、参謀総長、教育総監は同等の権威がある存在であることを再確認する。そうであるならば、教育総監から参謀総長への横すべりは、とかく後者が上位のような印象を世間に与えかねないから避けたいと話を進める。このような建前論には反論しにくい。

こうなると、上原勇作からあれこれいわれていたとしても、武藤信義は宇垣一成に同意し、さらには「自分は参謀総長の任に堪えられず」と口にするしかない。では後任はだれか、金谷範三と伝えられれば、話の流れから「金谷君ならば適任です」というほかない。このあたりの遣り取りは、策士ともいわれた宇垣の真骨頂で、極端に寡黙な武藤が負けるのは決まっている。

武藤信義としても、参謀本部の第四課長（欧米課長）、第二課長、第一部長、総務部長と歩いて来たのだから、自分こそが参謀総長の適任者と自負していても当然だ。ただ、日露戦争中の武藤は近衛師団と鴨緑江軍の参謀をつとめたが、第二軍の鈴木荘六と金谷範三のコンビよりも格が落ちることは自覚していたはずだ。また、武藤は駐露武官補佐官、ハルピン特務機関長をつとめるなど、作戦屋よりも情報屋と見られ、しかも陸大で教官勤務がないこともマイナス要因になったことも否めない。

このような下工作を進めた宇垣一成は、今度は直接、上原勇作にあたった。前述したように、田中義一陸相の後任問題でしてやられても黙っていた上原も、今度という今度は強硬に武藤信義を推した。前回、陸相に推した福田雅太郎は、関東大震災の時の戒厳司令官として問題があり、なにかともの足りない部分があったが、今回の武藤は参謀総長として完璧だ。もうこれ以上、宇垣の思うようにはさせない、軍政は仕方ないにせよ、軍令の分野では自分の影響力を残したいと、上原は最後の一戦に出る覚悟を固めた。

しかし、いかんせん実質的に現役ではない上原勇作は出足が鈍い。上原の巻き返し工作が整うまえ、宇垣一成は三長官会議を開いて参謀総長の後任は金谷範三と決めた。武藤信義は、元帥会議の同意という留保条件を付けた。当時、元帥府に列していた陸軍将官は奥保鞏、閑院宮載仁、そして上原勇作だ。もちろん奥は金谷案に賛成、閑院宮は騎兵科出身の田中国重を望んでいたが、宇垣のまえでは自説を口にできない。上原がいかに頑張っても二対一で敗れる。それでも上原は、武藤案を主張し続けた。業を煮やした宇垣は、「そもそも上原将軍に元帥の資格ありや」とまで口にしたのだから、なんとも凄まじいことだ。もちろん金谷範三の参謀総長で落ち着いたのだが、陸軍部内に亀裂が生じたことも否定できない。

浜口雄幸内閣の時、昭和五年二月十日に金谷範三が参謀総長に上番した。ロンドン軍縮会議で統帥権干犯と騒ぎになった頃で、陸軍は高みの見物を決め込めただろうが、さらなる軍制改革すなわち軍縮が迫られつつあり、満蒙問題をどう根本的に解決するかという難問も抱えていた。

満州事変まで、金谷範三参謀長のもとでの主要な人事は、次のようなものだった。参謀次長は岡本連一郎から参謀本部総務部長の二宮治重へ、総務部長は人事局長の古荘幹郎、梅津美治郎と流れた。第一部長は畑俊六から第二部長の建川美次、第二部長は東京警備司令部参謀長の橋本虎之助となっていた。この人事を見ると、鈴木荘六時代の踏襲で、また宇垣一成の操縦下にあったともいえる。軍制改革や満蒙問題の解決から、陸軍省との連携を密にするため、参謀本部第一部系統よりも総務部系統が重視された時代だった。

このような諸情勢のなかで、金谷範三はだれにバトンを渡そうと考えていたのか。七期の大竹沢治が存命ならば、第一候補になったことはまちがいないが、死に児の年を数えていても仕方がない。八期のトップは渡辺錠太郎だが、彼が陸大校長の時、金谷と鋭く対立したから、これは最初から考慮のそとだ。そこで九期だが、この期で正統派の作戦屋となると荒木貞夫だ。しかし、彼はあまりにも武藤信義に近い。

そこで同じ九期で、鈴木荘六、金谷範三のしたで次長をつとめた岡本連一郎が有力候補になる。岡本は総務部系統の人だから、時代に合っているともいえる。岡本は昭和五年十二月に近衛師団長に転出しており、二年後なりに朝鮮軍司令官などもう一つポストをこなせば、有力な参謀総長候補となる。しかし、九期の先頭グループは昭和二年三月に中将進級だが、岡本は一年おくれの三年三月で序列が問題になっただろう。岡本の懸念材料は健康で、実際には七年三月に予備役に入り、九年二月に病没している。結局、人材豊富な一二期までにつなげるにも難問山積だったのだ。

昭和六年四月、宇垣一成が陸相を下番すると、省部のタガがはずれ、一夕会や桜会といった横断的な結合が表面に出て来て、計画的で公正な人事を望めなくなった。さらには下克上だ。参謀本部第一部長の建川美次が奉天に行っても軟禁され、その日に満州事変が始まった。閣僚を斬殺して政権を奪取するという桜会の十月事件が未然に発覚しても、省部はなすすべがないという状態だった。これでは金谷範三、南次郎の大分コンビも、後任人事を曖昧のうちに退場するほかない。

◆皇族総長の功罪

暴走する若い連中に人気があり、これを抑えられる者ということで、前述したように場ちがいの荒木貞夫が陸相に選ばれた。このことは、三長官会議の合議決定、前任者の意向尊重といったことが、ほとんど考慮されていなかったことを示している。陸相人事がそうならば、参謀総長人事も同じことになる。三長官会議が機能していたとしても、教育総監の武藤信義の意見が優先される状況にあった。

荒木貞夫が長年思い抱いていた参謀総長は、武藤信義であったことはまちがいないし、武藤はその資格十分だった。しかし、昭和六年末の時点となると、武藤参謀総長の実現には無理が生じていた。まず、年齢の問題だ。当時、武藤は六四歳で現役はあと一年だ。まして、五期まで進んでいるのに、ここで三期にあと戻りするのも問題だ。もちろん、武藤ほどの人物だから、もう自分の出番ではないことを心得ていたはずだ。そこで荒木は、参謀総長に同期で台湾軍司令官の真崎甚三郎をと考えた、とするのが通説だ。これは前述したように、荒木と真崎が同期のお神酒徳利だと信じ込んだための解説だと思えてならない。

そもそも、この時点で真崎甚三郎を参謀総長にするには、いくつもの障害がある。真崎は軍務局育ちの人で、教育畑特に士官学校に転じて大成した。また第一師団長から台湾軍司令官に栄転したのは昭和六年八月の定期異動だったから、年末には動かせないとするのが常識だ。加えて真崎が教育総監部の第二課長の時、参謀本部第一部長の金谷範三が青年将校の思想調査を求め、真崎がこれを拒否して以来、この二人は犬猿の仲だった。ここで参謀総長は真崎でどうかと持ち出したら、どんな騒ぎになるか分からない荒木貞夫でないはずだ。

こう見てくると、荒木貞夫の腹は武藤信義、真崎甚三郎ではなく、最初から閑院宮載仁だったのではないかと思われてくる。皇道の伝道者、荒木の面目躍如ということだ。では、荒木と閑院宮との接点はどこだったのか。それはおそらく閑院宮家の別当だった稲垣三郎だ。稲垣は大正七年八月から九年七月までウラジオ派遣軍の作戦課長、同参謀長だった。その間、荒木は参謀をつとめている。その以前も在欧勤務で接触しており、この二人は昵懇というまではいかないにしろ、フランクに話し合える関係にあった。稲垣にしても閑院宮の出馬は嬉しいことで、反対する理由はどこにもない。

こうして当年六六歳の参謀総長宮が誕生した。満州事変完遂をアピールするトップ人事なのだから、昭和七年三月の満州国建国、もしくは同年九月の日満議定書調印を花道にご勇退願うのが本来の姿だろう。ところが、皇族の威光を背景にすることに味をしめた参謀本部は閑院宮載仁を引きとめ続け、さらには秩父宮雍仁までを担ぎ出そうとしたことすらある。また海軍でも昭和七年二月、伏見宮博恭が軍令部長（八年十月、軍令部総長に改称）に上番した。こうなると陸軍と海軍の意地の張り合いとなり、参謀総長の人事が動かなくなった。

閑院宮載仁は、ことあるたびに辞意を漏らしていたといわれる。しかし、省部で責任ある者がそれを直接承ったわけではなく、雑音交じりで天から漏れ伝わってくるだけのことで、ご本人に直接確認した人もおそらく皆無のはずだ。人事が回らなくなりますので、このへんでご勇退をと告げる勇気のある人もいない。このようなことが重なり、なんと昭和十五年十月まで閑院宮は参謀総長だった。海軍はさらに粘って、伏見宮博恭が軍令部総長を下番して永野修身と交替したのは十六年四月のことだった。

皇族が参謀総長に就任したことは、海外向けのアピールなど、それなりの意味はあったはずだが、もちろん弊害もあった。まず大きな問題は、三長官会議が正常に機能しなくなった点にある。軍政、軍令、教育の長が記録を取らない自由闊達な意見交換を行ない、円満な合意をえるのがその目的だ。そこに絶対的な権威が入ってくると、話が混乱する。もし意見が分かれて二対一の多数決になったとしても、その少数意見が皇族だったとすれば、決定は覆る。陸軍を支えて来た三本柱が揺らぎ、一方に傾き、それが一枚岩でなければならない国軍の分裂を招いた。もちろん、これは閑院宮載仁の個人的資質の問題ではなく、当時の思潮と制度に問題があったためのことだ。

三長官の一角に皇族が存在したため起きた問題の顕著な例が、真崎甚三郎を巡る二度の人事だ。まず昭和九年一月、荒木貞夫の辞任にともなう後任陸相の人事だ。荒木と教育総監の林銑十郎の協議によって後任陸相は真崎となった。ところが閑院宮載仁の意見によって林が陸相、真崎は教育総監に回ることとなった。そして十年七月、真崎教育総監罷免も二対一という形にはなったが、閑院宮の意向が決定的なものだった。これが主因となって永田鉄山斬殺事件が起き、さらに二・二六事件となってしまった。

また一つの問題が参謀次長の人事だ。前述したように雲上人の参謀総長に繁雑な事務を押し付けるわけにはいかない。そこで事務の代行とその責任を負える「大次長」が求められる。閑院宮載仁は日露戦争中、騎兵第二旅団長として沙河会戦で勇戦奮闘し、本渓湖付近に「宮ノ原」という地名を残した人だ。また、第一師団長、近衛師団長を歴任し軍事について一家言あるから、あてがいぶちの次長に満足しない。これでは大次長だといっても、その手腕が振るえないことにもなる。

まず、荒木貞夫陸相が付けた大次長は、台湾軍司令官在任五ヵ月の真崎甚三郎だった。次長は親補職ではないから、師団長、軍司令官の経験者をこれにあてるのは異例だ。日露戦争の直前、参謀本部次長の田村怡与造が急死したため、台湾総督の児玉源太郎が後任になったケースだけだ。そこまで考慮した人事だったが、真崎の性格というか、閑院宮載仁と反りが合わないことが災いした。真崎はいくつかの案を提示して閑院宮の選択に任すということはしないで、これこれの案もあるが、この案で行きますとなかば強制する場合が多かったという。これがまず閑院宮の意に染まらず、感情的な問題に発展した。そうなると真崎が若手の部員を集めて昼食会をしていることも、派閥を作っていると閑院宮の目にはうつる。これで「真崎は落第」となった。

閑院宮載仁に仕えた参謀次長は八人を数えるが、そのだれもが後味の悪い辞め方をしている。真崎甚三郎はどうにも閑院宮と波長が合わなかったので、次は閑院宮と同じく騎兵科出身で別当の稲垣三郎とも昵懇の植田謙吉が良いだろうとなった。予想通り総長との関係は良かったが、今度は部内外から「植田は無能だ」と攻撃され大変な思いをして下番となった。次の次長は杉山元で、彼らしく可もなく不可もなく、そつなく大次長をこなしていたが、二・二六事件に遭遇してしまった。次は西尾寿造だが、何事にも細かい人だから、皇族との関係がどうなったか想像できる。

とにかくむずかしい職務だから、正統派のエース投入となり、参謀本部の第二課長、第一部長を歴任した今井清となった。そしてすぐさま支那事変が勃発、加えて今井は健康を害して下番、参謀本部付のまま死去してしまった。その代わりが多田駿で、後輩の板垣征四郎陸相と直結したため、次官の東条英機と対立、二人とも更迭という経緯は前述した。多田の後任は、侍従武官が長い中島鉄蔵が参謀本部総務部長から持ち上がりとなった。ところがノモンハン事件の問責人事となり、中島の人生そのものが暗転した。急ぎ第四師団長を下番して参謀本部付となっていた沢田茂があてられたが、今度は北部仏印進駐問題で更迭された。強運で有能な人材が大次長についたとしても、閑院宮載仁の老齢さをカバーしきれない。大事な時に小田原や箱根の強羅にいたり、東京にいても一時間ほどしか参謀本部に顔を出さないとなると、参謀総長の存在理由そのものが薄れてしまう。それでも海軍が伏見宮博恭を手放さない以上、陸軍もと意地を張り合う。陸相に就任早々、東条英機はいくらなんでもこれ以上つとめていただくことは畏れ多いとし、昭和十五年十月三日に閑院宮は下番、その在任期間は八年一一ヵ月だった。ちなみに閑院宮は二十年五月二十日に逝去した。

◆開戦時は杉山元総長という選択

参謀本部、大本営陸軍部が新たな体制に入る昭和十五年九月末の時点で臣下の現役陸軍大将は七人だった。すなわち、一一期で軍事参議官の寺内寿一、一二期でともに軍事参議官の杉山元と畑俊六、一三期で朝鮮軍司令官の中村孝太郎、一四期で支那派遣軍総司令官の西尾寿造と教育総監の山田乙三、そして一五期で関東軍司令官の梅津美治郎だ。これに皇族の四人が加わり一一人、当時大将の定員は一八人だったから、未充足で支那事変を戦っていたことになる。

大将を乱造しなかったことは、日本陸軍の見識だとされるものの、この時点で全軍一三五万人、この大軍を抱えてよくぞこれでやれたと思う。こういう状況で参謀総長を選ぶのは、ごく簡単なことだ。この時、三長官会議でもすぐに杉山元という結論が出たはずだ。すんなりと決まる人事が最良とはいわれるが、はたして杉山という選択が正しかったのか。

第二次世界大戦が始まってすでに一年、アメリカによる対日経済封鎖が本格化したこの時、杉山元の参謀総長は適材適所だったとはいえないはずだ。杉山は主に宇垣一成、白川義則のしたで軍事課長、軍務局長、次官を歴任しただれもが認める軍政屋だ。参謀総長ともなれば、作戦立案の手腕よりも、組織を管理する能力が求められるから、むしろ作戦屋よりも軍政屋の方が向いているという見方もできる。杉山は包容力のある人で、人に慕われていた。物事をなかなか決められないことから、「グズ元」とも評されていたが、『杉山メモ』を残すほど緻密な人であったことも事実だ。

結構な参謀総長ではないかとなるが、天皇のスタッフのチーフである以上、いくつかのプランの利害得失を明確に説明しなければならない。天皇だけでなく、陸軍省、そして多くの場合、海軍に対しても所信を説明する必要がある。それに説得力を与えるのが、作戦屋としてのキャリアだ。そこが杉山元に欠ける点だ。長かった閑院宮載仁のあとを受けて一二期から再出発するとなれば、どうして畑俊六をという声が上がらなかったのか、そこが不思議でならない。

畑俊六は陸大二二期首席、参謀本部第二課の勤務将校を振り出しに第二課作戦班長、同課長、参謀本部第四部長、同第一部長、さらには台湾軍司令官、教育総監、中支那派遣軍司令官、侍従武官長、陸相という信じられない閲歴で、しかもそのあいだをぬって連隊長、旅団長、師団長をこなしている。ただ、彼は砲兵科出身というのが玉に傷ということか。事実、歴代参謀総長には砲兵科出身者はいない。砲兵は予備を取らないから、戦術を知らないといわれたが、これまたよく分からない話だ。畑の場合、この時点では支那派遣軍総司令官要員として控置しておく必要があったようで、実際そうなった。

さて杉山元のもとで乾坤一擲、対米英戦争に乗り出そうとした時、参謀本部の次長、部長には、俊才をあて続けてきたとされる第二課長の経験者はいなかった。ただ、次長の塚田攻が第二課の作戦班長を二度つとめているのが目に付く程度だ。満州事変から杉山が参謀総長に上番するまで、第二課長は兼務や代理を含めて一二人を数えるが、その多くが軍を去ったり、外回りに終始している。冨永恭次、武藤章、岡田重一は、中央部で活躍の舞台を与えられたが、それは参謀本部ではなく、陸軍省だった。

人事の帯を墨守して、第二課長をやった者は超エリートコースに乗せて、部長、次長まで一本道というのも考えものだ。そうだとしても、陸大を首席、恩賜で卒業し、中隊長もそこそこに作戦の殿堂で鍛えた者が、ここ一番という時に統帥部の責任ある地位にいないというのはおかしな話だ。英才が故の人間性に問題があった人もいたろうが、それだけでは説明が付かない。満州事変、二・二六事件、長期化する支那事変、ノモンハン事件と、これらによって組織、それを支える人材のプールが干上がってしまったのだ。

杉山元は、陸軍次官、参謀次長、教育総監、そして陸相としてこんな実情を注視していたはずだ。その彼が参謀総長に上番してなすべきことは、期別の人事管理や減点主義を軌道修正させることだった。昭和十一年の二・二六事件後、人事の一元化がはかられたものの、陸軍省と参謀本部のあいだで秘密協定が結ばれ、陸大新卒者の配当、参謀適格者の人事は従来通り、参謀本部の権限とされていたのだから、参謀総長が人事に独自の色を出すことはできたのだ。ところが東条英機のもとで陸軍省が強力になり、加えて野戦軍司令部の充実がはかられたため、参謀本部が思うような人事ができないばかりか、問題児が回されて来るような傾向がなくもなかった。

常にいえることだが、トップの地位についた者は、着任早々から後継者を決めておくことが求められる。この時の杉山元は、万一自分の身になにかあった場合、同期の畑俊六がすぐに埋めてくれるという安心感があったことだろう。それならば、なぜ早くに畑が参謀総長に上番しなかったのかと疑問は深まる。また、緊急の場合ならば杉山と畑と同期のあいだのタライ回しも仕方がないが、杉山は後継者を育てていたのだろうか。

杉山元の意中の人物はだれだったかというと、これがなかなか見当たらない。一三期ではもう中村孝太郎しか残っていないが、「一週間陸相」を参謀総長にするには無理がある。一四期からとなれば、不動のトップとされてどこにでも使える古荘幹郎がいたが、彼は昭和十五年七月に他界している。この期の西尾寿造だが、本人はやる気があったとされるが、参謀総長という閲歴でもないし、周囲がそれを許さなかっただろう。この期には山田乙三もいる。山田は参謀本部第七課長（通信課）、第三部長を経験しており、見方によれば運輸通信がキーとなる太平洋の戦いには適しているとはなるものの、彼を参謀総長にと積極的に推す人はまずいなかったはずだ。

一五期では、参謀本部第八課長（演習課）、同第二課長をやったうえ、第一部長、人事局長、軍務局長に上番し、参謀次長まで経験した今井清がいたのだが、彼も昭和十三年一月に病没してしまった。今井に代わって一五期には、梅津美治郎がいる。杉山元としては、梅津に期待はしていただろうが、冷徹で人によっては「明哲保身」と評した梅津をだれもが諸手を上げて参謀総長に迎えるかといえば疑問も残る。一七期以降となると、もし適任者がいても、東条英機という人が同輩、後輩の参謀総長を受け入れるとは思えない。

日本に限らず、アジアの軍隊の一般的な傾向だが、階級が進むほど政治に関心を持ちがちで、醇乎として部隊、作戦に生きるというタイプの軍人が少ない。参謀本部育ちで大成した人の多くは、陸軍省との折衝でもまれて来たいわゆる総務部系統の人だ。それに対して作戦の第一部や陸大で純粋培養された人は、どこか偏屈で人の和が保てないし、理論倒れに陥りがちだから、組織をうまく動かせない。結局、部長クラスまではどうにかなるものの、参謀総長となると、なかなか候補がいないというのが、昭和期の日本陸軍だということになるのではないか。

課長、部長はいても総長はいないというのは、よく語られるシーリング（天井）の問題による。この問題も昔から指摘されており、カール・フォン・クラウゼヴィッツも次のように記している。「低い地位にあったものが、上級の地位にのぼるや否や、たちまちその能力を失う事例をきわめてしばしば見受けられる。これは、その視野がもはやその地位に適合しないからである」と論じて、「必要な知識は地位とともに異なる」としている（クラウゼヴィッツ『戦争論』）。

◆東条幕府の成立と崩壊

昭和十九年二月二十一日、参謀総長に東条英機が、軍令部総長に嶋田繁太郎海相がそれぞれ就任した。この時、東条は首相、陸相、軍需相だった。法制的には、明治憲法がその第一一条と第一二条で統帥と行政を分けている本旨に抵触する。古来の例を引けば、関白太政大臣が征夷大将軍を兼ねるということで、日本史上なかったことだ。これは身分が文官の首相としてではなく、現役陸軍大将の東条個人がたまたま陸相であり、それがたまたま参謀総長についたまでのことで、兼務ではなく兼摂とでもいうべきかと強弁しつつ、それほど戦況は逼迫しているのだと開き直った。だれもがいぶかしく思うこの施策には、開戦当初から懸念されていた船腹の配分問題という伏線があった。

開戦に先立つ企画院（軍需省の前身）の試算によると、昭和十六年度上半期における産業活動のレベルを維持するには、月平均五〇〇万トンの物動がなされなければならず、それには船腹量三〇〇万総トンが必要とされた。昭和十六年八月現在、一〇〇〇総トン以上の船舶を合計五九八万総トン保有していた。開戦に当たりこの船舶を、陸軍徴用のA船二一〇万総トン、海軍徴用のB船一八〇万総トン、民間が運用して主に南方資源の内地還送に当たるC船二〇〇万総トンとした。南方攻略作戦が一段落すれば、A船を一〇〇万総トンとし、削ったA船をC船に回せば、C船三〇〇万総トンになる計算だ。なお、B船は戦争の終始を通じて一八〇万総トンを維持することとなっていた。

海軍が示した船舶の損耗量は、戦争第一年で八〇万総トン、第二年で六〇万総トン、第三年で七〇万総トンだった。当時の日本の造船能力は、年間六〇万から七〇万総トンだったから、損耗は新造船で埋められると胸算した。ところが船舶の損耗は予測をはるかに上回った。昭和十六年度から十八年度までの船舶新造量は合計六〇三隻、一六二万総トンだった。これに対して同期間の損耗量は一〇一四隻、三八一万総トンだった。この結果、C船三〇〇万総トン体制だったのは、昭和一七年八月から十二月までの五ヵ月間だけだった。

東条英機は、陸相よりも優先する首相の立場から、C船の増強をはかって継戦能力の向上を目指さなければならない。また、連合艦隊が動けなくなるといわれれば、優良タンカーを中心とする船舶を海軍に献上しなければ、首相としての面目が保てない。すると、「首相閣下は陸相でもあるのだから、いま少し陸軍にもご配慮を」となる。案外と小心な東条は、どこにも良い顔をしたがるから、あれこれしているうちに動きがとれなくなる。これは昭和十七年八月からのガダルカナル攻防戦の時から始まっていたことだ。

昭和十八年九月、絶対国防圏が設定され、その防備を固めるためにA船の増強が急務となった。もちろん艦隊決戦に意欲を燃やす海軍も船舶を求め続ける。そうなると継戦能力を支えるC船にしわ寄せが来る。優良タンカーの多くがB船になっているため石油の内地還送が滞り、せっかく掘った原油を川に流したり、燃やしたりで、現地の責任者、南方軍総司令官の寺内寿一が激怒する一幕もあった。

絶対国防圏への配兵が本格化しつつあった昭和十九年二月十七日、十八日の両日、正規空母五隻、戦艦六隻を主力とする米第五八機動部隊がトラック島を急襲した。空襲を予期した連合艦隊主力は退避していたが、船舶が取り残されていたとはどういうことなのか。この一撃で船舶三二隻、約二〇万総トンが失われた。A船は四隻、B船は二八隻だった。海軍は自分の不手際など気にもせず、すぐさまこの穴埋めを求めてくるのは確実だ。

さて政府としてどう対応するか。これを機に東条英機がかなり前から暖めていた秘策を実行に移すこととした。軍令と軍政を自分一人で握ることだ。そうすれば、参謀本部（大本営陸軍部）の際限ない船舶の要求を直接統制できる。それよりもむしろ、主眼は海軍対策だ。陸相が参謀総長を兼摂するとなれば、すぐさま海軍も追随するはずだ。そうなれば、首相として海相を統御すれば、軍令部や連合艦隊を統制できて、船舶の無理な要求を抑えられるという目論みだ。

もちろん、この問題は三長官会議にかけられた。その席上、杉山元参謀総長は「こんなことを君がやったら、陸軍のなかが治まらないぞ」とまでいって反対したという。ところが東条英機は、「もし文句をいう者があれば、取り換えればよい。文句は一切いわせない」と常に喧嘩腰だから実のある話し合いにはならない。杉山が参謀総長として単独上奏すると威圧しても、東条はたじろがない。ここで東条に辞められたならば、戦争にならないと気をもんだ山田乙三教育総監は、「変則なやり方だが、一つの方法ではないか」と助け舟を出して二対一という形となった。

そこで杉山元は、「これは今回限りの非常の措置、海軍も同様にすること」の一項を付けて同意するほかなかった。参謀本部に帰った杉山は、真田穣一郎、有末精三、額田坦の三人の部長に事の次第を説明したが、この三人は、総長がそう簡単に折れては困るとして、確認の内奏をすることとなった。三長官会議の翌々日の二月二十一日、杉山が内奏すると、昭和天皇は「心配はしたが、東条が十分に気を付けるというから安心した」旨を伝えたので、杉山もそれ以上粘ることはできなかった。

新体制の参謀本部は、次長が二人となり、いわゆる高級次長の第一次長が作戦を担当し、第二次長が後方全般を扱うこととなった。将官のポストが一つでも増えることは歓迎すべきだが、人選が問題だ。第一次長は中部軍司令官の後宮淳、第二次長はそれまで次長の秦彦三郎となった。これは情実人事、的はずれ人事と白い眼で見られた。

これには長い伏線がある。昭和十年八月の定期異動で東条英機は、久留米の歩兵第二四旅団長を下番して第一二師団付となった。これで東条の予備役編入も時間の問題だとされていた。それを関東憲兵隊司令官に拾い上げてくれたのが、同期で人事局長だった後宮淳ではないかと噂されていた。さらに東条を関東軍参謀長、陸軍次官へのレールに乗せたのも、軍務局長になっていた後宮だともっぱらだった。戦後、後宮の回想によれば、自分は単に東条の同期だっただけで、疎遠であり続けたと語っているが、否定すればするほど、なにかあったと見られるものだ。

秦彦三郎は、華中にあった第三四師団長から参謀次長に上番したが、そこからして不思議な人事だ。彼は二・二六事件直後から陸軍省新聞班長で、知られた存在だったが、本来は駐ソ武官もつとめた対ソ情報屋で、その元締めのハルピン特務機関長の経験もある。優秀な人であるにしても、それがなぜ参謀次長兼兵站総監なのかが理解しにくい。秦が新聞班長の時、参謀本部庶務課長代理が人事局長の冨永恭次だったからかというのも、あながちうがちすぎだとはいえない。人事の背景がなんであれ、絶対国防圏と南を注視していた昭和十八年四月、北を向いていた秦に兵站を任せるとは、どこか的がはずれている。

では、人事的に軍令と軍政が一本化されてどうだったのか。たしかに事務は敏活になり、課長クラスの回想では、「あの頃が一番やりやすかった」ということだった。しかし、問題の船舶の配分問題は、船舶そのものが減り続けているのだから、組織を変えたところで処置なしだ。そのためだれもが不満をつのらせ、東条排斥運動に結び付いて行く。まずは海軍だが、陸軍に妥協し過ぎると嶋田繁太郎に批判の矛先が向かう。そして昭和十九年七月七日のサイパン失陥で一挙に倒閣運動が盛り上がる。東条退陣の経緯はさておき、ここでのテーマは後任参謀総長の人事だ。

首相と参謀総長の座からおりる決心はしたものの、東条英機は陸相のポストを手放そうとはしなかったことは前述した。そこで参謀総長の後任をだれにするか。参謀総長と陸相が同じ人なのだから、三長官会議というものは成立しないし、教育総監の山田乙三が東条に反対するはずもない。そこで後任の参謀総長は第一次長の後宮淳の持ち上がりと決め、七月十五日に内奏をおえ、あとは人事発令を待つばかりとなった。

ところが、そこに妙なところから横槍が入った。参謀本部第二課長だった服部卓四郎が、次官兼人事局長事務取扱の冨永恭次に直接、「参謀本部の総意として、後宮淳の参謀総長案に不同意、支那派遣軍総司令官の畑俊六、もしくは関東軍総司令官の梅津美治郎を望む」と通告したのだ。歴史は繰り返すもので昭和十四年八月、陸相に「畑か、梅津を」という天の声と同じだ。これで異例の内奏やりなおしとなり、七月十七日に梅津と決定し、人事発令は翌十八日、親任式は十九日だった。

この逆転劇は実に奇妙なことだった。この時、第二次長の秦彦三郎が出張で不在なため、服部卓四郎が冨永恭次のもとに出向いたとされる。次長が不在で緊急を要することならば、第一部長の真田穣一郎が総務課長の柴田芳三を帯同して陸軍省に行くべきだ。いくら第二課長が参謀本部、ひいては大本営の中枢部に位置しているとしても、服部の行為は出すぎたものだった。しかも、服部はだれもが知る東条英機の秘蔵っ子だ。その彼が東条の決定に異を唱え、このトップ人事をひっくり返すようなことをするだろうか。それをまた冨永恭次が耳を傾けて同意し、事務処理にあれこれ動くというのも不可解な話だ。

うがちすぎとは思うが、この顚末の裏面は次のようにも考えられる。後宮淳を参謀総長にあてることを内奏した七月十五日までは、東条英機が陸相に留任する可能性が高かった。それならば、大きな人事異動をともなわない後宮淳の参謀総長案が良い。ところが、すぐに東条は陸相からも追い出される公算が高くなった。後任の陸相は、梅津美治郎でまず決まりだろう。

そこで先手を打って、梅津美治郎を参謀総長にしてしまえば、陸相の最有力候補が消えて、東条英機の陸相留任に落ち着くという読みだ。「よく考えますと、やはり参謀総長は、梅津か畑となります」とやりなおしの内奏をしても、昭和十四年八月のことからもご嘉納まちがいないと読み切れる。後宮淳の参謀総長案を葬り去ったのは、東条英機の陸相留任のため、だれかが演出して、その舞台で服部卓四郎と冨永恭次が踊ったというのも、案外本当のところだろう。

◆梅津美治郎の参謀総長上番

突然、変更された参謀総長人事の裏面がどうであれ、ともかく参謀本部の総意なるものが受け入れられたことになる。それならば梅津美治郎を諸手を上げて参謀総長に迎えたと思えば、どうもそうではなかったようだ。おそらく畑俊六が参謀総長となったとしても、同じことだったはずだ。どうしてそうなるかといえば、梅津にしろ畑にしろ、あまりに恵まれたコースを歩んで来たからだ。

梅津美治郎の原隊は、東京出身でもないのに歩兵第一連隊だから、最初からエリートコースに乗っていたことになる。そして永田鉄山、小畑敏四郎という秀才を抑えて陸大二三期の首席、それ以来、陸士一五期のトップを走り続けたのだから羨望の目が注がれ、それがいつしか妬みに転じ、梅津に対する反感が醸成されていった。

このようなことは、古今東西を問わず社会的な動物とされる人間の業ともいうべきもののようだ。自我を強烈に押し通したナポレオン・ボナパルトでさえ、「才能を持たないことより、才能を持つことの方が、しばしば危険が多い。人は蔑まれなければ、まずは嫉妬の的となる」と語っている（マルテル編『ナポレオン作品集』）。

さて梅津美治郎は、明治四十四年に陸大を卒業すると、参謀本部の勤務将校となった。これは海外駐在の予算の関係で、この年度の陸大首席は参謀本部がとり、次席の永田鉄山は教育総監部がとるという単なる巡り合わせだったが、それが歴史の方向を変えるまでのこととなった。それからの経歴からすると、梅津は参謀本部の総務部系統となる。参謀本部での振り出しは、第一課（編制動員課）の部員、同課長、そして総務部長だ。そのあいだに総務部のカウンターパートとなる陸軍省軍務局の軍事課長をつとめている。元来、参謀本部には総務部対第一部という対立構造があるから、梅津の参謀総長上番と聞いて、だれもが賛意を表せない雰囲気があった。

なにごとにも慎重、熟考に熟考を重ねる梅津美治郎の性格も、当時の軍人のあいだではなかなか受け入れられない。決断までに時間がかかる梅津を評して、「石橋を叩いても渡らない」までは良いとしても、「明哲保身の御仁」となると言葉に露骨なとげがある。満州事変時には参謀本部総務部長として、関東軍や朝鮮軍の動きを抑えようとし、支那事変の当初では陸軍次官として不拡大方針だった一人が梅津だった。積極果敢、先制主導こそが軍人といった空気が風靡する陸軍では、梅津のようなタイプはなかなか受け入れられない。

さらには、二・二六事件後の粛軍人事、ノモンハン事件の後始末人事を断行したのは梅津美治郎となるから、人の恨みもかっている。また、彼による人事には特色があり、「梅津人事」と呼ばれていた。それは陸大の成績が第一の判断基準、次に期の序列を重んじるもので、いわゆる抜擢がなく新鮮味に欠けるとされていた。これまた彼の性格から来るものだが、組織を性急に自分の色で染め上げない。参謀総長に上番してからも、人事異動はなかなか行なわず、東条英機の腹心とされていた服部卓四郎ですら、昭和二十年二月まで第二課長で使い続けている。

東条英機が退陣してから参謀本部の人事が動き出したのは、昭和十九年十二月からだ。まず、第一部長の真田穣一郎が軍務局長に転出し、後任は第六方面軍参謀長の宮崎周一となり、宮崎は終戦までこのポストにとどまった。宮崎は陸大の教官が長く、予備という形になっていた人で、ガダルカナル戦での第一七軍参謀長として知られている。しかし、宮崎は中央官衙の勤務はなく、それを第一部長に抜擢するとは、「梅津人事」を知る者ほど不思議に思ったはずだ。

そして昭和二十年二月、第二課長の服部卓四郎が華中にあった歩兵第六五連隊長に転出し、第二課長の後任は第六方面軍参謀副長の天野正一となった。陸軍史上、最大の作戦となった一号作戦（大陸打通作戦）が一段落したので、第六方面軍の作戦コンビを引き抜いた形になる。天野は支那派遣軍第一課長をつとめるなど中国戦線が長いが、参謀本部第六課長（欧米課長）も歴任している。そして天野は陸大四三期の首席だから、これがまず陸大の優等生を使う「梅津人事」といわれるものだ。

沖縄決戦が始まってからの昭和二十年四月七日、航空総監部次長の河辺虎四郎が参謀次長に上番した。満州事変当時、第二課長だった今村均のもとで作戦班長をつとめ、関東軍や朝鮮軍を中央の統制下に戻すべく腐心したのが河辺だった。それ以来、梅津美治郎は河辺を高く評価していた。支那事変の緒戦において河辺は、第二課長（戦争指導課長）だったが、この時も上司の石原莞爾の意を体して、不拡大方針を堅持し続けた。これまた当時、次官だった梅津が評価するところとなった。河辺はその慎重さのためか、第二課長下番以来、外回りや航空畑の勤務に終始していた。そして最後の場面で河辺は中央部に返り咲いたのだが、これは「梅津人事」でなければ、ありえないことだった。

終戦までの梅津美治郎の動きを見ると、参謀総長でありながら、その関心は陸軍省に向いていたように見える。すぐにも政治の季節になる予感があったのか、それとも彼は本来、軍政屋だったからか、おそらくその両方から陸軍省の人事に注視し、介入し続けていた。東条体制が崩れた直後の昭和十九年八月三十日、梅津は南京政府最高顧問の柴山兼四郎を陸軍次官に送り込んだ。十二年三月から柴山は、梅津次官、後宮淳軍務局長のしたで軍務課長をつとめているが、輜重兵科出身の柴山が次官になろうとは、だれも考えていなかったはずだ。

そして、参謀総長に上番してすぐから、梅津美治郎は陸相には阿南惟幾をと強く主張していた。梅津が自分の考えをストレートに出すのも珍しいが、同郷人を強く求めるとはそれまでになかったことだ。諸事慎重な梅津は、大分閥だと批判されるのを嫌って、同郷人の登用を避けてきた。梅津は中津、阿南は竹田と、大分といっても多少はちがうものの、梅津が正面から阿南を推すとは、周囲は意外に思ったことだろう。

梅津美治郎と阿南惟幾の原隊はともに歩兵第一連隊で、少尉、中尉の頃からの付き合いだった。阿南が兵務局長、人事局長をつとめた時の次官が梅津だ。阿南が第二方面軍司令官となって大将を確実にした際、上司の関東軍司令官が梅津だ。自分にないスター性、カリスマ性を阿南に見い出した梅津は、彼を正面に立てて難局にあたろうと考えたのだ。

用意周到な梅津美治郎らしく、自分と阿南惟幾に万一の事があれば、すぐにその穴を埋める準備も整えていた。それが吉本貞一だった。梅津が軍事課長の時、吉本は同課の高級課員、同じく総務部長の時、同部庶務課長、関東軍総司令官の時は同総参謀長と、梅津は吉本をつれて歩いていたことになる。梅津が参謀総長に上番するとすぐに、第一軍司令官として華北の太原にいた吉本を内地に呼び戻して参謀本部付とし、ついで東北の第一一方面軍司令官としていた。

こうして、梅津美治郎と阿南惟幾が中心となって、日本降伏という未曾有の事態に対処することとなる。実は沖縄決戦が始まった昭和二十年四月頃、統帥部は勝算の目途がないと判断していた。しかし、それでも統帥部としては戦争継続を追求せざるをえない。参謀本部は天皇のスタッフ機構である以上、天皇が和平を決心するまでは、任務を変更できないのが筋だからだ。

徹底抗戦、本土決戦も辞せずという主戦派としても、政治の季節に入っていることを認識している。和平に傾く鈴木貫太郎内閣を倒すにしても、閣僚の阿南惟幾が決心してからの話だ。また、梅津美治郎は人生意気に感ずというタイプではないとだれもが知っている。そういうことで、参謀本部は蚊帳のそとにおかれる形となった。

第二回目の御前会議を前にした昭和二十年八月十三日夜、陸軍省の中堅将校は、治安維持を名目として兵力を動かし、和平派を軟禁して戦争継続の方向に導く計画を立案した。この実行は、陸相と参謀総長の同意を前提としていた。どうすべきか決心しかねた阿南惟幾は、十四日午前七時に梅津美治郎に意見を求めた。梅津は即座に不同意とし、阿南もこれを受け入れ、部下に兵力の使用を中止するよう命令した。これで十四日午前十時五十分から開かれた御前会議の決定が、大きな混乱もなく実行されることとなった。

そして昭和二十年九月二日、戦艦ミズーリ艦上での降伏文書調印式となる。日本政府を代表して重光葵外相、統帥部を代表して梅津美治郎が署名することとなった。この人選はもめにもめた。梅津は「豊田副武軍令部総長が出るならば、自分も出ざるをえない」ということだった。ところが豊田が出席を拒否すると、今度は梅津が「自分一人が行けというならば自決する」といい出し、天皇が慰撫するという一幕があった。重光も豊田も大分の出身だ。もし豊田が出席すれば、日本代表として降伏文書に署名したのは、三人そろって大分県人ということになってエピソードにはなった。

無風地帯にいられる教育総監の選任

◆薩肥閥の牙城となった教育総監部

教育総監は目立つポストではなく、場合によっては軍務局長や参謀本部の第一部長より影が薄い場合すらある。ところが、隠然たる勢力になる可能性を秘めている。陸相は予算権と人事権を握って絶大な権能があるにせよ、あくまで地位は文官で政治の動向をもろに受けて、その地位は不安定だ。平時の参謀総長は、これといったこともなく、予算権もないし、参謀適格者にのみ人事権がある。教育総監は政治の影響を受けないから、その地位は安定している。それは長期政権が期待でき、三長官の先任になる場合が多いことを意味する。軍隊は先任者の意見が尊重される社会だから、これは教育総監の強みだ。また、騎兵監、砲兵監、工兵監、輜重兵監を従え、これら特科の人事に介入することができる。しかも平時の軍隊は、教育訓練が主軸だ。

参謀総長が河合操から鈴木荘六となった大正十五年三月二日、同日付で教育総監も大庭二郎から菊池慎之助に代わった。三長官の二人が同じ日に異動というのは、その前の上原勇作から河合、秋山好古から大庭の時もそうだったが、珍しいケースだ。大庭はまる三年、教育総監をつとめたから、旧八期から士官生徒制度の最後となる旧一一期に飛ぶのも順当なところだ。また、十四年五月の軍備整理のあおりを食ったのか、旧一〇期までの大将が元帥府に列せられた上原のほかは皆、予備役に入ってしまったという事情もある。なお、昭和期の教育総監と教育総監部本部長については、表5と表6を参照してもらいたい。

菊池慎之助は、陸大卒業後すぐ教育総監部に勤務し、大佐の時に陸士生徒隊長、中将で教育総監部本部長をつとめているから、まさに教育総監の適任者だ。さらに人事局長、参謀本部総務部長、参謀次長と中央官衙の要職をまんべんなく経験し、若い頃には二度もドイツ、ロシアに駐在している。第五旅団長、第三師団長、朝鮮軍司令官と部隊指揮官のキャリアも十分だ。

三長官の一角を占める資格十分な菊池慎之助だが、それでも彼を色眼鏡で見る人もいる。菊池は日露戦争中、第四軍の管理部長で出征している。第四軍の司令官は野津道貫、参謀長は上原勇作、参謀副長は立花小一郎、参謀の一人は町田経宇だ。菊池は茨城出身で無色だったからこそ、薩肥色に染め上げられたとの見方も生まれる。さらに話は発展し、教育総監は薩肥閥のポストになったとする人も出て来る。

何事もなければ、そんな色分けは噂話の域にとどまるが、昭和二年八月に菊池慎之助が病没すると後任問題で論争の種となる。白川義則陸相と鈴木荘六参謀総長との協議で、後任の

表５　昭和期の教育総監

大正		就任日時	前職／転出先
15年	菊池慎之助(旧11)	15. 3. 2	東京警備司令官／死去
昭和			
2年			
	武藤信義(＃ 3)	2. 8.26	関東軍司令官／軍事参議官
3年			
4年			
5年			
6年			
7年	林銑十郎(＃ 8)	7. 5.26	朝鮮軍司令官／陸相
8年			
9年	真崎甚三郎(＃ 9)	9. 1.23	軍事参議官／軍事参議官
10年			
	渡辺錠太郎(＃ 8)	10. 7.16	軍事参議官／死去
11年	西　義一(＃10)	11. 3. 5	軍事参議官／予備役
	杉山　元(＃12)	11. 8. 1	参謀本部付／陸相
12年	寺内寿一(＃11)	12. 2. 9	軍事参議官／北支方面軍司令官
	畑　俊六(＃12)	12. 8.26	軍事参議官／中支派遣軍司令官
13年	安藤利吉(＃16)	13. 2.14	教総本部長／第５師団長
	西尾寿造(＃14)	13. 4.30	第２軍司令官／支那派遣軍総司令官
14年			
	河辺正三(＃19)	14. 9.12	教総本部長／第12師団長
	山田乙三(＃14)	14.10.14	中支派遣軍司令官／関東軍総司令官
15年			
16年			
17年			
18年			
19年			
	杉山　元(＃12)	19. 7.18	参謀総長／陸相
	野田謙吾(＃24)	19. 7.22	教総本部長／第51軍司令官
	畑　俊六(＃12)	19.11.23	支那派遣軍総司令官／第２総軍司令官
20年	土肥原賢二(＃16)	20. 4. 7	第７方面軍司令官／第12方面軍司令官
	下村　定(＃20)	20. 8.25	北支方面軍司令官／

※安藤利吉は事務取扱、河辺正三は代理、野田謙吾は代理、下村定は兼務

表６　昭和期の教育総監部本部長

大正		就任日時	前職／転出先
15年	岸本鹿太郎（＃ 5）	15. 7.28	第５師団長／東京警備司令官
昭和			
２年			
３年			
	林銑十郎（＃ 8）	3. 8.10	陸大校長／近衛師団長
４年			
	林　仙之（＃ 9）	4. 8. 1	陸士校長／第１師団長
５年			
６年			
	荒木貞夫（＃ 9）	6. 8. 1	第６師団長／陸相
７年	川島義之（＃10）	7. 1. 9	第３師団長／朝鮮軍司令官
	香椎浩平（＃12）	7. 5.26	次官補佐／第６師団長
８年			
９年	林　桂（＃13）	9. 3. 5	整備局長／第５師団長
10年			
	中村孝太郎（＃13）	10.12. 2	第８師団長／陸相
11年			
12年	香月清司（＃14）	12. 3. 1	近衛師団長／支那駐屯軍司令官
	安藤利吉（＃16）	12. 8. 2	第５独立守備隊長／第５師団長
13年			
	山脇正隆（＃18）	13. 7.15	整備局長／次官
14年	河辺正三（＃19）	14. 1.31	中支派遣軍参謀長／第12師団長
15年	今村　均（＃19）	15. 3. 9	第５師団長／第23軍司令官
16年			
	黒田重徳（＃21）	16. 7. 1	第26師団長／南方軍総参謀長
17年			
	清水規矩（＃23）	17. 7. 1	第41師団長／南方軍総参謀長
18年	西原貫治（＃23）	18. 5.19	化兵監／第４軍司令官
	野田謙吾（＃24）	18.10. 1	第14師団長／第51軍司令官
19年			
20年	原　守（＃25）	20. 4. 7	第９師団長／東部憲兵隊司令官

※西原貫治は事務取扱

教育総監は専任の軍事参議官だった菅野尚一ではどうかとなった。慣例に従い各元帥におうかがいを立てたところ、上原勇作はこれに納得せず、関東軍司令官だった武藤信義を強く推した。上原としては、教育総監のポストは長州閥に対抗する拠点なのに、そこに長州閥のプリンスを送り込まれてはたまらないとなったのだろう。

この時、武藤信義と同じ二期の鈴木孝雄を教育総監の候補にするという選択肢もあったはずだ。菅野尚一は軍務局育ちの人で、中佐の時に教育総監部勤務があるだけだ。鈴木は砲工学校教官、陸士校長、砲兵監を経験し、菅野よりも教育総監に適している。しかし、鈴木は無天組（非陸大出身）、しかもこの頃、実兄の鈴木貫太郎が軍令部長だった。これでは鈴木を教育総監にという声も、すぐにしぼんでしまう。

では、武藤信義が教育総監に適任かといえば、これもまた疑問だ。彼は参謀本部の情報畑育ちだ。もし、陸相が白川義則ではなく、宇垣一成のままだったら上原勇作の主張を退け、教育総監は菅野尚一となったはずだ。ところが白川には上原の要求を蹴るだけの度胸はない。結局、武藤教育総監の誕生となるが、このような前任者の急死といった不測の事態に対処した人事は意外と長続きするもので、武藤は昭和七年五月まで教育総監にとどまる。

上原勇作が発言力を持っていた時代は、武藤信義を教育総監から動かすことはできなかった。武藤にもう一つポストをとなると、それは参謀総長以外にない。そのような動きもあったが、昭和五年二月、宇垣一成によって阻止されたことは前述した。では、武藤は専任の軍事参議官にさがるかと思いきや、そうならないほど武藤は大物に育っており、彼を取り巻く人脈も堅固なものになっていた。武藤に仕えた本部長は、岸本鹿太郎、林銑十郎、林仙之、荒木貞夫、川島義之の五人を数える。

岸本鹿太郎の本部長は、菊池慎之助時代からの引き継ぎだ。もし菊池が病没しないであと二年も在任していれば、持ち上がりで岸本の教育総監というのもありえた。ただ、旧一一期からすぐ五期には飛べず、あいだに一人は入っただろう。また岸本は参謀本部育ちの鉄道の専門家だから、教育総監には少し無理がある。それでも教育総監部本部長をつとめたからこそ、岸本は東京警備司令官となり、名誉進級にしろ大将になれたのだ。

林銑十郎は、陸大校長から本部長に引いてもらえたから、大将、陸相、さらに首相という超栄達のレールに乗れた。林仙之は歩兵学校教育部長、陸士校長をつとめているから本部長の資格十分なものの、ここに引いてもらえたから、九期で六番目の大将に滑り込めた。荒木貞夫の本部長は、武藤信義という存在がなければありえない人事だ。荒木は満州事変、十月事件の渦中、本部長として東京にいなければ陸相上番は考えられない。川島義之は、教育総監部の第二課長、同第一課長をつとめているから、本部長上番は適材適所だ。本来、朝鮮軍司令官をおえた川島は、教育総監になるのがあるべき人事だが、陸相に回って二・二六事件に遭遇することになる。

このように、あの人が要職に取り立ててくれたからこそ今の自分がある、といった恩義を感じるのは人間として当然のことだ。そこから派閥意識が生まれる。それも困ったことに発展するが、恩義を忘れて自分の実力と思い上がるのも問題だ。しかし、恩知らずと批判されるのは、多くの場合「恩を施した方の人が施した以上をさえも要求するからだ」というのがナポレオンの見解だ（マルテル編『ナポレオン作品集』）。

さて、昭和七年に五・一五事件が起き、武藤信義が道義的な責任を負って辞任、荒木貞夫陸相が居座ったため、陸相要員として朝鮮軍司令官から東京に戻っていた林銑十郎が教育総監に回った顚末は前述した。三長官会議が機能していれば、またちがった人事になっていたはずだ。当時、臣下の現役大将は、四期の井上幾太郎、五期の金谷範三、六期の南次郎、七期はおらず八期の渡辺錠太郎と林銑十郎だ。年齢などを勘案すれば、教育総監は渡辺に落ち着くはずだ。中将でもよいのだから、九期の真崎甚三郎ということもありうる。渡辺も真崎も教育総監とはなったが、この七年五月の時点で、この二人のどちらかが教育総監に上番していれば、それからの情勢は大きくちがったものになっていたはずだ。

◆抗争の焦点となってしまった教育総監

昭和九年一月、前述したように病気のため荒木貞夫が陸相を辞任することになり、林銑十郎教育総監との協議の結果、後任陸相は真崎甚三郎と内定した。林はこの人事案を持って強羅の別邸に閑院宮載仁参謀総長を訪れて同意を求めた。いかに皇族であっても、陸相と教育総監が合意している以上、それに従うのが筋と思うが、閑院宮は真崎陸相案に強く反対し、林に陸相をやるよう求めた。いたし方なく林は、自分が陸相をやり、代わりに真崎を教育総監に回すことにした。

なぜ、閑院宮載仁は次長として使ったこともある真崎甚三郎を忌避したのか。これについてはさまざま語られてきたが、感情問題にまで発展してしまったとなると、どちらかが一方的に悪いとはいい切れない。真崎はのちに「皇族としての権威を尊重し、その徳を仰いだ。しかし、能力は仰がなかった」と述懐している。それが本当のことだったにしろ、そういう姿勢を態度に現わしたり、周囲に愚痴り、それが閑院宮の耳に入るから、二人の関係は険悪になる。いま少し真崎に政治性があり、下世話にいえば世渡り上手ならばと惜しまれるが、それを佐賀の葉隠れ武士に求めるのは無理なのだろう。

上司に強く出る人は、おおむね部下に弱いものだ。真崎甚三郎もその例にもれず、若い者にほど気を遣う人だったという。なにかと耳を傾けてくれるから、若い者もつい甘えて真崎に頼み事をするようにもなる。軍人の悩みの一つが、人事異動にともなう転勤だ。承詔必謹と腰も軽く飛び回るのが軍人だが、それはあくまで建前だ。腰痛の持病があって寒い満州ではご奉公できない、家族に病人がいて現住地を離れられないと、命のままに動けない切実な理由もある。

直属の部下がこういった事情で困っている場合、その上司があれこれ運動することは、統率、統御の一環として認められるべきことだ。しかし、直接の関係がないのに、人事にあれこれ介入すれば、組織の秩序が失われてしまう。まして参謀次長、教育総監が人事問題で直に動かれてはたまらない。ところが真崎甚三郎という人は、純な気持ちからだろうが、そうしてしまった例がかなりあったと伝えられている。

真崎甚三郎が参謀次長、教育総監の時、人事局長が松浦淳六郎だったことも事情を複雑にした。真崎が陸士校長の時、松浦は教育総監部の庶務課長で、それ以来、松浦は真崎に私淑していた。そんな関係から真崎は松浦に頼み事がしやすく、また松浦もわざわざ三宅坂から教育総監部のある代官町まで足を運ぶ。人事にどこまで容喙しているかはさておき、こういう関係を苦々しく思う人も多くなる。だれもが人事に敏感なのだ。

そういった空気のなか、昭和九年十一月に士官学校事件（十一月事件）となる。陸士生徒も加わったクーデター事件の発覚だ。五・一五事件の拡大版だが、どこまで本当の話か定かではないし、でっち上げだという説すらある。事の真偽はともかく、陸士中隊長の辻政信が生徒をスパイに使って計画をつかみ、同期で憲兵の塚本誠とともに次官の橋本虎之助のもとにご注進に及んだ。なぜ、その場に東京憲兵隊の塚本がいるのに、次官の橋本のところに駆け込んだのか。辻が参謀本部第一課（編制動員課）の勤務将校だった時、上司となる総務部長が橋本で話しやすいからだとされているが、どうにも苦しい説明だ。

陸士といえば、大正十二年八月から昭和二年八月まで、真崎甚三郎が本科長、教授部長兼幹事、校長と連続して勤務したところだ。その後も真崎色が色濃く残り、皇道派というか革新派というか、とにかくそういった勢力の牙城と見られていた。そんな真崎が教育総監にいると、第二の五・一五事件になりかねないと真崎追い落としが本格化した。真崎は明治九年の生まれで十年には五九歳、あと数年は現役大将にとどまれるが、それが反真崎派にとって頭痛の種だ。

昭和十年八月の定期異動が迫った七月十一日、陸相官邸で林銑十郎陸相と真崎甚三郎教育総監の協議がもたれ、前述したようなやりとりがあった。ここで補足すれば、「派閥を作るとはなんのことか」と真崎が問えば、林は教育総監部第二課長の七田一郎、参謀本部庶務課長の牟田口廉也、補任課長の小藤恵がその一例だと指摘する。

林銑十郎が名指しした三人のうち七田一郎と牟田口廉也の二人が佐賀出身だが、郷里の大先輩に心服していても当然だし、それをもって薩肥閥の流れの北九州閥だと批判するには無理がある。七田の第二課長上番は林が教育総監の時だ。牟田口の場合、真崎甚三郎が参謀次長の時に上番しているが、それの事情は参謀本部総務部長だった橋本虎之助に聞いてくれというほかない。小藤恵にいたっては、名前と顔が一致しないという真崎のいい分は本当だろう。それでもこの三人の人事は、真崎に私淑する松浦淳六郎によるものだから、君に責任があるとするならば、それはもう難癖だ。

もちろんこの協議は不調に終わり、この問題は七月十二日と十五日の二回にわたる三長官会議にかけられた。真崎甚三郎は、「宮殿下と争う不利は重々承知しております。しかし、統帥の本義に背き、かつ建軍の本旨を破壊する陸相の案に承服するわけには参りません」とまでいって抵抗した。しかし、皇族の権威はさておき、二対一をもって真崎の罷免が決まった。ここでこの決定が良かったか、悪かったかを論議するつもりはない。ただ、議事録も作らず、軍事機密扱いになっている三長官会議のやり取りが、すぐさま怪文書になって流布するとは、軍紀の退廃を物語るものだ。

当時、この教育総監罷免劇の背景はどう見られていたのか。だれもが着目したのは、昭和十年五月末から六月にかけて、林銑十郎陸相が満州を視察したことだった。なぜこの時期に、永田鉄山軍務局長を帯同して三週間も満州、朝鮮を視察したのか、その理由がどうにもはっきりしない。明らかなことは、新京で南次郎関東軍司令官と、京城（ソウル）で宇垣一成朝鮮総督と会見したことだ。南が真崎追い落としを教唆し、宇垣がそれに同意したといわれれば、そうかなと思うほかない。そこで永田が意を含められてシナリオを書いたとすれば、それなりに納得させられる。

しかし、人事という側面から見ると、この説にはかなり無理がある。いくら陸軍省の筆頭局長といっても、軍務局長は教育総監の人事にまで手を伸ばせない。人事の資料を見ることもできないし、口を出せば自分の身が危うくなる。人事局長の今井清が資料を取りそろえて陸相に提出し、あとは三長官会議の決定を待つほかない。もちろん、林銑十郎という人は、人の意見によく耳を傾け、最後の人の意見に左右されるので「後入斎」といわれていたから、永田鉄山にも意見を求めただろうが、怜悧な永田が明確に答えたとも思えないし、ましてあれこれ画策するほど軽率な人でもない。

見方によっては、いかようにも考えられることにせよ、なぜか次官の橋本虎之助の存在が見逃されている。彼は「猫之助」と陰口されるほど温厚な人だったからか、あれこれ詮索されずに済んだ感がある。いくら紳士でも、橋本には荒木貞夫や真崎甚三郎に含むところがあってもおかしくない事情があった。満州事変当時、橋本は参謀本部第二部長で、ソ連通の立場から対ソ戦を懸念して、関東軍の行動を抑制し続けた。そんな橋本を昭和七年四月、関東軍参謀長に送り込んだうえに、参謀長在任四ヵ月で格下の関東憲兵隊司令官にしたのが荒木人事だった。

参謀次長が植田謙吉となって、橋本虎之助は参謀本部総務部長として中央に返り咲き、さらには林銑十郎が陸相となって次官となった。橋本が林に恩義を感じていたかどうかはべつとして、次官が陸相の意を受けて動くことは当然で、また次官ともなればトップ人事に関与できる。これに加えて橋本は、閑院宮載仁、南次郎、植田謙吉という騎兵科の流れに身をおいている。これらの事情を知っていた辻政信と塚本誠は、陸士生徒の不穏な動きをまず橋本次官に急報したとすれば、話の筋は通る。

◆凶弾を浴びた渡辺教育総監

昭和十年七月十六日付で真崎甚三郎は教育総監を下番して、専任の軍事参議官にさがった。慣例の前任者の意向を尊重することなく、二長官によって後任が決定されることとなったが、それでもすんなりとは行かなかった。怪文書が乱れ飛ぶ大騒動となってしまうと、真崎の後任は私がと手を上げる人はまずいない。教育総監部の勤務が長い一〇期の川島義之が適任だろうし、一一期の寺内寿一でも無難なところだ。しかし、命懸けとなるとだれも逃げ回る。結局は林銑十郎と同期の渡辺錠太郎が見かねて名乗り出て、真崎の後任となった。

あくまで私見だが、大正、昭和の教育総監で、最適任者はこの渡辺錠太郎だったと思う。

徴兵で近衛歩兵第三連隊に入営、自学研鑽を重ねて陸士に入り、なんと中尉で陸大一七期の首席だ。日露戦争では鯖江の歩兵第三六連隊の中隊長として旅順攻略戦に参加、負傷もしている。ドイツやオランダに駐在し、語学も達者で戦史の造詣も深く、「文学博士」の異名すらあった学究的な軍人だった。前述したように陸大校長の時、革新的なカリキュラムを実行に移したため、金谷範三の逆鱗に触れて旭川の第七師団に飛ばされた。この一件がなければ、渡辺はより要職で活躍できたはずだ。

昭和十年十月、渡辺錠太郎教育総監は、名古屋の第三師団で「天皇機関説は一つの学説であり、それを軍人が云々するのは宜しくない」と講演した。元帥副官として山県有朋の薫陶を受けた渡辺としては、軽挙妄動する思潮に警告するのが使命と勇気ある発言となったのだろう。これで渡辺は、真崎甚三郎の後釜に入り込んだうえ、軍内の天皇機関説の本尊だとされてしまった。

危惧されていたように、渡辺錠太郎は二・二六事件で凶弾を浴びて死去した。決起部隊は、初めから渡辺を襲撃しようとしたのではなく、早く三長官が集まって欲しいので迎えに行ったが、護衛の憲兵と銃撃戦となり、その勢いで渡辺を殺害してしまったとも説明されている。事件の経緯はともかく、決起将校の心情がなんであれ、国軍の至宝を失わしめた罪は重い。

二・二六事件の直接的、道義的な責任を負って大将七人が予備役に入ってしまったので、三長官の選任は容易だ。教育総監には、宮中に信用があり、無色な西義一となった。あれほどの大事件のあとのこと、宮中の信頼を取り戻すためにも適材適所の人事だった。ところが西は就任わずか五ヵ月で病気となり、これまた予備役に入ってしまった。なお、西は昭和十六年四月に病没している。急ぎ後任は参謀本部付となっていた杉山元となるが、このあたりから安定しているべき教育総監の人事が混迷を深めて行く。

◆形骸化した三長官の一角

昭和十二年二月、杉山元が教育総監に上番してから、教育総監部が参謀本部、軍令部とともに廃止される二十年十月まで、兼任、事務取扱、代理、再任を含めて教育総監は一二人を数える。陸士の期で見ると、一一期から二四期にまで及び、ついには元帥府に列する畑俊六の出馬まで願うということにもなった。これは三長官という制度が形だけのものとなり、教育総監というポストが高級将官人事の調整弁になってしまったことを意味する。

すぐに支那事変が始まって戦時となり、航空要員はべつとして、教育訓練とまどろっこしい話ではなくなり、教育総監の地位が低下した。しかし、それこそが敗因の一つだ。国力を結集する現代戦、しかも動員戦略をとる場合、人的戦力の大量循環育成をしなければならない。第一線で実績を残した勇士を呼び戻して教官とし、あとに続く者の育成にあたらせる。そうすれば、一人が一〇人の人材を育成し、次にその一〇人が一〇〇人をという級数的な循環が生まれる。この大量循環の重要性について、『呉子』は「一人学戦、教成十人……万人学戦、教成三軍」と説いている（『呉子』治兵篇）。

このシステムを稼働させるには、教育訓練にあたる部署に強力な人事権を与える必要がある。どこの世界でも、有能な人材を喜んで手放す組織はない。それを剝ぎ取るのだから、教育訓練の長には権力と権威がなければならない。陸軍もそれを認識していたからこそ、教育総監を陸相、参謀総長と同列にしていたはずだ。ところがいざ戦時となると、目先のことばかりに追われて、この重要な問題を忘れてしまったかに見える。

教育総監部を軽く見ていたかどうかはさておき、とにかく八年間で一二人が入れ替わったのだから、その人事の背景はどうだったのか追い切れない。そこで一年以上、教育総監に在任した二人、西尾寿造と山田乙三を取り上げることとしたい。

昭和十三年二月、教育総監だった畑俊六が中支那派遣軍司令官に転出したため、本部長の安藤利吉が事務取扱になっていた。その安藤が第五師団長で華南に出征の予定となったため、同年四月に第二軍司令官の西尾寿造が教育総監に上番することとなった。

西尾寿造という人は、頭脳明晰、精励恪勤で知られていた。彼は大正十五年から昭和四年まで教育総監部第一課長をつとめたが、その勤務ぶりは語り草になっていた。遅くまで机にかじり付き、赤ペンを手に改正した教範類の校正をみずからするという課員泣かせで、体を壊す部下が出る始末だったという。西尾は四年八月の定期異動で少将進級と同時に平壌の歩兵第三九旅団長に転出したが、その送別会の席でのことだ。課員の一人が、「旅団に行ってもここと同じようにやられたら、部下が逃げ出しますよ」と直言したというから、西尾の人となりがどんなものか想像できる。

もちろん超エリートの西尾寿造は、参謀本部第四部長、関東軍参謀長、参謀次長、近衛師団長という栄職を歩んだ。そこで仮定だが、もう少し早く西尾を教育総監とし、畑俊六なりが参謀総長に回っていれば、陸軍もまたべつな道を進んだことだろう。さらに昭和十六年三月、初代の支那派遣軍総司令官を下番した西尾を再度、ここで教育総監にとも考えられる。実際、もう一つポストをこなすのではと見られていたし、本人もやる気十分だったという。彼自身は参謀総長をと考えていたはずだが、その経歴と性格からすれば教育総監が適役だ。しかし、そういう人事を東条英機陸相がするはずがない。教育総監の権威が高まれば、損をするのが陸相だ。また四期上の人を使いこなすだけの自信が東条にはない。

次に昭和十四年十月から十九年七月までと長期にわたって教育総監をつとめた山田乙三だ。彼の中央官衙勤務の始まりは、参謀本部第七課（通信課）の部員で、その後は同第八課長（旧第七課）、通信学校長、参謀本部第三部長を歴任し、通信の専門家として知られていた。元来、初期の通信の分野は工兵科の所掌で、騎兵科の山田が通信の領域で名をなしたのは異例だ。もちろん山田は、中隊長から旅団長まで騎兵科の部隊長職すべてを経験しており、それが彼の誇りでもあった。

さらに山田乙三の特異な点は、常に二番手、三番手を歩いて来たことだ。第八課長の前任者は同期で工兵科の佐村益雄、第三部長は一六期の小畑敏四郎の後任だ。山田は参謀本部総務部長もやっているが、これは同期で同じ騎兵科の橋本虎之助の後任だ。陸士校長はこれまた同期の末松茂治の後任、第一二師団長も同期の清水喜重の後任となる。教育総監の場合、河辺正三がごく短期間はさまるが、実質は同期の西尾寿造の後任だ。よく、一選抜で驀進するより、二番手で地道に行く方が大成するといわれるが、山田はまさにその好例だった。

また、山田乙三の閲歴は、人事は前任者の意向が尊重されることの証明でもある。前任者が「後任は同期の山田でお願いしたい」と言い置いていたからこそ、山田は注目される職務につけたのだ。ということは、彼は同期の受けが良かったことを意味する。将官になっても気楽に冗談を口にする明朗さ、敵を作らない円満な人柄、そしてどうにも似合わない口髭から来る柔らかいイメージ、それらが彼に福をもたらしたのだ。

もちろん山田乙三は騎兵科出身だったことが、その栄進の決め手になった。彼の一四期は卒業生七〇二人のうち、騎兵科は六六人だった。そのなかで名誉進級の少将が一人、中将が二人、そして大将が山田乙三だ。この中将の一人はエースと見られた橋本虎之助で、近衛師団長の時に二・二六事件に遭遇して脱落した。同じく宇佐美興屋も侍従武官長でつまずいた。それならば山田を大将にして騎兵科の面目を保とうとなったにちがいない。この騎兵科の流れというものを理解しないと、大正、昭和の陸軍の動きは分からないということを痛感させられる。

航空総監の選任

◆航空のパイオニアたち

航空総監は、総監とはいうものの教育総監と同列に扱えず、むしろ砲兵監などと同じ性格のポストだ。しかし、その重要性と予算規模から考えて、三長官に付け加える形で紹介しておきたい。まず、航空総監部の沿革についてなぞっておく。

日露戦争後の明治四十年、交通兵旅団が編成され、鉄道連隊、電信大隊、気球隊がその隷下に入った。この気球隊が発展し、大正八年四月に航空部が設けられ、初代本部長は井上幾太郎だった。この頃は、技術となるとなんでもパイオニアの工兵科に押し付けるのが常だったから、工兵科出身の井上がその責任者となった。また、気球隊から始まったため、弾着観測の面から砲兵科も関心を寄せ、要員を割愛するようにもなった。

航空部が発展して大正十四年四月に航空本部となり、初代の本部長は安満欽一だった。彼は六期の中将進級一選抜で、同期の南次郎の先を進んでいた人材だった。次いで本部長は、井上幾太郎、海外事情に明るい渡辺錠太郎、古谷清、再び渡辺となって航空科の杉山元にバトンが渡される。航空科が兵科として独立したのは十四年五月、この時に杉山は歩兵科から航空科に転科したので、彼が航空科の最先任となる。

杉山元の後任本部長は、騎兵科から転科した堀丈夫だ。彼は平壌の飛行第六大隊長に始まり、軍務局航空課長、明野飛行学校長などをつとめて航空分野のパイオニアとして知られていた。そういう人をなぜ、なにかと問題が多く、しかも永田鉄山事件の軍法会議を抱える第一師団長にあてたのか、よく理解できないところだ。結局、堀は二・二六事件に遭って引責辞任、航空の専門家を失った。その後の航空本部長は、畑俊六、古荘幹郎、東久邇宮稔彦と著名な人が航空本部長についたものの、いかんせん航空の技術と運用に暗く、抜本的な航空戦力の増強案を打ち出すことはできなかった。

◆二位一体の航空総監部と航空本部

支那事変が始まると、すぐに陸軍航空は海軍航空に大きく立ち遅れていることが明らかになった。海軍の航空部隊は、台湾や済州島から渡洋爆撃を敢行している。その一方、陸軍の航空部隊は、前方基地への移動だけで大きな損耗を出す始末だった。そこで中央の体制から固めようと、昭和十三年十二月に航空総監部を新設した。ここで航空の教育全般を統括して、従来の航空本部は技術と生産を担当することとなった。そして航空総監は航空本部長を兼務することとし、この人事措置によって二位一体の組織ということになった。なお、歴代の航空総監については、表7を参照してもらいたい。

ちょうどこの頃、陸軍次官の東条英機と参謀次長の多田駿とが鋭く対立、その顚末は前述した。多田が関東軍の第三軍司令官転出はすぐに決まったが、東条の持って行く先がない。東条はまだ師団長をやっていないので、親補職についていない。そこで、彼の将来のためにも師団長に出すべきだとなりかけた。しかし、感情問題にまで発展してしまったから、ここで東条に師団長を命じたならば、「俺を追い出すつもりか」となにを仕出かすか分かったものではないと、人事当局も悩んでいた。

そんな時、都合よく航空総監という親補職のポストが新設される話が進んでいた。東条英機次官は航空本部長も兼務していたから、まず兼務を解いて専任の本部長とし、すぐに二位一体の航空総監に祭り上げてしまえとなった。この昭和十三年末、近衛師団長は東条と同期の飯田貞固で十二年八月に上番、第一師団長は一八期の岡部直三郎で十三年七月に上番したばかりだったから、もし東条が師団長に出るとしても、一等師団とはならず、おそらく中国戦線の師団となったはずだ。

その後、多田駿も陸相候補とはなったが、第三軍司令官として満州の牡丹江、続いて北支那方面軍司令官として北京にいた。しかも、団隊長は連続二年以上の勤務という内規に縛られている。その一方、東条英機は航空総監として、陸軍省と道路をはさんだ隼町にいる。この差は大きい。太陽に近いところにいる者は、暖かい思いができる。そんなことで東条は、昭和十五年七月二十二日に陸相の金的を射止められたわけだ。

表7　航空総監

昭和		就任日時	前職／転出先
13年	東条英機（#17）	13. 6.18	次官／陸相
14年			
15年			
	山下奉文（#18）	15. 7.22	第4師団長／遣独視察団長
16年	土肥原賢二（#16）	16. 6. 9	陸士校長／東部軍司令官
17年			
18年	安田武雄（#21）	18. 5. 1	第1航空軍司令官／軍事参議官
19年	後宮淳（#17）	19. 3.28	参謀次長兼務／軍事参議官
	菅原道大（#21）	19. 7.18	航空総監部次長／教導航空軍司令官
	阿南惟幾（#18）	19.12.26	第2方面軍司令官／陸相
20年	寺本熊市（#22）	20. 4. 7	航空審査部本部長／自決

航空は重要との掛け声で設けられた航空総監というポストだったが、結局は最初から高級人事を丸く収める手段として使われたことになる。この時、航空の分野に明るい中将はいなかったのか。日本で初めて空を飛んだ一五期の徳川好敏を先頭に、一七期の江橋英次郎と牧野正迪、一八期の安藤三郎ら航空科出身の中将はいたのだが、彼らのキャリアは結局、無視される形となった。

◆人材不足に対する秘策

当初から航空科は人材不足に悩んでいた。組織の常で有能な人材の割愛を渋るのだ。航空科が独立してからも、陸大に入った航空科の人はなかなか現われなかった。陸大を卒業して将官に進んだ航空科生え抜きの人は、陸士二七期で陸大三八期の服部武士が最初だった。航空科になると、少尉、中尉の時、操縦などの技術教育を受けて忙しいので、陸大受験の勉強ができないためか、陸大に進むのは各期で二人がいいところだった。これでは航空科としての発言力が弱くなり、中央官衙に食い込んで一つの勢力とはなりえない。

この問題は早くから指摘されていたし、また航空科は殉職者が多いため、実役停年をもって進級させる特別抜擢も行なわれていた。しかし、進級が早くなると優秀な人材が集まるということもないし、個々人の資質が即向上するはずもない。そこで抜本的な解決策として、陸大の成績が上位な者をなかば強制的に航空科に転科させることとなった。この施策は昭和十二年三月、阿南惟幾が人事局長に上番してから本格的に始まったとされる。

この割愛人事の対象となったのは、陸士の期では二〇期から三〇期の前半まで、陸大の期では三〇期から四〇期までとなり、筆頭は陸大三〇期首席の鈴木率道となる。特に狙われたのが陸大三一期だった。この期は大正八年卒業ですぐに歩兵科の菅原道大と安倍定が航空科に転科しているが、続いて恩賜の軍刀組六人のうち、四人までが航空科に転じた。歩兵科からは寺倉正三と本郷義夫、砲兵科からは下野一霍、騎兵科からは小畑英良だ。元の兵科に残った恩賜は、首席の鈴木宗作と桜井省三だ。

ほかに著名な転科組としては、二三期で輜重兵科からの板花義一、二四期で砲兵科からの河辺虎四郎、二五期で歩兵科からの下山琢磨、二六期で砲兵科からの遠藤三郎、二八期で歩兵科からの白銀重二、二九期で騎兵科からの吉田喜八郎などだ。最終的に眺めて見ると、なんと人事畑の人はだれも転科していないことが判明し、人事屋に対する不満の声が噴出するというおまけまで付いた。

これほどの人材が航空に投入されたことによって、予算の獲得と運用の面が強化され、大東亜戦争で航空戦を戦える陣容になったとはいえるだろう。受け入れ側としても嬉しいことにはちがいないが、ありがた迷惑という一面もあったはずだ。それまで地味にコツコツやって来た人が、はじき出されることにもなる。また、観念的な論争の達人がそろっている陸大恩賜組が乗り込んで来ると、技術の限界を知る者としては、困惑するばかりという場面も多かったはずだ。現場がどうであれ、トップの教育総監兼航空本部長が航空に通じていないとなれば、すべての苦労は水の泡という結末になる。

◆高級人事を回すためのポスト

東条英機の後任の航空総監は山下奉文となった。この人事は山下と同期、阿南惟幾次官と沢田茂参謀次長の働きかけで実現した。東条の陸相がほぼ決定的となった時、そうなったら山下は外回りが続きかねないし、ひょっとすると第四師団長で終わりかと心配し、どうにか中央に引き戻しておくための秘策だった。後任は山下と聞いて東条は、不快の念を隠そうともしなかったという。そしてすぐ、山下は遣独視察団長となって東京を離れた。

山下奉文がドイツに出張中、代理は航空総監部総務部長の鈴木率道となった。彼は作戦畑の主流を歩いた人だが、参謀本部第二課長の時、同第一課長の東条英機と衝突し、それ以来、犬猿の仲になっていたことは有名だ。その人を総監代理にすれば、陸軍省とうまくいかないのは目に見えている。その結果、陸軍航空が停滞するのに、そういう人事を敢えてする当局の気持ちが分からない。

昭和十六年七月に帰朝した山下奉文は、すぐに新設の関東防衛軍司令官に転出し、後任はなんと大将で航空とは縁もゆかりもない支那屋の土肥原賢二となった。これは土肥原を現役にとどめておく便法だ。こういうことでは陸軍航空は育たないと反省してか、土肥原の後任は、員外学生として東大で電気を学んだ二一期の安田武雄が起用された。彼は技術に明るい工兵科出身で、無天組ながら軍務局防備課長もやっており、その時に遭遇した二・二六事件では、見事に対処して、軍事課長の候補にも上がったとされる。安田のように技術も明るい、軍政にも通じているという人が航空総監につくべきだったのだ。

ところが東条英機の退陣にともなう人事で、高級参謀次長を下番した後宮淳が航空総監となった。彼は鉄道の運用畑で育った人で、航空とは縁がない。当面、持って行くポストがないので、一時的に航空総監にしたわけだが、航空戦力の急速拡充が叫ばれているなか、このような人事が行なわれていたのだ。ここでまた反省して、航空の専門家ということで菅原道大を航空総監部次長からの持ち上がりで総監とした。菅原は航空部隊の指揮官が長い人で、こういう人は第一線が強く求めている人材だから、総監在任半年足らずでまず教導航空軍司令官、続いて第六航空軍司令官として沖縄航空決戦を指揮することとなる。次いで航空総監は、第二方面軍司令官で大将の阿南惟幾となった。彼も航空に縁のない人だが、陸相候補として東京にプールしておくための人事だ。そして昭和二十年四月、航空総監部は廃止となり、短期間、総監代理をつとめていた寺本熊市が航空本部長となった。そして終戦、八月十五日のその日、寺本は市ケ谷台上で自決した。

第Ⅱ部　重視されるべき指揮官の人事

軍の命運を握る各級部隊長人事

◆歴史も変えた中隊長の選定

第二次世界大戦まではおおむね各国とも同じだが、帝国陸軍は戦時に入る際、予備役を召集して部隊を充足させ、かつ単位数を増やす動員戦略をとっていた関係もあり、平時には小隊長のポストを設けていなかった。従って軍隊指揮官の階梯を底辺で支えているのは大尉の中隊長だ。では、少尉、中尉はなにをしているのかといえば、主に新兵教育の教官だ。

支那事変の前、昭和十一年度から十二年度にかけての師団の平時編制を見ると、歩兵科の中隊長は機関銃中隊を含めて四八人、騎兵科は二人、砲兵科は七人、工兵科は三人、輜重兵科は三人、合計六三人が定数だった。一七個師団基幹だから、歩兵科の中隊長は八一六人必要となり、人数こそ限られるが関東軍の独立守備隊、台湾軍、支那駐屯軍にも中隊長がいる。この頃、大尉の主力は陸士三五期前後だが、卒業者数が三〇〇人を切るかどうかだった。これに少尉候補者二〇〇人を加えて、三年勤務で回してもかなり苦しい状況にあった。

人員数が窮屈だったにせよ、中隊長の人事そのものは単純だ。長らく士官候補生、見習士官として配置される部隊は、その人の出身地、本籍地、通った中学などを考慮して決める。陸士予科もしくは予科士官学校を卒業する際、本人の希望をとり、兵科は二つ、連隊はそれぞれ二つずつの四つを提出させていた。しかし、これがまずはずれるものというのが常識だった。そして士官候補生として配置された部隊が、その人の原隊とされ、そこで少尉に任官して累進、大尉となって中隊長上番となるのが一般的だ。

ところが時代を追うに従って、都市部に人口が集中し、主に中学の密度から教育水準に格差が生じると事情がちがってくる。都市部出身の者を地方の部隊に回す必要が増す。そこでどうするかだが、陸士予科もしくは予科士官学校の成績で甲、乙、丙と区分して、この三種を取り混ぜて部隊に送る。こうすれば部隊の平準化がはかられる。とにかく機械的に行なえることだから、人事当局も神経を使うこともないように思えるが、この中隊長人事が大変な事態を招いた。昭和十一年の二・二六事件だ。

事件の伏線から追うと、なかなか複雑だ。明治四十三年三月に制定された「皇族身位令」によると、「親王は満十八年に達したる後、特別な事由ある場合を除く外、陸軍又は海軍の武官に任ず」とある。これに従って秩父宮雍仁は大正六年四月、学習院中等科から東京幼年学校二年に編入され、軍籍に入った。秩父宮は中央幼年学校を卒業して、兵科は歩兵科、士官候補生としての任地は、麻布の歩兵第三連隊となった。当時、陸相だった田中義一ら陸軍首脳が鳩首協議した結果だった。

日本の陸軍は、フランスやドイツを範としていたのだから、貴族中の貴族、皇族は騎兵科になるものと思われがちだが、そうではない。七期の久邇宮邦彦と梨本宮守正、二〇期の朝香宮鳩彦と東久邇宮稔彦、この四人とも歩兵科出身だ。三二期の賀陽宮恒憲は騎兵科だったが、三四期の秩父宮雍仁が歩兵科でも不自然ではない。なお、四八期の三笠宮崇仁は騎兵科だった。

次は秩父宮雍仁の任地だ。士官候補生、見習士官、そして中隊長まで同じ部隊で勤務するのが原則だから、この選択は重要だ。皇室の行事や御付武官の関係から在京部隊に限られるが、なぜ近衛師団ではなく、第一師団となったのか。臣下とともに隊務に励む姿をアピールするような時代でもないから、近衛師団長の由比光衛と第一師団長の河合操の力関係で決まったと考えられる。

さらに続く「なぜ」だが、どうして頭号連隊の歩兵第一連隊ではなく、外苑東通りをはさんだ歩兵第三連隊となったのか。この連隊は、東京と埼玉の東部からの徴集兵で編成され、下町の気風から統率がむずかしいと語られていた。それなのになぜ選ばれたのかといえば、田中義一は歩兵第三連隊長だったから、「オラの連隊に殿下を頂きたい」といって決まったのだろう。また、歩兵第三連隊の兵舎は関東大震災で被災したため、鉄筋コンクリート四階建ての新兵舎の建設が進められて、昭和三年夏に竣工予定だった。殿下には近代的で衛生的なところでご勤務頂くということもあった。

大正十一年八月、秩父宮雍仁は見習士官として歩兵第三連隊に着任、同年十月に少尉任官、第六中隊付となった。平時編制の歩兵連隊は、一般中隊九個の通し番号で（第四、八、一二中隊は欠）、儀式などで部隊整列となると式台、軍旗に正対するのが第六中隊だから、秩父宮はここに配置されたのだろう。そこで第六中隊は「殿下中隊」と呼ばれることとなった。

昭和三年十二月、秩父宮雍仁は陸大四三期に入校、六年十一月に卒業して原隊に帰り、第六中隊長に上番する。連隊における秩父宮は、臣下の者とまったく同じに勤務し、進んで士官候補生、見習士官の教官をつとめた。その教え子のなかに二・二六事件で刑死した安藤輝三、坂井直がいる。秩父宮は七年九月、歩兵第三連隊中隊長のままで参謀本部第二課の勤務将校となり、八年十二月に少佐進級、同課部員となり、これで一応、歩兵第三連隊とは縁が切れた。

安藤輝三は昭和十年十月、歩兵第三連隊の第六中隊長に上番した。永田鉄山斬殺事件の直後のことだ。この時、連隊長は井出宣時で、彼は同年十二月に参謀本部第八課長（演習課）に転出し、後任は黒河特務機関長だった渋谷三郎となる。これは仮定の話にせよ、安藤が「殿下中隊」を率いて立ち上がらなければ、二・二六事件は起きなかったはずだ。いくら安藤と秩父宮雍仁が親密で、共に第六中隊で勤務したからといっても、安藤を第六中隊長にあてたことがとてつもない事態を招いた。

二・二六事件を巡る不可解な人事は、ほかにもいくつかある。昭和六年八月の定期異動で、鹿児島の歩兵第四五連隊付の菅波三郎は、歩兵第三連隊付となった。陸大を卒業した大尉、中尉でなければ、師団のなかでの転属が通例だ。レベルがちがうにしても、この時に熊本の第六師団長の荒木貞夫が教育総監部本部長に異動となったのだから話題にはなった。菅波は革新的な言動が目立ち、早くから「一部将校」すなわち要注意人物としてリストアップされていた。陸軍省に勤務していた実兄の菅波一郎は、心配してあれこれ運動して監視の目が届く東京において、陸大の受験勉強に励むようにとしたのだとされる。

ところが菅波三郎は、革新運動などから足を洗って受験勉強に勤しむかと思えば、まったく逆で、同志を集めては西田税、北一輝に紹介するようになった。これを知って困惑したのが、当時、歩兵第三連隊長の山下奉文だった。しかも、秩父宮雍仁が陸大を卒業して連隊に戻って来る頃だ。そこで山下は菅波に一切、秩父宮と接触するなと厳命したものの、同じ連隊で勤務しているのだから、接するなといっても無理な話だ。

昭和七年に入って菅波三郎は、第一次上海事変に出征し、また五・一五事件もあって、昭和七年八月に新京の独立守備歩兵第一大隊付に転出した。菅波の在京連隊勤務は短かったにせよ、彼が西田税、北一輝に紹介した青年将校、荒木貞夫と直結しているかのような印象、さらに秩父宮雍仁との接触、これらが二・二六事件に影響したことは否めない。菅波は二・二六事件当時、歩兵第四五連隊の中隊長をしており、事件の一報が入ると鹿児島の憲兵隊を威圧し、軍法会議で免官、禁固五年となった。

また一つの疑問に思う人事は、昭和十年三月の異動で山口一太郎が歩兵第一連隊の第七中隊長に異動したことだ。山口は数理的な能力に優れ、歩兵科ながら砲工学校の員外学生として東大の物理学科に学んでおり、航空本部や技術本部に勤務していた。そんな経歴でも歩兵科である以上、中隊長は必須ということで歩兵第一連隊に転入して来た。

山口一太郎の原隊は、奈良の歩兵第三八連隊だったから、そこで中隊長をつとめるのが普通だ。ところが彼も過激な思想に染まった「一部将校」とされていたため、監督、指導が行き届くはずの在京部隊に勤務させることとなった。もちろん彼の実父は第一六師団長をつとめた山口勝、そして岳父は侍従武官長の本庄繁という毛並みの良さもあって、歩兵第一連隊の勤務となった。

これと同じ時の異動で、最先鋭分子と目されていた栗原安秀が習志野の戦車第二連隊から歩兵第一連隊に転入し機関銃隊付となった。彼の原隊は歩兵第一連隊で、連隊旗手もつとめている。栗原は第一次上海事変に出征したのち、第一師団管内の戦車第二連隊に転属したが、戦車を持ち出されて騒動を起こされては大変と、原隊でしっかり指導しようとなって出戻りとなった。この時、歩兵第一連隊長は秩父宮雍仁の御付武官をつとめた本間雅晴だった。山口一太郎に加えて栗原と爆弾を二つも抱えさせられてはたまらないと、本間は人事当局に再考を求めたが、ままならなかった。

案の定というべきか、山口一太郎が週番司令の時に二・二六事件となった。いくら栗原安秀が気負い立っても、週番司令が同調しなければ弾薬が手に入らない。山口の責任は重大なはずだが、軍法会議の結果、銃殺は回避され、無期禁固となった。とにかく、「傷んだリンゴは一つの籠に」と集中的に監督すればとの目論みは裏目に出たことになる。眇たる大尉をどこの中隊長にしても、大勢に影響がないと思うと大変なことになる好例だ。

◆絶対的に不足した大隊長

各国軍とも、中隊は一丸となって戦う戦闘単位とし、その上位の大隊は一定の補給能力を持ち、予備を控置しつつ複数の中隊を操る戦術単位と位置付けていた。動員戦略をとる旧陸軍においては、平時は教育訓練が主軸となるため、大隊本部はいわゆるスケルトンになっており、大隊長、大隊副官、軍医ら八人、馬二頭という小さな所帯だった。しかも、大隊副官は陸大に入校中だったり、中央官衙の勤務将校に出ていて部隊にはいないという場合が多かった。

これが戦時編制になると、大隊本部は増強され、大行李（直接戦闘に関係のない給養諸品を携行）、小行李（直接戦闘に必要な弾薬、資材を携行）が付けられ、大隊長以下一二〇人、馬七八頭の陣容となる（昭和十一年頃の編制）。そして、この大隊長が戦場の決を握る。戦局の焦点で善戦健闘した部隊には、かならず名大隊長がいる。

日露戦争では、明治三十七年八月の遼陽会戦で戦死した歩兵第三四連隊第一大隊長の橘周太だ。満州事変では、その初動時に北大営に突入した独立守備歩兵第二大隊長の島本正一だ。ガダルカナル戦では撤収を掩護した「最後の一個大隊」、第三八師団補充大隊長の矢野桂二だ。ビルマ戦線の拉孟を死守して玉砕した金光恵次郎は、野砲兵第五六連隊第三大隊長だった。沖縄戦の緒戦、米軍を翻弄させ続けたのは、第六二師団の独立歩兵第一二大隊長で二階級特進した賀谷與吉だった。

陸大恩賜の参謀が知恵を絞った作戦計画も、それを戦場で形にする大隊長が有能でなければ、絵に描いた餅にすぎない。それをだれもが知っており、優秀な大隊長要員を育成しておかなければならないことを承知している。ところが、知っていることと、実行することがすぐに別問題になってしまう。平時、大隊を任せられる少佐が生まれるまで、少尉任官から一五年かかっていたから、長期にわたる人事計画が求められていたのだが、どうもそれをおろそかにしたようだ。

大正十一年から昭和十年まで、陸士出身の歩兵科見習士官は、二〇〇人を超えたことは一年としてなかった。大正軍縮という致し方のない事情があったにせよ、満州事変が始まってからも、この低レベルで推移していた。昭和九年から十二年までの動員計画を見ると、戦時編制にした常設師団一七個、二倍動員して生まれる特設師団一三個、合計三〇個師団が最大限とされていた。当時の編制で、歩兵大隊長にあてられる少佐が三六〇人必要になる計算だ。少尉候補者出身を合わせても、どうにも足りないことは明らかだった。

大隊長要員が払底しているなか、これをどうやって埋めるのか。まずは、歩兵学校や戸山学校など実施学校、陸士や幼年学校、下士官を養成している教導学校の教官などを引き抜く。また、学校配属将校を呼び戻す。この教育要員の転用は妙手のように思われようが、より大きな視点からは問題だ。教育機関の規模縮小は、総力戦で求められる人的戦力の大量循環・大量育成を阻害する。あとに続く者がどんどん減少し、継戦能力がジリ貧となる。予備役の召集があるにせよ、少佐の予備役の層は、質、量ともに非常に薄い。

支那事変が始まって一年、昭和十三年七月の時点で全軍三四個師団基幹だった。十六年十二月の大東亜戦争開戦時は五一個師団基幹、まったく想定外の事態となった。これに対応する奥の手がインフレ人事だ。それまで少佐進級は、同期のあいだで四年の差を設けていたが、昭和十六年以降は同期同時に進級とした。ちなみに八年から、大尉進級は同期で同時になっていた。実役停年のまま、中尉二年で大尉、大尉四年で少佐だ。このインフレ人事で困る人はいない。いるとすれば無能な指揮官に率いられた下士官と兵だ。

ここまでしても、第一線指揮官が埋まらない。昭和十四年の数字だが、少佐の定員七四〇〇人に対して現役三五〇〇人、召集した予備役七〇〇〇人で充足率は五七パーセントだった。大尉のそれは、定員一万八六〇〇人、現役五六〇〇人、応召一六〇〇人で充足率は三九パーセントにとどまる。こういう事態を想定していたわけではないが、大隊長は大尉でも可とされ、次級者もあてられていたが、それでも絶対数が足りない。これでよく戦争ができたものと、妙に感心させられる。

さらに問題を複雑にさせたのは、編制をあれこれといじったことだ。昭和十七年から占領地の警備を主とした六〇番台の師団を新編した。この師団は連隊を廃止して、一般中隊五個などからなる独立歩兵大隊四個の歩兵旅団二個とした。さらには、一般中隊三個などからなる独立歩兵大隊四個からなる独立混成旅団が編成された。こうなると、大隊長に上番しても、それまでの歩兵大隊とは異なり、とまどう場合も多くなる。

こういった陸士出身の正規将校の不足が予期されていたためか、大正九年八月に特務曹長から陸士の一年速成コースで教育する少尉候補者制度が始まった。拉孟で勇戦した金光恵次郎もこの少候七期の出身だ。ところが、せっかくコースは作ったものの、正規陸士出身者よりも一〇年から一五年の年齢差があるためもあり、少候出身者は中隊長にすら補職しないとするうえ、進級も三年遅れとされていた。

昭和十二年度に入り、支那事変が突発する前、少候出身者も中隊長に補職することとなった。この措置がなければ、支那事変の当初、中隊長が足らず大変な事態に見舞われた。これは大好評で、正規陸士出身者といささかの遜色はないと評価された。さらに翌十三年、大隊長の要員不足に悩んでいたため、歩兵連隊の三人の大隊長のうち一人は少候出身者をあててもよいこととした。これまた大好評、抜群の成績を収めた。考えてみれば当たり前の話だ。兵、下士官と下積みの経験があり、そのなかから選抜された者なのだから、部隊の統率、統御に万全が期待できる。

昭和二十年に入ると、さらに進んで連隊長不足に陥ったため、少候出身者を連隊長にどうかという話になった。ところが、少候出身者の進級を抑制していたため大佐がいない。どうしようもないとなり、数名の少候出身者を中佐のままで連隊長に補職したところ、これまた当然のことだが好評を博した。このような少候出身者の処遇だけを見ても、旧陸軍の人事施策は根本のところで間違っていたと思われてならない。

◆連隊長人事のかたより

軍人を志した以上、まず目標とするのは大佐に進級して、連隊長に上番することだろう。陸大を卒業しない限り、連隊長は夢と思われているようだが、実は無天組にも意外とチャンスがあった。昭和十一年度から工兵大隊、輜重兵大隊が連隊に昇格し、平時の最後の昭和十二年には各種連隊が一九四個もあった。連隊長の人事を二年で回すとなれば毎年、九七人の連隊長要員が求められる計算だ。陸士同期で天保銭組は六〇人前後だから、無天組にもかなり連隊長の道が開けている。

無天組の大佐が連隊長に上番できても、田舎連隊に回されるのがオチと思われよう。もちろん中央官衙の要職から連隊長に転出した場合、後任者などとの連絡の便を考えて、東京近辺の連隊に回される場合が多い。しかし、各連隊の平準化をはかるため、在京連隊や歴史の古い連隊に陸大恩賜組がずらりと並ぶという人事は行なわれない。陸士七期のトップを走り続けた畑英太郎は、軍事課高級課員を下番して会津若松の歩兵第五六連隊長だ。小磯国昭は陸大教官から津の歩兵第五一連隊長、中村孝太郎は参謀本部庶務課高級課員から浜松の歩兵第六七連隊長だ。この三つの歩兵連隊は、宇垣軍縮で廃止されている。

士官候補生一期以降、大将にまで登り詰めた人は、戦死後の進級を含めて七〇人だった。それが、どこで連隊長、旅団長、師団長をつとめたかを表8でまとめておいた。意外なことに、名古屋の歩兵第六連隊長経験者が四人も大将になっており、これがトップだ。近衛歩兵連隊が四個連隊合わせて六人だから、歩兵第六連隊は群を抜いている。中央官衙と部隊を往復するエリートには、前述した事情があるため在京師団の連隊が多くなるが、佐倉の歩兵第五七連隊が在京連隊を抑えて三人というのも興味が湧く数字だ。

これからも分かるように、いわゆる大将街道を設定して、エリートの育成をはかるよりも、部隊の質を平準化することを重視していた。極端にいえば、連隊長要員を甲、乙、丙とランク付けし、甲の次の連隊長は乙ランク、その次は丙ランクと回していたようにも見える。しかし、大正から昭和にかけての歩兵第三連隊と歩兵第一連隊の連隊長人事は、これとちがって特異なケースとなった。

秩父宮雍仁は、大正十一年八月に見習士官として配置されてから、陸大学生、参謀本部第二課勤務将校の時を含めて、歩兵第三連隊での勤務は一一年五ヵ月に及ぶ。秩父宮が着任した時の連隊長は武川寿輔だったが、すぐに馬淵直逸に代わっている。馬淵は一一期の先頭で陸大に入り、将来を嘱望されていた。歩兵第三連隊長から参謀本部庶務課長、陸大教官から大阪の歩兵第七旅団長とエリートコースを歩んだが、健康を害して第一師団付で病死している。次が軍隊教育に定評がある牛島貞雄で、陸大付からの異動だ。秩父宮が陸大在学中、陸大幹事、校長がこの牛島だった。

これに続く歩兵第三連隊長には、超大物が並ぶ。まず、軍事課高級課員から異動の梅津美治郎だ。その次が歩兵学校教導連隊長をつとめ、歩兵戦術の権威として知られる筒井正雄だ。秩父宮雍仁が陸大に入ると、筒井はすぐに陸大教官に異動となっている。それからは、あえて説明するまでもない永田鉄山、山下奉文だ。

山下奉文を引き継いだのは、無天組で陸士予科生徒隊長から異動の長屋尚作だった。彼は

田中静壱(#19)	＝２ｉＲ	５ｉＢ	13Ｄ
塚田　攻(#19)	＝台湾２ｉＲ		８Ｄ
寺内寿一(#11)	＝Ｇ３ｉＲ	19ｉＢ	５Ｄ、４Ｄ
土肥原賢二(#16)	＝30ｉＲ		14Ｄ
東条英機(#17)	＝１ｉＲ	24ｉＢ	
富永信政(#21)	＝59ｉＲ	21歩兵団長	27Ｄ
中村孝太郎(#13)	＝67ｉＲ	39ｉＢ	８Ｄ
梨本宮守正(# 7)	＝６ｉＲ	28ｉＢ、１ｉＢ	16Ｄ
西　義一(#10)	＝	３ＳＡＢ	８Ｄ
西尾寿造(#14)	＝40ｉＲ	39ｉＢ	ＧＤ
蓮沼　蕃(#15)	＝９ＫＲ	２ＫＢ	９Ｄ
畑　英太郎(# 7)	＝56ｉＲ		１Ｄ
畑　俊六(#12)	＝16ＡＲ	４ＳＡＢ	14Ｄ
林　銑十郎(# 8)	＝57ｉＲ	２ｉＢ	ＧＤ
林　仙之(# 9)	＝41ｉＲ、３ｉＲ	30ｉＢ	１Ｄ
東久邇宮稔彦(#20)	＝Ｇ３ｉＲ	５ｉＢ	２Ｄ、４Ｄ
菱刈　隆(# 5)	＝４ｉＲ	23ｉＢ	８Ｄ、４Ｄ
藤江恵輔(#18)	＝２ＳＡＲ	４ＳＡＢ	16Ｄ
古荘幹郎(#14)	＝Ｇ２ｉＲ	２ｉＢ	11Ｄ
本庄　繁(# 9)	＝11ｉＲ	４ｉＢ	10Ｄ
前田利為(#17)	＝Ｇ２ｉＲ	２ｉＢ	８Ｄ
真崎甚三郎(# 9)	＝Ｇ１ｉＲ	１ｉＢ	８Ｄ、１Ｄ
松井石根(# 9)	＝39ｉＲ	35ｉＢ	11Ｄ
松木直亮(#10)	＝78ｉＲ		14Ｄ
南　次郎(# 6)	＝13ＫＲ	３ＫＢ	16Ｄ
武藤信義(# 3)	＝Ｇ４ｉＲ	23ｉＢ	３Ｄ
森岡守成(# 2)	＝16ＫＲ		12Ｄ
山下奉文(#18)	＝３ｉＲ	40ｉＢ	４Ｄ
山田乙三(#14)	＝26ＫＲ	４ＫＢ	12Ｄ
山脇正隆(#18)	＝22ｉＲ		３Ｄ
吉田豊彦(# 5)	＝		
吉本貞一(#20)	＝68ｉＲ	21ｉＢ	２Ｄ
渡辺錠太郎(# 8)	＝	29ｉＢ	７Ｄ

※凡例　Ｇ＝近衛　ＰＢｎ＝工兵大隊　ＦＢｎ＝航空大隊　ｉＲ＝歩兵連隊
ＫＲ＝騎兵連隊　ＡＲ＝野砲兵連隊　ＳＡＲ＝野戦重砲兵連隊　Ｄ＝師団

表8　陸軍大将が経験した連隊長、旅団長、師団長

（士官候補生１期以降、50音順）

	連隊長	旅団長	師団長
朝香宮鳩彦(#20)	＝	１ｉＢ	ＧＤ
阿南惟幾(#18)	＝Ｇ２ｉＲ		109Ｄ
阿部信行(# 9)	＝３ＡＲ		４Ｄ
荒木貞夫(# 9)	＝23ｉＲ	８ｉＢ	６Ｄ
安藤利吉(#16)	＝13ｉＲ	１ｉＢ	５Ｄ
磯村　年(# 4)	＝12ＡＲ、16ＡＲ	３ＡＢ	12Ｄ
板垣征四郎(#16)	＝33ｉＲ		５Ｄ
井上幾太郎(# 4)	＝10ＰＢｎ		３Ｄ
今村　均(#19)	＝57ｉＲ	40ｉＢ	５Ｄ
植田謙吉(#10)	＝１ＫＲ	３ＫＢ	９Ｄ
宇垣一成(# 1)	＝６ｉＲ		10Ｄ
牛島　満(#20)	＝１ｉＲ	36ｉＢ	11Ｄ
後宮　淳(#17)	＝48ｉＲ		26Ｄ
梅津美治郎(#15)	＝３ｉＲ		２Ｄ
緒方勝一(# 7)	＝		
岡部直三郎(#18)	＝１ＡＲ		１Ｄ
岡村寧次(#16)	＝６ｉＲ		２Ｄ
小畑英良(#23)	＝14ＫＲ		５ＦＤ
金谷範三(# 5)	＝57ｉＲ		18Ｄ
川島義之(#10)	＝７ｉＲ	Ｇ１ｉＢ	19Ｄ、３Ｄ
河辺正三(#19)	＝６ｉＲ	駐支ｉＢ	12Ｄ
岸本綾夫(#11)	＝４ＳＡＲ		
岸本鹿太郎(# 5)	＝	16ｉＢ	５Ｄ
喜多誠一(#19)	＝37ｉＲ		14Ｄ
木村兵太郎(#20)	＝22ＡＲ		32Ｄ
久邇宮邦彦(# 7)	＝38ｉＲ	Ｇ１ｉＢ	15Ｄ、ＧＤ
栗林忠道(#26)	＝７ＫＲ	２ＫＢ、１ＫＢ	109Ｄ
小磯国昭(#12)	＝51ｉＲ		５Ｄ
下村　定(#20)	＝１ＳＡＲ		
白川義則(# 1)	＝34ｉＲ	９ｉＢ	11Ｄ、１Ｄ
菅野尚一(# 2)	＝	29ｉＢ	20Ｄ
杉山　元(#12)	＝２ＦＢｎ		12Ｄ
鈴木宗作(#24)	＝４ｉＲ		
鈴木荘六(# 1)	＝	３ＫＢ	５Ｄ、４Ｄ
鈴木孝雄(# 2)	＝12ＡＲ	１ＡＢ、１ＳＡＢ	14Ｄ
多田　駿(#15)	＝４ＡＲ	４ＳＡＢ	11Ｄ
田中国重(# 4)	＝16ＫＲ	３ＫＢ	15Ｄ、ＧＤ

龍山の歩兵第四〇旅団長に転出して軍歴を閉じている。秩父宮雍仁の教育も一段落したこともあり、部隊の平準化をはかるための人事だった。秩父宮を参謀本部に送り出したのは、陸大二九期首席の井出宣時だった。彼は結局、旅順要塞司令官で終わったが、二・二六事件まで は一選抜を重ねたエリートだった。そして次が東京農大配属将校、黒河特務機関長から異動の渋谷三郎で、この時に二・二六事件となる。

歩兵第三連隊長の人事は、特異なケースだったが、歩兵第一連隊でも頭号連隊と目立つこともあるにせよ、話題になった連隊長人事が多かったようだ。特に昭和四年から二・二六事件までは異例のケースが見られる。

まず、昭和四年八月の定期異動で整備局動員課長の東条英機が歩兵第一連隊長に上番した。東条の原隊は近衛歩兵第三連隊だが、なるべく原隊での連隊長は避けるから、順当なところだ。そのあとだが、参謀本部庶務課長から異動の篠塚義男、参謀本部第四課長（欧米課）から異動の渡久雄となる。この三人、そろって一七期だ。篠塚と渡は東京出身、東条も岩手出身とはなっているが東京育ちだ。

このように人気が集まる連隊長の人事がかたよると、割りを食ったと思う人が出て来る。そんな不満が鬱積すると、思いもよらぬ展開となる。荒木貞夫も、連隊長上番時にそういった不満を抱えていた。彼の原隊は近衛歩兵第一連隊、陸大は一九期の首席だ。彼はウラジオ派遣軍参謀から連隊長上番含みで大正八年七月に帰国した。東京出身で原隊は近衛となれば、荒木としては近衛の連隊長、そうでなければ在京連隊長と思っていたはずだ。人事当局に多少の配慮があれば、歩兵第一連隊長も無理でもないし、近衛歩兵第二連隊長にすぐにも空きができた。

ところが荒木貞夫は、熊本の歩兵第二三連隊長に回された。彼はこれがどうにも納得できなかったようだ。荒木ほどの精神家が補職に不満を感じるとは不思議だが、陸大首席の看板を背負うとそういう気持ちにもなるのだろう。さらに追えば、参謀本部第一部長、陸大校長と要職を歴任した荒木は、また熊本の第六師団長に回された。これら人事への不満と精神至上主義がからみあって生まれたものが、昭和初期の日本に旋風を巻き起こした皇軍意識だったとも思える。

◆連隊長をパスした将星

実際、連隊長としての任地がその人の将来に大きな影響を及ぼすことがある。陸士二二期のトップ、陸大三〇期首席の鈴木率道は、好んで事を紛糾させる妙な癖があるともっぱらだったが、自他ともに認める「作戦の神童」だったことは事実だ。鈴木は参謀本部第二課長在任中の昭和八年八月、大佐に進級した。一八期の後方グループに追い付いたことになる。彼のようにあまりに早く要職をこなし、進級した人の人事はむずかしい。次にどこへ持って行くか、そもそもその閲歴に合ったポストがあるか、あっても空くかと考え込む。

とにかく、鈴木率道はまだ連隊長に上番していない。少将進級のため、どこで砲兵連隊長をやらせるかだ。昭和十年八月、第二課長を下番した鈴木は、参謀本部付となってロンドン軍縮会議の随員となり、翌年帰国となった。ちょうどその頃、姫路の野砲兵第一〇連隊長のポストが空くこととなった。もちろん鈴木は、在京の砲兵連隊長を望んでいるだろうが、彼の兄貴分の小畑敏四郎は岡山の歩兵第一〇連隊長をつとめているから、同じ第一〇師団隷下と鈴木も納得するはずと踏んでいた。

ところが、ここで思いもよらぬところから横槍が入った。当時、第二師団長の梅津美治郎が無理を承知で陳情に及んだ。第二師団の中佐参謀だった重田徳松が健康問題を抱えており、どこか気候の良いところで勤務させて欲しいが、姫路の連隊長が空くそうだから、あそこに願いたいという。いや、あそこは鈴木率道を予定しているから無理だといっても、梅津は引かない。彼はこういう陳情は滅多にしない人だったそうだが、そういう人ほど強気で押して来るものだ。

梅津美治郎は、早くから「三長官間違いなし」といわれ続けた超大物だから、人事当局者としてもここで恩を売っておいて損はない。探せばあるもので、昭和十一年度に支那駐屯軍の増強改編が形になり、そこの山砲兵中隊が支那駐屯砲兵連隊になるから、そこの初代連隊長が鈴木率道、野砲兵第一〇連隊長に梅津の要望通り、重田徳松ということになった。二・二六事件の直後、昭和十一年三月に重田は野砲兵第一〇連隊長に上番、同年五月に鈴木は支那駐屯砲兵連隊長に着任した。

この人事に鈴木率道は、カチンと来たはずだ。二ヵ月の差にしろ、二期後輩に先を越されたうえに、あちらは姫路、こちらは天津となれば、鈴木としては参謀本部第二課長の面目がないと感じるのも理解できる。しかも交替させられた事情を知れば、我慢できなくなるだろう。やはり太陽から離れたところで勤務すれば、寒い思いもする。事実、連隊長を下番した鈴木はすぐに航空科に転科させられ、さらには東条英機との怨恨も重なり、鈴木本来の才能が活かされる舞台が与えられないまま、昭和十八年八月に死去してしまった。

ここまでは、連隊長をどこでつとめたのかを主題に見て来た。飛ばされたなどは、個人的な不満の域にとどまる話だ。もちろん、あたら人材が連隊長人事で埋もれてしまい、組織として損失だったという場合もあったろう。実はそれよりも根源的な問題があった。特に目を引くのは二五期以降だが、連隊長に上番することなく、栄達を重ねた一群の超エリート集団が生まれたことだ。やり手の幕僚として引く手あまた、とても連隊長をやっている暇などないというグループだ。

大東亜戦争開戦時に軍務局長だった武藤章、同じく参謀本部第一部長の田中新一、この二人とも連隊長をやっておらず、この職からすぐに師団長だ。終戦時に次官だった若松只一、同じく軍務局長の吉積正雄も連隊長パス組だ。戦争中、長く軍務局長をつとめた佐藤賢了、同じく参謀本部第二部長の有末精三も連隊長の経験はない。では、将官進級の資格、佐官時に二年の隊付勤務をどうしていたのかだが、少佐の時に大隊長か中佐の時に連隊付中佐で年季稼ぎをしていたのだ。

連隊長をやらずに栄達した人がこれほど多いと、逆にあれほどの人がなんで連隊長をやっていたのかと妙にいぶかしく思うようになる。例えば寺田雅雄の戦車第一連隊長、稲田正純の阿城重砲兵連隊長だ。この答は簡単なことで、ともにノモンハン事件の問責人事でこうなったのだ。東条英機の秘蔵っ子、服部卓四郎と赤松貞雄も歩兵連隊長で終戦を迎えているが、これは東条退陣を受けての左遷人事の結果だ。

戦時となって大動員、有能な幕僚が足りず、こうなるしかなかったのだろう。それはまさしく、中長期の人事計画がなかったことを意味するし、極端な幕僚重視、指揮官軽視だ。実兵指揮の頂点に位置し、部隊の重みというものを体感できる連隊長を経験しないまま将官となり、師団長、軍司令官に補されたならば、どういうことになってしまうか。前述した武藤章は近衛第二師団長として、田中新一は第一八師団長として、その手腕を発揮したと伝えられているが、それは偶然の巡り合わせだ。偶然に期待するとなると、それは博奕であって、戦争とはいえないはずだ。

◆意外と難関の旅団長突破

大佐の実役停年は二年となっていたが、平時には少将に進級するまで六年かかるのが一般的だった。もちろん、大佐を六年つとめれば少将になれるというわけではない。大佐になってから四年ほど、その勤務を評定して将来の見込みなしとなれば、大佐のまま予備役編入となる。これを突破したとしても、すぐに大佐の実役停限年齢五五歳が迫って来て、少将に名誉進級して現役を去る人が多い。これは自衛隊で営門将補といわれるものと同じだ。

戦時になると、大佐から少将への進級も早まる。支那事変勃発直後の昭和十二年八月、二六期と二七期の一選抜が大佐に進級した。そしてこの二六期の一選抜は、実役停年がすぎてすぐの、いわゆる「初停年の進級」で十四年八月に少将となっている。ただこれは特例で、二七期は一年遅れで少将になっており、臣下で最後に少将を出した三三期まで、戦時でありながら一選抜でも大佐を三年つとめて少将に進級している。

長らく少将の補職先は、各実施学校の校長、要塞司令官、中央官衙の局長や部長などさまざまあるが、主はやはり旅団長だ。平時の最後となる昭和十一年度末、歩兵旅団三四個、騎兵旅団四個、野戦重砲兵旅団四個、関東軍の混成旅団二個、支那駐屯歩兵旅団があった。旅団の数がこれだけあるから、ほとんどの将官は旅団長に上番しているかと思えば、そうでもない。士官候補生一期から大将までに進んだ七〇人のうち、表8のように二二人もが旅団長を経験していない。宇垣一成、金谷範三、杉山元と頂点をきわめた人も、この旅団長パス組だった。

師団の編合にある歩兵旅団の司令部は、中間指揮結節という位置付けだった。そのため小世帯で、平時は人員五人と馬四頭、戦時となっても通信要員と行李が加わって人員七五人、馬二〇頭といった規模だった。昭和十一年十一月に策定された「軍備充実計画ノ大綱」で師団は四単位制から三単位制に切り替わり、歩兵旅団司令部二個は、歩兵団司令部一個に集約された。

騎兵旅団、野戦重砲兵旅団は、虎の子の独立部隊だから、その旅団長は注目される存在で、騎兵科、砲兵科出身の将官が大成へ向けて第一歩を踏み出すところだ。ところが歩兵旅団長は前述したような位置にあるから、中将確実のエリートにとっては気楽なポストで、腰掛けか、息抜き、はては病気療養の場にもなる。ところが中将に進級できるか、中央官衙に食い込めるかどうかという者にとっては、気の抜けないポストとなる。このレベルの者には、年に一回、参謀総長が主催する将官演習旅行に参加することが命じられ、中将進級が妥当かどうか判定される。

この将官演習旅行で将来が開けた者、閉ざされた者と悲喜こもごものドラマが展開された。運が開けた者の例でよく上げられるのが林銑十郎だ。彼の八期には不動のトップ、渡辺錠太郎がいたため、ほかがどうしても霞んでしまうきらいがあった。また林は海外勤務が長く、欧米通だが、それまでの人と見られ、同姓、同郷、同期で軍事課長をやった林弥三吉の方が右翼にいると見られていた。

国際連盟の陸軍代表から帰国した林銑十郎は、大正十四年五月、東京の歩兵第二旅団長に上番した。この年の八月、河合操参謀総長が主催した将官演習旅行で、林は出色な成績を残した。そこで翌十五年三月に中将進級となったが、ポストの関係で空いていた東京湾要塞司令官に回った。昭和二年五月、陸大校長に抜擢された林は、承知の通り栄進を重ねて、ついには陸相、首相にまでなった。

参謀本部第一部長の栄職を射止めた桑木崇明も、将官演習旅行が幸いしたケースだ。彼は広島幼年、中央幼年、陸士、陸大と恩賜四連発で知られた秀才だ。しかし、多士済々の一六期の中では目立たなかったのか、それとも学究的な性格が災いしたのか、陸大教官が長くなり、同期の先頭グループから一歩遅れていた。

昭和十年八月、野戦砲兵学校幹事に上番した桑木崇明は、杉山元参謀次長主催の将官演習旅行に参加、最優秀の成績を収めた。この実績から二・二六事件との関係もあり、翌十一年三月に参謀本部第一部長に上番することとなった。ところが彼の学究的な性格からか、政治性がないなどとけなされ、結局は第一一〇師団長で出征して、そこで軍歴を閉じた。

このように将官演習旅行で抜擢された人もいれば、その反対の人もいる。脱落した人の話は残っていないのが通例だが、そんななかで珍しく語られていたのが、山田健三と松田巻平のケースだ。その舞台は昭和八年八月の将官演習旅行で、主催したのは参謀次長から専任の軍事参議官にさがっていた真崎甚三郎だ。統裁官には参謀本部付で、この二人の同期の梅津美治郎がいた。

山田健三は、陸軍では数少ないアメリカ通として知られ、福島の歩兵第二二旅団長を下番して、宇都宮の第一四師団付の時にこの演習に参加した。松田巻平は、参謀本部第七課長（運輸課）と同第六課長（運輸課の改編）を経験している運輸の専門家で、近衛歩兵第一旅団長を下番して善通寺の第一一師団付の時だ。どちらも優秀な人として知られ、しかも同期の梅津美治郎が統裁官にいるのだから、これは二人とも無事合格と思われていた。

ところが二人そろって低い評価しかえられなかった。山田健三は第一四師団付のまま中将進級と同時に待命、予備役編入となった。松田巻平は運輸の専門家だから、まず運輸部長に上番して中将に進級、第一船舶輸送司令官で昭和十三年三月に予備役に入った。これは真崎甚三郎の派閥性を示すものとして話が広まったから、どこまで本当かははっきりしない。しかし、この二人が師団長になることはなく、少将進級時、この二人よりも序列が下だった一五期の多田駿、中島今朝吾、上村清太郎が師団長に上番したことは事実だから、この二人の処遇は奇妙にうつる。

◆目指すは一等師団長

明治二十一年五月、師団司令部条例によって、東京、仙台、名古屋、大阪、広島、熊本の六鎮台が改組され、それぞれ第一師団から第六師団となった。日露戦争後までに一九個師団となり、大正五年四月から朝鮮半島で二個師団の増設が始まり、二一個師団体制となった。これが平時のピークで、十四年五月の軍備整理で四個師団が廃止され、支那事変勃発時には一七個師団体制となっていた。

旅団長のポストが四五個あったものが、師団長となると一七個に絞られるのだから狭き門だ。しかも師団長は、大元帥の天皇が親しく任命する親補職だから権威も高い。東京ではそれほど目立った存在ではなかっただろうが、地方に行けば官選の知事よりも位階勲等が上だから輝かしい存在だった。では、この師団長は大将になるため、どうしても経験していなければならないポストかといえばそうでもない。

ほぼ八〇年に及ぶ日本陸軍の歴史の中、一三四人の大将を輩出した。西郷隆盛は別格とし、近衛都督、鎮台司令官、師団長の経歴のないまま、大将に進級した者は一五人を数える。岡沢精と奈良武次は、侍従武官長の勤務が長かったため、師団長にはならなかった。島川文八郎、田中弘太郎、吉田豊彦、緒方勝一、岸本綾夫の五人は、そろって砲兵科出身の技術畑で、名誉進級の大将だ。

陸相となった寺内正毅、田中義一、山梨半造、東条英機、下村定の五人も師団長を経験していない。寺内の場合、日清戦争と日露戦争に直面し、欠かせない軍政屋として師団長をする時間がなかったのだろう。下村は喘息の持病があり、療養を兼ねて東京湾要塞司令官で師団長の代わりということだ。田中と山梨がどうして師団長をやらなかったか、疑問が残るところだ。東条は次官の頃、師団長に出されて、そこで待命、予備役編入を恐れてあれこれ予防線を張っていたともいわれる。この姿勢が東条に対する悪評の始まりとなった。

これに対して複数回、師団長をつとめた人も多い。おそらく土屋光春の四回が記録だろう。彼は善通寺の第一一師団長として旅順要塞攻略戦に参加して負傷、続いて宇都宮の初代第一四師団長、再び第一一師団長、そして大阪の第四師団長で後備役となっている。大正、昭和に入ってからも、師団長を二度つとめるケースは珍しくない。例えば鈴木荘六は広島の第五師団長と第四師団長だ。真崎甚三郎は弘前の第八師団長と東京の第一師団長、川島義之は羅南の第一九師団長と名古屋の第三師団長だ。師団長で終わらせるのが惜しい人材、もう一つポストをこなさせたいとなっても、ポストの空きがないため再度、師団長で待機させるということだ。

そこでどうしても意識されるのが師団のランクだ。いわゆる「一等師団」かそうでないか、あそこの師団長ならばまだ先がある、田舎師団では終わりかということだ。前の例からすれば、鈴木荘六は第四師団長、真崎甚三郎は第一師団長、川島義之は第三師団長に親補されたから、頂点をきわめられたということだ。

では、一等師団とはなにか。よく語られていたにしろ、定義がないから人によってまちまちだった。まずは軍隊の通念のとおり、番号が若い順、すなわち歴史が古い順に尊重される。それによるとまず鎮台から切り替わった第六師団までと、二十四年十二月に近衛都督が改編された近衛師団だ。次は日露戦争に備え、明治二十九年五月に屯田兵から切り替わった第七師団、三十一年十月に新設された第八師団から第一二師団だ。これらに日露戦争中から戦後にかけて編成された第一三師団から第一八師団が続く。そして大正五年四月から八年四月にかけて、朝鮮半島に設けられた第一九師団と第二〇師団の順だ。

近衛師団を筆頭に、部隊番号順に人気があったかといえば、それがまたちがっていた。まずは積雪地、寒冷地の師団は敬遠されがちだ。冬季の環境が悪く、満足の行く教育訓練ができないという、もっともな理由も付く。弘前の第八師団、金沢の第九師団、ともに日露戦争では勇戦して武功をあげた師団にしろ、できればほかで師団長をとなる。まして雪深い高田の第一三師団長となれば身震いがする。それも一つの理由となって、宇垣軍縮では第一四師団、第一六師団が生き残って第一三師団が廃止されたように思われる。

長州閥のエースと見られていた長岡外史は、軍務局長から第一三師団長に転出した時、これで将来が閉ざされたと覚悟し、もう一つ第一六師団長をやったものの、そこで終わりとなった。真崎甚三郎は、陸士校長からまず第八師団長に転出したが、彼としてはこれで予備役かと覚悟したはずだ。山岡重厚は、軍務局長、整備局長と回って第九師団長となった。これは彼としては左遷と受け止めただろう。

軍人である以上、全国規模の異動を覚悟しているはずだが、それでも急に遠隔地での勤務となると、「飛ばされた」という意識になりがちだ。熊本の第六師団は西南戦争以来の戦歴を誇り、尚武の部隊として知られていたが、そのわりには全国的な人気がない。前述したように、荒木貞夫は陸大校長から第六師団長に転出したが、彼自身にとっては不本意な人事だったにちがいない。旭川の第七師団ともなれば、遠隔地のうえ、寒冷な新開地だ。北海道出身者でない限り、「北辺の地に寂しく旅立つ」という心情にもなる。実際、歴代の第七師団長を見ると、ひと癖あって中央から遠ざけられたと思われる人が見られる。上原勇作、宇都宮太郎、渡辺錠太郎がその例となる。

朝鮮半島、羅南の第一九師団、京城・龍山の第二〇師団となると、これまた敬遠される。緯度的には羅南は函館、龍山は仙台付近に位置するが、大陸性気候だから日本人には厳しい。また、両師団とも現地における動員基盤がなく、第一九師団は関東から東北、第二〇師団は関西、九州の徴集兵に頼っていた。郷土部隊ではないため、部隊の団結に悩むことにもなるし、植民地ということでさまざまな問題もあった。東京から離れているため、忘れられるのではないかという意識も生まれる。ただ、ここに人材を隠すということはあったはずだ。第一九師団長に回された菅野尚一がその例と思われる。

この師団の甲、乙を知るまた一つの材料が、その師団長のうち何人が大将になったかだ。皇族は除き、臣下の大将がどこの師団長をやったかを見ると、第四師団長が一六人、近衛師団長が一四人、第五師団長が一三人、第三師団長が一二人、第一、第一一、第一二師団長がそれぞれ一〇人、第八、第一四師団長がそれぞれ八人となっている。

近衛師団長には、皇族の五人が加わるにしても、臣下の大将一六人が第四師団長の経験者とは意外な数字だ。第五師団、第一一師団、第一二師団の健闘ぶりが目を引くが、この三つの師団は西日本の港湾地域に位置しており、先陣を切って大陸戦線に向かう戦略単位だから、有能な者を師団長にあてていた。それでも大将を確実にするには、もう一つ師団長をやるケースが目立つ。例えば鈴木荘六と寺内寿一は、第五師団長から第四師団長、町田経宇は第一一師団長から第四師団長、白川義則は第一一師団長から第一師団長で大将になっている。

いわゆる「一等師団」と目されるのは、隷下部隊のほかに多くの部隊を管理している。近衛師団は習志野の騎兵第一旅団、東京の野戦重砲兵第四旅団、各種独立連隊五個と飛行連隊一個を抱えていた。第一師団は習志野の騎兵第二旅団、国府台の野戦重砲兵第三旅団、千葉の戦車第二連隊、横須賀の重砲兵連隊を管理していた。意外と大世帯は第三師団で、豊橋の騎兵第四旅団、三島の野戦重砲兵第一旅団、浜松の高射砲第一連隊のほかに、飛行連隊三個を抱えていた。関門と対馬海峡を押さえる第一二師団も管理する部隊が多かった。小倉の野戦重砲兵第二旅団、久留米の戦車第一連隊と独立山砲兵第三連隊、大刀洗の飛行第四連隊、佐賀の高射砲第四連隊、そして下関、対馬、佐世保の要塞に配置されている重砲兵連隊三個だ（昭和十一年度）。だから歴史は浅いが、第一二師団は一等師団とされていた。

管理する部隊が多くなれば、師団長に行政的な手腕が求められ、エースがあてられるから、そこが一等師団とされるようになる。ところが大阪の第四師団には、由良要塞の深山重砲兵連隊のほか管理する部隊はない。第四師団は歴史が古いが、日露戦争での戦歴は芳しくない。それなのに大将を多く輩出し、一等師団として人気があったかといえば、日本最大の大阪工廠が師管区内にあったからだ。この工廠の存在もあってか、大阪の財界は陸軍に好意的であったことも、第四師団長に人気が集まった理由だった。

第二師団を一等師団とする人も多い。ところが、ここで軍歴を閉じた人も多く、大将に進んだのは七人、隣接する第八師団と第一四師団がともに八人だから、第二師団は多少見劣りする。また、第二師団が管理する部隊は、高田の独立山砲兵第一連隊のみだ。それでも一等師団とされるのは、日清、日露戦争の戦歴と安定した戦力がものをいう。明治三十七年八月末、弓張嶺での師団夜襲は、第二師団でなければまずできないと絶賛された。それだからこそ、満州駐箚師団が第二師団となった時、満州事変が始まったといえる。

外地にあった四人の軍司令官

◆満州国建国と関東軍司令官

陸軍は平時、外地に次の四個軍をおいていた。すなわち、関東軍（大正八年四月、関東都督府陸軍部を改称）、朝鮮軍（大正七年六月、朝鮮駐箚軍を改称）、台湾軍（大正八年八月、台湾総督府陸軍部を改称）、支那駐屯軍（明治四十五年四月、清国駐屯軍を改称）だ。軍と軍司令官の格は、この順にするのが一般的だ。ただし兵力的に見ると、関東軍は長らく縮小編制の内地師団を二年毎に輪番で派遣する駐箚師団一個と歩兵大隊四個の独立守備隊（昭和四年以降、六個大隊）からなっていた。これに対して朝鮮軍は、常設師団二個だったから、この点では朝鮮軍の方が格上となる。

さてこの関東軍は張作霖爆殺以来、独走の代名詞ともなったためか、過大評価されて来たように思う。黒龍江（アムール川）と穆稜川（ウスリー川）を境にして対峙してきた極東ソ連軍は、関東軍こそ日本最強の部隊で、ここに配置されることは最高の名誉、かつ昇進のための絶対条件であったという認識だった。

もちろん現役兵を主体とする師団一〇個から一五個を基幹としていた昭和十五年から十八年の関東軍は、このソ連の高い評価も正しいが、ほんの短い期間の話で、逆に常に脅えていたのは日本側だった。また、関東軍での勤務が栄達の条件であったこともない。関東軍の勤務がない著名な人も多い。むしろ逆に関東軍育ちとされた人は、満州屋と呼ばれて格下に見られる場合すらあった。

さて本題に入り、関東軍司令官の人事だ。まず、興味が引かれるのは、満州事変までの関東軍司令官の人事、そして武藤信義と菱刈隆が二度、関東軍司令官に上番していることだ。このため期別の人事管理が崩れてしまい、関東軍の部内統制が乱れる結果となった。その背景には、ここでも長州閥と薩肥閥の暗闘が見え隠れする。なお、昭和期の関東軍司令官については、表9を参照してもらいたい。

大正十五年七月、関東軍司令官を三年つとめた白川義則が下番して専任の軍事参議官となり、後任は軍事参議官兼東京警備司令官の武藤信義となった。武藤はハルピン特務機関を立ち上げた対ソ情報のエキスパートだから、この人事は妥当だ。ところが昭和二年八月、教育総監の菊池慎之助が急死し、武藤がその後任になった顚末は前述した。武藤の後任の関東軍司令官は、第四師団長で武藤と同郷の村岡長太郎となった。このあたりから、関東軍司令官は薩肥閥の指定席という意識が芽生えたともいえよう。

村岡長太郎は、教育総監部の勤務が長く、歩兵学校長も歴任した教育畑の人で、関東軍と

表9　昭和期の関東軍司令官

大正		就任日時	前職／転出先
15年	武藤信義（＃ 3）	15. 7.28	東京警備司令官／教育総監
昭和			
2年			
	村岡長太郎（＃ 5）	2. 8.26	第4師団長／予備役
3年			
4年			
	畑英太郎（＃ 7）	4. 7. 1	第1師団長／死去
5年	菱刈　隆（＃ 5）	5. 6. 3	台湾軍司令官／軍事参議官
6年			
	本庄　繁（＃ 9）	6. 8. 1	第10師団長／軍事参議官
7年			
	武藤信義（＃ 3）	7. 8. 8	軍事参議官／死去
8年			
	菱刈　隆（＃ 5）	8. 7.29	軍事参議官／軍事参議官
9年			
	南　次郎（＃ 6）	9.12.10	軍事参議官／予備役
10年			
11年	植田謙吉（＃10）	11. 3. 6	軍事参議官／予備役
12年			
13年			
	梅津美治郎	14. 9. 7	第1軍司令官／参謀総長
14年			
15年			
16年			
17年			
18年			
19年			
	山田乙三	19. 7.18	教育総監／

※昭和17年10月1日以降、関東軍総司令官

の縁はない。そして村岡が関東軍司令官に在任中、昭和三年六月四日に張作霖爆殺事件となる。高級参謀の河本大作が主導した謀略だ。この謀議を村岡が多少なりとも知っていたのかどうか、もうそれを探る手掛かりはないにしろ、司令官として部内の統制が不十分だったことはたしかだ。結局、村岡はこの問責人事で昭和四年七月に下番、同時に予備役編入となった。

この人事と同じ時、白川義則に代わって陸相に再登板した宇垣一成は、後継者として期待を寄せていた畑英太郎を関東軍に送り込んだ。ところが昭和五年五月、畑は医療事故で急死してしまった。急ぎの人事のため、台湾軍司令官だった菱刈隆を横すべりさせた。村岡長太郎と同じく菱刈も教育畑の育ちで、関東軍との関係はなかった。満州の事情にうといためか、金州城で派手な演習をやったり、部外者を集めて満蒙問題の講演会を催したりし、部内外から批判され、昭和六年八月の定期異動で下番することとなった。

昭和六年八月の人事は、南次郎陸相による最初の定期異動だ。参謀総長は金谷範三、教育総監は武藤信義、人事局長は中村孝太郎の時だ。朝鮮軍司令官は昭和五年十二月から八期の林銑十郎で埋まっており、関東軍司令官と台湾軍司令官の異動がこの人事の目玉だ。八期まで消化しているから、九期から選ぶことになる。この時点で九期の序列は、真崎甚三郎、本庄繁、阿部信行が中将進級一選抜、これに松井石根、荒木貞夫、林仙之、岡本連一郎と続く。このうち師団長を二年以上つとめているのは、真崎、本庄、松井、荒木の四人で、これが異動の対象となる。

人事局長が原案を作るわけだが、中村孝太郎は常識人だから、海外通の松井石根は海外派遣要員として参謀本部付、武藤信義の顔を立てて荒木貞夫は教育総監部本部長、そして序列に沿って関東軍司令官は真崎甚三郎、本庄繁は台湾軍司令官に回るのを原案とした。ところが三長官会議の決定では、関東軍には本庄、台湾軍には真崎となった。参謀総長の金谷範三と真崎とには感情問題のしこりがあり、こういう結果になったと伝えられている。それは否定できないが、三年以上も張作霖の軍事顧問をつとめた満州通の本庄を関東軍司令官にあてたのは常識的でもある。

関東軍司令官として現地に入った本庄繁は、「万一危急の事態が発生した場合、決して請訓主義に堕することはない」と周囲に語り、着任の訓示でも、「本職深く期する所あり」と決意のほどを表明した。策謀を巡らして間合いを計っていた高級参謀の板垣征四郎と作戦主任の石原莞爾は、これは脈があると判断したはずだ。政治性が豊かで、老獪なところがある真崎甚三郎ならば、こういった直截的なもの言いはしないはずだ。そのため、板垣らは真崎の腹が読めず、なかなか挙事に踏み切れなかっただろう。

では、真崎甚三郎が関東軍司令官に回っていれば満州事変は起こらなかったとはいえない。謀略を巡らしている側にとって、真崎には一つ好材料があった。それは、真崎と朝鮮軍司令官の林銑十郎との関係だ。のちには険悪な関係になったとされるが、長くこの二人は友情で結ばれていた。関東軍が満蒙問題の一挙解決と立ち上がり、苦境に追い込まれたならば、林は躊躇することなく独断越境すると思われた。そう考えると、だれが関東軍司令官でも満州事変はあの時に起きたはずで、月並みながら歴史の必然となるだろう。

昭和七年三月、満州国が建国されて満州事変も大詰めを迎えていた。関東軍司令官は駐満特命全権大使と関東長官を兼務するいわゆる三位一体の体制構想も固まり、日満議定書調印という大舞台も準備されつつあった。そこで本庄繁の後任には超大物を起用することとなり、同年八月に武藤信義が再度、関東軍司令官に上番となった。

この昭和七年八月の時点で臣下の現役大将は、元帥府に列する上原勇作、侍従武官長で旧一一期の奈良武次、軍事参議官で二期の鈴木孝雄とつらなっていたが、鈴木の大将進級は昭和二年七月にたいして、武藤信義は大正十五年三月の大将進級だから、武藤が実質的に最先任将官となり、日満議定書調印の最適任者だ。

ところが武藤信義自身、この話に渋っていたとされる。おそらく健康に自信がなかったか、政治は不得手と自覚していたのだろう。そこで政治的な手腕には定評がある小磯国昭を参謀長にもらい受ければ、関東軍に行くということになった。武藤が宇垣四天王の一人を名指しして参謀長に望んだというのは不思議なことだ。広く語られるように、武藤は薩肥閥を率いて来たとされているが、彼自身にはそういう意識がなかったことを物語っているようにも思われる。

薩肥閥というものがあったのかどうかはべつとして、荒木貞夫、真崎甚三郎、柳川平助らは、武藤信義自身とはまたちがった考えをしていた。かなり無理にしろ、満州事変を終結させたという武功によって彼を元帥府に列する。そうすれば武藤は終身現役大将となり、上原勇作亡きあとも心強いということだ。事実、武藤は六五歳を前にして、昭和八年五月に元帥府に列せられた。ところが武藤は、同年七月に肝臓癌で死去してしまった。

関東軍司令官は、駐満特命全権大使を兼ねるので、外務省との関係からも最先任将官をあてなければならなくなった。三期の武藤信義に続く者だが、四期の井上幾太郎は昭和八年三月に予備役となっており、五期の金谷範三は同年六月に死去している。従って臣下の最先任は五期の菱刈隆となる。彼は当時、専任の軍事参議官でフリーな立場にあったから、ほとんど自動的に再度、関東軍司令官に上番することとなった。

◆対北静謐を求められた関東軍司令官

昭和九年夏から対満政策の一元化が大きな問題となり、同年末には対満事務局が設置され、林銑十郎陸相が総裁を兼務することとなった。この問題もからみ、関東軍司令官には政治力がある者をということで、同年十二月に軍事参議官だった南次郎が上番することとなった。最先任将官をあてるということからも、また期別の人事管理からしても南に落ち着く。加えて南は少佐の時、関東都督府参謀をつとめており、また朝鮮軍司令官も歴任しているから、外地軍の事情にも通じている。

南次郎からの関東軍司令官は、人材豊富な八期、九期から一二期とつないで行けば、だれもが納得する人事となり、これを中心に高級人事が回っていくはずだった。ところが昭和十一年の二・二六事件で、八期から一〇期の大将が姿を消してしまった。南も道義的に引責辞任、予備役となった。残る現役大将は、一〇期の西義一と植田謙吉、一一期の寺内寿一の三人だから、銓衡の余地なく関東軍司令官は植田となった。

植田謙吉は昭和七年の第一次上海事変時、第九師団長として出征、苦戦を重ねたうえに上海でテロに遭って負傷した。これで有名にはなったが、戦績もそう芳しいものではなかったし、参謀次長の時も無為無策と酷評する人もいた。満州事変中に第二師団長の多門次郎が大将にならなかったのに、どうして植田が大将になったか、それは植田が騎兵科出身だったからだと説明できる。そもそも参謀次長に抜擢されたのも、騎兵科の閑院宮載仁が参謀総長だったからだ。

もちろんべつの評価もあった。植田謙吉はいかにも大阪人らしく、万事ソツなく、生涯独身だったが円満な常識がある人だったとも語られていた。平時ならば、このようなタイプの人が外地の軍司令官には合っているかもしれない。ところが、すぐに支那事変となった。関東軍の幕僚は、中央の不拡大方針などどこ吹く風と積極的に動き、中央に強く働きかけてチャハル作戦を強行した。それも参謀長だった東条英機が部隊を率いて長城線を越えたというのだから、まさに幕僚統帥だった。人が良いばかりで、非力な植田謙吉ではこれを抑えられない。

そして昭和十四年五月からのノモンハン事件となる。関東軍司令部の第一課長（作戦課）の寺田雅雄、同作戦班長の服部卓四郎、同課員の辻政信、この先制主導を信奉する積極的なトリオを植田謙吉は軍司令官として統御できない。単なる巡り合わせだが、第一次上海事変の際、植田は第九師団長、その隷下の歩兵第七連隊の中隊長として勇戦したのが辻だった。さらにいえば、参謀長の磯谷廉介は、歩兵第七連隊長をやっている。そんなこともあって植田と磯谷は辻を高く評価し、辻はそれに甘えてしたい放題となった。

ノモンハン事件の問責人事もあって、関東軍司令部は混乱に陥った。そこに送り込まれたのが、第一軍司令官として戦地にあった梅津美治郎だった。二度目の武藤信義以来、関東軍司令官には先任大将があてられることになっていたから、まだ中将の梅津の上番は異例なことだった。この昭和十四年八月末から九月の時点で、臣下で古参の大将は一一期で軍事参議官の寺内寿一、一二期で北支那方面軍司令官の杉山元と陸相の畑俊六、一三期で朝鮮軍司令官の中村孝太郎だ。陸相の畑を除く三人のうち、いずれかを関東軍司令官にという人事もありえた。

しかし、事態は深刻だった。関東軍司令部を粛清して常道に引き戻すとなると、ただ古参の大将だからできるというものではない。そこで、次官として二・二六事件の粛軍人事を主導し、造兵廠の贈収賄事件で廠長を兼務して後始末をした梅津美治郎をとなった。彼は良い意味で冷徹、どことなく威圧感のある人だった。梅津は口数の少ない人だったそうだが、どんな猛者でも彼には逆らわない、逆らえないという不思議な存在だとされていた。

ただ、梅津美治郎には関東軍の勤務はない。しかし、満州事変の際、参謀本部総務部長として独走する関東軍に苦汁を飲まされた一人だ。そして左遷という形で昭和九年三月から支那駐屯軍司令官となり、隣接する関東軍が内蒙古から華北で蠢動しているのを見ており、その体質は熟知している。関東軍の危ない謀略を予算面で締め上げ続けていたのは、次官の梅津だった。

この関東軍司令官の人事の内示は昭和十四年九月六日、発令は翌七日、着任は八日と慌ただしいものだった。同日付で参謀長は飯村穣、参謀副長は遠藤三郎、第一課長は有末次となった。人事には細かい梅津美治郎だったが、幕僚の総入れ替えで時間的な余裕がなかったため、彼の意向が反映されたものではなく、いわゆるあてがいぶちの人事だった。それでも中央部が配慮して梅津好みの人選だったといってよいだろう。

ノモンハン事件以降も日ソ国境紛争の可能性は常にあったし、暴走しかねない幕僚が関東軍司令部や隷下軍司令部から一掃されたわけではない。しかし、昭和十六（一九四一）年六月の独ソ開戦時も、翌月からの関特演（関東軍特種演習）時でも関東軍は静謐を保ち、偶発的な衝突も起きなかった。それほどノモンハン事件のショックは大きかったのだが、梅津美治郎の人間的な重みがものをいったということになる。

戦局の悪化によって、昭和十八年十月の第二方面軍司令部の転用を皮切りに、続々と関東軍の部隊が南方に向かった。梅津美治郎が参謀総長に転出した十九年七月までに、一般師団九個、戦車師団一個が抽出されている。どれも現役兵主体の精鋭兵団だ。これでは北辺の守りがどうなると、関東軍の幕僚陣が猛反発してもおかしくないが、梅津はこれをよく抑え、大本営の要請に応じ続けた。結果はさておき、関東軍の戦力を南方に回し続けたからこそ、太平洋正面の作戦が成り立った。

こう見てくると、梅津美治郎を関東軍司令官（昭和十七年十月から関東軍総司令官、なお、関東軍の戦闘序列の発令は昭和二十年五月三十日）にあてたことは、成功した数少ない高級人事だったことになる。しかし、陸軍全体から見ればどうだったのか。あの多事多難な時、梅津をほぼ五年、関東軍に押し込め同然にしたことは、人の使い方を間違っていたともいえよう。第一軍司令官の時から、梅津の中央復帰の声があったのだ。どうしてそうならなかったのか、彼を忌避して誹謗中傷する大きな勢力があったからだ。その勢力の中心にだれがいたのか。近衛文麿とすれば話の筋は通る。

人事というテーマからすれば、問題は梅津美治郎の後任の関東軍総司令官をだれにするかだ。もし、梅津が関東軍司令官を二年で下番したとすれば、一六期以降に候補はいくらでもいた。満州事変の火付け役をもってくるのも妙な人事だが、板垣征四郎でもよいはずだ。板垣が清濁併せ飲み過ぎるから心配だというのならば、陸相の時のように手堅い人で周囲を固めればよい。そういうタイプの人は、吉本貞一、笠原幸雄とすでに関東軍にいたのだ。

ところが梅津美治郎の在任が長くなると、話が込み入ってくる。大東亜戦争となって次々と高級司令部が生まれ、その人事のやりくりで大変だ。また、在任期間が長くなると、どこまで期を進めて後任者を選ぶかと頭を抱える。こういった状況にあるなか、昭和十九年七月十八日に東条英機は参謀総長を辞任した。その後任を後宮淳としたものの、落ち目の人の意向が通るはずもなく、参謀本部の反対で梅津美治郎となった顚末は前述した。これでようやく梅津が中央復帰となったが、その後任の関東軍総司令官はだれになったか、これまた疑問の人事だった。

後任は一四期で教育総監の山田乙三に落ち着いた。期が戻る人事は、なるべく避けるものだが、そんなことを考慮している余裕はなかった。この時、すでに一〇期台前半で残っているのは、一一期の寺内寿一、一二期の杉山元と畑俊六、一三期はすでに現役はいなく、一四期は山田だけということだった。一五期は梅津美治郎のほか侍従武官長の蓮沼蕃しかいない。一六期で残っている現役は三人、岡村寧次は北支那方面軍司令官、土肥原賢二は第七方面軍司令官、板垣征四郎は朝鮮軍司令官だった。

最後にソ連軍と一戦を交える適任の関東軍総司令官はいなかったのか。そこで死に児の年を数える繰り言になる。ソ連通で腕力もある一三期の建川美次をただ宇垣一成と近いというだけで、昭和十一年八月に予備役としてしまった。建川は十五年から十七年にわたって駐ソ大使をつとめているが、彼本来の識能を発揮する場所は外交ではないはずだ。一四期には関東軍参謀長をつとめ、満州に精通していた二人がいた。橋本虎之助と西尾寿造だ。橋本は近衛師団長の時、二・二六事件の問責人事で軍を去った。その橋本は十二年末以来、満州国参議府議長だったというのも話としてはおもしろい。もう一人の西尾だが、支那派遣軍総司令官を下番してから、ひょっとして関東軍司令官かという話もあったが、十八年五月に予備役編入となった。

もちろん、昭和二十年八月の日ソ戦は関東軍総司令官がだれであっても、結果に大きなちがいはなかったはずだ。しかし、それでも日本を代表する将帥が大手を広げてソ連軍の進攻を止めようとしたとなれば、そこに日本軍の誇りというものが残ったはずだ。

◆政治と密着する朝鮮軍司令官

明治四十三年八月、韓国併合の日韓条約が調印され、日露戦争中からの韓国駐箚軍が同年十月に朝鮮駐箚軍と改称、さらに大正七年六月に朝鮮軍となった。長らく関東軍と同じように、内地の師団が輪番で駐箚していたが、翌八年までに日本海側の羅南に第一九師団、黄海側の京城・龍山に第二〇師団を設けた。朝鮮半島を植民地とはしたものの、現地人には兵役義務を課さなかったために動員基盤がなく、大正十四年度まで両師団とも戦時編制にできなかった。翌年度から戦時編制への移行は可能となったが、特設師団を生み出す二倍動員は計画されていなかった。

朝鮮軍の実態は、あくまで治安軍であり、本土と大陸を結ぶ地域の治安確保が主任務であり、場合によっては関東軍の後詰め、さらにはウラジオストク攻略の独立兵団の役割も期待されていた。任務はさておき、朝鮮軍は常設師団を二個も抱えているのだから、関東軍よりも規模が大きく、軍司令官もエースが投入されて来た。朝鮮軍となってから軍司令官は一四人を数えるが、もちろん全員が大将に進級しており、しかも小磯国昭を除いては現役大将としてもう一つ、二つとポストをこなしている。なお、昭和期の朝鮮軍司令官については、表10を参照してもらいたい。

朝鮮半島の治安確保という任務からも、朝鮮総督と朝鮮軍司令官は密接な関係にある。歴代朝鮮総督は、寺内正毅（明治四十三年十月〜）、長谷川好道（大正五年十月〜）、斎藤実（大正八年八月〜）、山梨半造（昭和二年十二月〜）、再び斎藤実（昭和四年八月〜）、宇垣一成（昭和六年六月〜）、南次郎（昭和十一年八月〜）、小磯国昭（昭和十七年五月〜）、阿部信行（昭和十九年七月〜）となる。大正八年の「三一運動」（万歳事件）への対応が問題となって、長谷川が下番、代わってソフトな海軍の斎藤となり、また、昭和四年八月、釜山の株式取引場を巡る疑獄事件が発覚して山梨は更迭され、後任にはまた斎藤となった。

不祥事によって朝鮮総督の座を二度にわたって海軍に取られたほかは、もちろん陸軍が押さえ、しかも長州閥とその亜流なのだから徹底している。そもそも伊藤博文や寺内正毅による構想では、朝鮮総督とはミニ首相で、ここで経験を積ませて首相の要員を育てるということだった。また、ここ朝鮮で政治資金を集めさせるという狙いもあり、さすが金銭感覚に鋭い長州人らしいことだ。

このように朝鮮総督は、政治的センスのある大先輩となると、陸軍としてもそれと話ができて親密な関係が築ける者、それが朝鮮軍司令官人選の基本だ。また、ほぼ一〇年にわたる斎藤実総督の時代は、陸海軍の釣り合いをとるため、エリートで押しが強い人を朝鮮軍司令官にあててきた。それが森岡守成、金谷範三、南次郎だ。そして斎藤総督が下番すると見られるようになった時、朝鮮軍司令官に上番したのが林銑十郎だった。彼に政治的センスがあったとは思えないし、まして山本権兵衛に鍛えられた斎藤と渡り合えるはずもない。それがどうして朝鮮軍司令官となり、満州事変で決定的ともいえる役割を果たすことになったのか、

表10　昭和期の朝鮮軍司令官

		就任日時	前職／転出先
大正			
15年	森岡守成（＃ 2）	15. 3. 2	軍事参議官／軍事参議官
昭和			
2年	金谷範三（＃ 5）	2. 3. 5	参謀次長／軍事参議官
3年			
4年			
	南　次郎（＃ 6）	4. 8. 1	参謀次長／軍事参議官
5年			
	林銑十郎（＃ 8）	5.12.22	近衛師団長／教育総監
6年			
7年	川島義之（＃10）	7. 5.26	教総本部長／軍事参議官
8年			
9年			
	植田謙吉（＃10）	9. 8. 1	参謀次長／軍事参議官
10年			
	小磯国昭（＃12）	10.12. 2	第5師団長／予備役
11年			
12年			
13年			
	中村孝太郎（＃13）	13. 7.15	東部防衛司令官／軍事参議官
14年			
15年			
16年			
	板垣征四郎（＃16）	16. 7. 7	支那派遣軍総参謀長／第7方面軍司令官
17年			
18年			
19年			
20年	上月良夫（＃21）	20. 4. 7	第11軍司令官／

※20年2月1日より朝鮮軍管区司令官兼務第17方面軍司令官

偶然の積み重ねが歴史の波を作るものだと痛感させられる。

昭和五年五月、関東軍司令官の畑英太郎が急死したため、臨時の玉突き人事となった。関東軍司令官には台湾軍司令官の菱刈隆があてられ、台湾軍には航空本部長の渡辺錠太郎が回った。そしてポスト宇垣を見据えて、朝鮮軍司令官の南次郎が軍事参議官で東京に戻り、その後任に近衛師団長の林銑十郎となった。八期の序列からすれば、渡辺が朝鮮軍、林が台湾軍に回るところだが、先に渡辺が異動したために林が朝鮮軍に回った。

この頃、満蒙問題一挙解決の早期断行を画策していた勢力の関心は、関東軍司令官よりもむしろ朝鮮軍司令官に向けられていたはずだ。関東軍の兵力は、縮小編制の駐箚師団一個と独立守備隊の六個大隊で合計一万人でしかない。これでは、いくら先制奇襲の利を追求しても、満蒙問題の根本的な解決は望めない。事態に即応して朝鮮軍が満州に入り、それに引きずられる形で内地師団出動とならなければ、関東軍の挙事は線香花火に終わり、立ち枯れとなってしまう。

そこでまず問題は、朝鮮軍司令官が鴨緑江を越えて満州に入ることを素早く決心できるかどうかだ。本来、国外派兵には「大命」（天皇の命令、奉勅命令）が必要だが、朝鮮から満州へには抜け道があった。新義州で鴨緑江を渡って安東（丹東）に入り、安奉線で奉天（瀋陽）にいたり、南満州鉄道と連結する。この経路はすべて日本の権益だから、大命は必要ないとはいえる。事実、昭和三年五月、国民政府軍による北伐に際して、朝鮮軍の一部は大命なしで奉天に入っている。

朝鮮軍の越境そのものには、大命は必要ないとしても、奉天に入ってから、日本の権益地のそとに出ての戦闘が予期される以上、朝鮮軍司令官としては熟考せざるをえない。渡辺錠太郎ならばどうするか、これはなかなか読み切れない。しかし、林銑十郎ならば、その動きは想像できる。彼は「後入斎」と呼ばれ、人の意見に左右され、特に最後に聞いた意見に従うともっぱらだった。話のもって行き方にもよるが、こういう性格の人ならば、独断越境にも十分に脈がある。

昭和六年九月十八日から十九日にかけて、朝鮮軍の参謀長だった児玉友雄は朝鮮南部を視察中、高級参謀の中山蕃は病臥、すぐに意見具申できるのは情報主任の神田正種しか龍山の司令部にいなかった。神田は対ソ情報屋ということもあり、関東軍と密接に連絡していたから、おそらく謀議を知っていただろう。そこで神田は林銑十郎に派兵を働き掛けると、神田が驚くほど林は積極的となり、すぐさま平壌の飛行第六連隊が飛び出した。

ここまでならば、越境将軍と呼ばれるにふさわしい勇将ぶりだが、そこはやはり後入斎だ。朝鮮軍司令部内でもさまざま意見があっただろうし、中央部の意向は閣議で臨時軍事費の支出が認められてから上奏し、大命をもって満州に入るべきだと分かると、林銑十郎の決心は揺らぐ。それでも第二〇師団で編成した混成第三九旅団は、九月二十一日までに奉天に入り、これで満州事変は形になった。外地の軍司令官の人事ともなれば、ただポストが空いたからと機械的に埋めていると、国策までを左右することが、満州事変に際する林のケースが証明している。

この出来事で林銑十郎は有名人となり、加えて政治性を帯びて陸相、首相と駆け登る。また一人、朝鮮軍司令官になったからこそ朝鮮総督、首相となったのが小磯国昭だった。小磯は朝鮮軍司令官でただ一人、ここで予備役に入っている。それなのに小磯は政界で重きをなした。そこには彼が長年にわたって築き上げた重厚な人脈があった。

昭和九年一月、荒木貞夫は陸相を下番したが、その置き土産人事という形で宇垣一成と同郷で直参とされる第五師団長の二宮治重が予備役に入った。その後任が関東軍参謀長の小磯国昭だった。宇垣色を一掃する空気が強く、小磯もここで軍歴を閉じると覚悟していたはずだ。ところが翌十年十二月、小磯は朝鮮軍司令官に上番した。中立的な立場にあった川島義之陸相の人事だが、これには朝鮮総督の宇垣が動いていないはずがない。

昭和十一年末、二・二六事件の後始末人事が一段落した際、寺内寿一陸相は、昭和六年の三月事件に関与した疑いが濃い小磯国昭を大将に親任しないよう上奏している。その真意は、十一年八月に宇垣一成が朝鮮総督を下番して帰国しているから、また宇垣と小磯がコンビを組んだら大変だということにあった。「小磯を大将にしないで頂きたい」という前代未聞の上奏も、すぐに支那事変が始まって忘れかけていたうちに、小磯は中将を六年つとめ上げ、大将の資格が生まれてしまった。将官が払底している折りでもあるからと、十二年十一月に小磯は大将に進級した。

大本営設置（昭和十二年十一月二十日）と騒然とするなか、大将になってしまった小磯国昭を朝鮮軍司令官下番後、どう処遇するかが問題となった。彼は明治十三年生まれだから、年齢的には軍事参議官にしてから予備役とするのが通例だ。ところが十三年五月、第一次近衛内閣に外相として宇垣一成が入閣した。そうなると宇垣子飼いの勢力が結集すれば、小磯陸相誕生も可能性としてはある。

それはまずいと昭和十三年七月、板垣征四郎陸相と人事局長の阿南惟幾は、小磯国昭は朝鮮軍司令官下番と同時に依願待命から予備役編入とした。通例として健康上の問題から待命をみずから願うという形式を踏むが、小磯は「俺は健康だ、お上に嘘はいえない」と駄々をこねて人事当局を悩ました。陸軍省としてもこの人事には無理があると考えていたのか、わざわざ近衛文麿首相に使者を立てて、小磯を内閣の要職にあててくれるよう依頼している。

第一次近衛文麿内閣で外相兼拓務相だった宇垣一成は、政府の対中政策を不満として昭和十三年九月に辞任した。翌十四年一月に成立した平沼騏一郎内閣には、小磯国昭が拓務相で入閣したのだから話はうまくできている。そして十七年五月、小磯は南次郎の後任として朝鮮総督に上番した。

南次郎と小磯国昭の関係は古い。陸士では区隊長と生徒、陸大では戦術教官と学生、陸相と軍務局長ということだから、南総督の後任は早くから小磯と決まっていたようだ。南は総督時代、朝鮮南部の扶余に大神宮建立に着手し、宮中の好評をかちえた。小磯はこれに見習ったのか、朝鮮中部の春川にこれまた大神宮建立の計画を公表した。これを聞いた宮中は、それほど崇神の念篤き者こそ、この難局を乗り越えてくれるはずと、首相に推挙したという話が残っている。そして敗戦、極東国際軍事裁判で南と小磯は二人そろって起訴され、終身禁固となった。宿縁というものはあるものだとつくづく思う。

◆無風地帯にいられる台湾軍司令官

明治二十八年六月、台湾総督府の開庁にともない台湾総督府陸軍部が設けられた。これが大正八年八月に台湾軍司令部に改組され、初代の軍司令官は台湾総督の明石元二郎の兼務となった。そして大東亜戦争末期の昭和十九年九月、野戦軍の第一〇方面軍となった。

台湾総督は大正八年以降、内務官僚の長老があてられ、その人事は政権交代と連動していた。ところが昭和十一年の二・二六事件の余波で、海軍の軍事参議官だった小林躋造が予備役に入ることとなり、その救済措置として彼を台湾総督にあてた。これで台湾総督のポストは海軍の既得権益となり、長谷川清大将が現役のままこのあとを継いだ。大東亜戦争の戦況が悪化し、台湾が第一線となった十九年十二月、台湾総督は第一〇方面軍司令官の安藤利吉が兼務することとなった。なお、昭和期の台湾軍司令官については、表11を参照してもらいたい。

平時における台湾軍の実動部隊は、台湾守備隊で、台湾歩兵第一連隊、同第二連隊、台湾山砲兵連隊、飛行第八連隊、台湾高射砲隊、基隆、澎湖島（馬公）、高雄の要塞とそこに配備されている重砲兵連隊からなっていた。混成旅団ともいうべきもので、昭和十五年八月、これをもとにして第四八師団が編成されている。

台湾には、朝鮮半島のような根強い独立運動や民族運動といったものがなく、独立島嶼の

表11　昭和期の台湾軍司令官

		就任日時	前職／転出先
大正			
15年	田中国重（# 4）	15. 7.28	近衛師団長／軍事参議官
昭和			
2年			
3年			
	菱刈　隆（# 5）	3. 8.10	第4師団長／関東軍司令官
4年			
5年	渡辺錠太郎（# 8）	5. 6. 3	航空本部長／航空本部長
6年			
	真崎甚三郎（# 9）	6. 8. 1	第1師団長／参謀次長
7年	阿部信行（# 9）	7. 1. 9	第4師団長／軍事参議官
8年			
	松井石根（# 9）	8. 8. 1	軍事参議官／軍事参議官
9年			
	寺内寿一（#11）	9. 8. 1	第4師団長／軍事参議官
10年			
	柳川平助（#12）	10.12. 2	第1師団長／予備役
11年			
	畑　俊六（#12）	11. 8. 1	航空本部長／軍事参議官
12年			
	古荘幹郎（#14）	12. 8. 2	航空本部長／第21軍司令官
13年			
	児玉友雄（#14）	13. 9. 8	応召／召集解除
14年			
	牛島実常（#16）	14.12. 1	参本付／予備役
15年			
	本間雅晴（#19）	15.12. 2	第27師団長／第14軍司令官
16年			
	安藤利吉（#16）	16.11. 6	応召／自決

※昭和20年2月1日より台湾軍管区司令官兼第10方面軍司令官

ため国境もない。朝鮮軍や関東軍が抱えていたような深刻な問題はないということだ。また、総督が陸軍の元老でないから、軍司令官の人事は当局の思うようになる。そういうことで、台湾軍司令官のポストは目立たないということもあり、高級人事の調整弁となっていた。注目されると波風が立つ人を温存するため、台湾軍に回すということは軍司令官に限らず、よく行なわれていた。

台湾軍司令官人事の特徴は、昭和五年六月これにあてられた渡辺錠太郎のケースに見ることができる。金谷範三は強く渡辺を忌避していたから、金谷がいるうちは渡辺を目立ったところには持って行けない。そうなると渡辺は中将で終わり、八期で残るのは林銑十郎だけとなる。それでは人事の幅も生まれないし、渡辺は得難い人材でもある。

前述したように、昭和五年五月に関東軍司令官の畑英太郎が急死し、急ぎの玉突き人事となった。畑は七期だから、ここで八期の渡辺錠太郎が航空本部長から関東軍司令官にという人事もありえたが、金谷との関係があるのでむずかしい。そこで台湾軍司令官の菱刈隆が関東軍に回り、渡辺がその後任となった。渡辺にとっては役不足の感もあるが、これによって渡辺に現役大将として軍に残る道が開けた。

有為な人材を人目から隠す形で温存させる、もしくは高級人事の調整弁として台湾軍司令官のポストを使うという傾向は、支那事変の勃発前後まで鮮明だった。渡辺錠太郎の次には、なんと九期が三人も続く。真崎甚三郎、阿部信行、松井石根だ。この三人そろってむずかしい立場にあり、それを生き延びさせるため台湾軍司令官に回された。

真崎甚三郎は、これまた長らく金谷範三に白い眼で見られ続け、明るさがないと宇垣一成の受けも悪かった。そんなことで第一師団長に上番したものの、これで終わりと彼自身も覚悟していたはずだ。ところが、周囲が納得しない。一夕会の申し合わせにもあるように中堅が彼を盛り立てて首がつながり、もう一つポストをということになった。序列からすれば関東軍司令官だが、台湾軍司令官に回ることとなり、これで真崎は現役大将を確実なものとした。エピソードが多く伝えられている真崎だが、台湾軍司令官在任中の話はほとんど聞かない。それほどこのポストは無風地帯なのだ。

次の阿部信行は、ある面で真崎甚三郎よりも厳しい立場にあった。阿部は宇垣一成陸相の臨時代理をつとめたことがあり、宇垣にもっとも近いとされていた。昭和六年十二月、荒木貞夫が陸相に上番すると、中央部から宇垣色を一掃する動きが出て来た。この頃、阿部は大阪の第四師団長だったが、これをどうするかが問題で、阿部と同郷で人事局長の中村孝太郎も悩んだことだろう。

ちょうど真崎甚三郎が参謀次長に上番することとなり、これは好都合と後任の台湾軍司令官に阿部信行をあてることとなった。阿部は台湾軍司令官在任中、大将に進級したものの、次のポストは軍事参議官しかなかった。そして昭和十一年の二・二六事件となり、阿部も予備役に入った。それでも阿部の政治力は広く知られていたことで、十四年八月に首相に就任、そして最後の朝鮮総督となった。

九期で三人目の台湾軍司令官が松井石根だ。彼は中国通であると同時にフランス語が達者な欧米通でもあり、参謀本部第二部長が長い。情報畑の人は、どうしても海外勤務が多くなるためか、人事的には不利で、松井もその例外ではなかった。ただ、彼は陸士恩賜、同期の先頭で陸大一八期に入ってまた恩賜をものにしている。さらには、日露戦争で歩兵第六連隊の中隊長として出征、個人感状をえた軍歴は無視できない。

人材豊富な九期で、軍政、軍令、情報、教育の専門家をそろえて、次世代に受け継がせようという長期展望もあったはずだ。情報となれば松井石根だから、彼を生き残らせるため台湾軍司令官にあてた。松井は台湾軍司令官在任中に大将に進級したが、これまた次のポストが軍事参議官しかない。本人は陸相に色気があったとされるが、林銑十郎の後釜に入るのは無理で、昭和十年八月に予備役となった。ところが支那事変が始まるとすぐに召集された松井は、まず上海派遣軍司令官、続いて中支那方面軍司令官の重責に任じられた。なにも急いで松井を予備役にする必要などなかったことになる。これもまた先を見通した人事が行なわれていなかった一つの例証だろう。

九期の三人に続いて台湾軍司令官に上番したのが、一一期の寺内寿一だった。この人事には、長年にわたる特別な背景があった。周知のように彼は、寺内正毅の長男だ。そのため「親父の七光り」というのが定評で、しかも財力があるからとかく不品行という悪評もあった。しかし、寺内とじかに接した人は、彼を悪くはいわない。身銭を切って人にご馳走したり、接待するのがなによりの楽しみということもあるが、相手がだれでも言動を変えないことは、人間として立派だとする人も多かった。

もちろん、家柄とそういう性格だけでは、厳しい競争社会の陸軍では栄達は望めない。寺内寿一は伯爵だから、予備役になって貴族院に入り、陸軍のためにおおいにやってもらいたいというのが大方の希望だった。そのためには軍歴に箔を付けてやらねばということで、中将進級のうえ、関東軍の独立守備隊司令官にあてられた。すると司令部のある公主嶺を公用、私用で訪れる人をだれ彼問わず盛大にもてなす。それも私財を投じてとなると、だれもが拍手するしかない。

こうなると親父よりも大物ではないかとなり、それでは親補職にして、さらに箔を付けてやるかとなって第五師団長に上番することとなった。まだ、宇垣一成の時代だから、どうにでもなる。ここでもまた評判は上々、では一等師団もとなって第四師団長だ。そこで起きたのが、昭和八年六月の兵士と警官の揉め事「ゴーストップ事件」だ。ここで寺内寿一は坊っちゃん気質を出して、大阪府と警察相手に一歩も譲らない。これを「軍の権威を宣明した」と激賞したのが、なんと荒木貞夫陸相だった。

しかも、この事件の結末が傑作だった。大阪府、警察の関係者を招待して、料亭を借り切って盛大な手打式を挙行した。その支払いもすべて寺内寿一の財布からとなると、やんやの喝采となった。この寺内を大将にしてから貴族院に送り込めば、陸軍にとって最強の応援団となる。そこで昭和九年八月の定期異動で寺内は、台湾軍司令官に上番することとなった。翌十年十月に予定通り寺内は大将に進級した。それにしても、陸相はさておき、まさか父子ともども元帥府に列せられ、大東亜戦争の終始を通じて南方軍総司令官であり続けると予想した人はいなかったはずだ。

次の台湾軍司令官は、ぐっと地味な柳川平助となるが、これまた複雑な背景があった。柳川は騎兵監もつとめた騎兵一筋で、中央官衙勤務はほかに参謀本部第四課長（演習課）だけだった。彼は酒を飲まないし、騎兵科の人にしか親しく口をきかないと、偏屈屋としても知られていた。そんな彼が昭和七年八月、陸軍次官に上番した。選りによってこの人が次官と思うが、参謀総長の閑院宮載仁と同じく騎兵科出身、そして荒木貞夫と彼を取り巻く人脈からすれば、なんの不思議もない人事だった。

良くいえば純乎たる武人、悪くいえば変人の柳川平助が、身分としては文官の陸軍次官がよくもつとまったと思う。多弁な荒木貞夫との妙なコンビだからこそ、また軍務局長の山岡重厚、軍事課長の山下奉文が脇を固めたからだとされていた。この脇にいる山岡、山下もそろって個性的だから大丈夫かと心配になるが、気が合う同士では柳川も偏屈ではなかったようだ。とにかく次官に登用した以上、大将街道にということで、昭和九年八月の定期異動で柳川は第一師団長に上番した。これは林銑十郎陸相による、最初の定期異動となる。

そこに昭和十年八月、相沢三郎による永田鉄山斬殺事件が突発する。この軍法会議を指揮するのは、第一師団長の柳川平助だ。単純な武人の彼としては、どうしてよいのか分からなかったはずだし、一歩間違えればとんでもない事態になるという認識もなかったはずだ。軍法会議の審議が進むにつれて、その進行が意図的に遅延されているとの批判が出て来た。このままでは、柳川個人に傷が付くということで、急ぎ同年十二月に台湾軍司令官に転出となった。柳川が東京にいなければほとぼりが冷める、大将への進級にも役立つと一挙両得と思われた人事だった。

ところが年が明けて二・二六事件となり、柳川平助は逃げようがなくなった。結局、事件の後始末人事の目玉になってしまい、柳川は昭和十一年八月に参謀本部付、翌月に中将のまま予備役編入となった。部内には、なんと手緩い処分という声も上がった。ところがそれなのに、支那事変が起こるとすぐ柳川は召集され、第一〇軍司令官として出征、杭州湾上陸作戦で戦功をあげた。にも関わらず、柳川は覆面将軍とされて高級指揮官の記念写真からも消された。さらに不可解なことは、十五年七月に成立した第二次近衛文麿内閣で柳川が法相、次いで第三次内閣で国務相になったことだ。この近衛の意図したところはなんだったのか、納得のいく説明を聞いたことはない。

◆国際協調が求められた支那駐屯軍司令官

一八九九（明治三十二）年からの義和団事件に際し、列強は今日でいうところの平和維持活動（PKO）を実施し、その結果が一九〇一年九月に清国と締結された北京議定書（辛丑条約）となる。その第九条によって派兵八ヵ国（イギリス、ドイツ、ロシア、フランス、イタリア、アメリカ、日本、オーストリア）は、山海関から北京までの鉄道警備のため、一二ヵ所における駐兵権をえた。

この北京議定書に基づき、日本は義和団事件に出動した清国派遣軍を清国駐屯軍と改称し、司令部を天津においた。そのため、天津軍と呼ばれることとなった。一九一二（明治四十五）年一月、中華民国成立にともない支那駐屯軍と改称された。長らく歩兵大隊二個相当の兵力だったが、昭和十一年に増強されて支那駐屯歩兵旅団、同歩兵第一と第二連隊、同砲兵連隊となり、この態勢で十二年七月七日の盧溝橋事件を迎えることとなる。

兵力はごく限られたものだったが、駐留している各国軍との釣り合い上、清国駐屯軍、支那駐屯軍の司令官には将官があてられていた。少将で上番し、在任中もしくは下番してすぐに中将に進級するケースが多かった。中国の国権回復運動が盛んになるにつれて問題が多くなったため、大正末頃から中将が上番するのが普通になった。どちらにしろ、ここの司令官で待命、予備役編入となった人はおらず、もう一つ、二つと職務をこなしているから、エリートコースの一つだったことになる。なお、昭和期の支那駐屯軍司令官については、表12を参照してもらいたい。

支那駐屯軍司令官に将来株があてられるのは、当然のことだった。駐留している各国軍との協調が求められるため、語学が達者で、外交官的なマナーを習得し、外国の風習に通じている人をここの司令官に持って来る。それはすなわち、海外駐在勤務のある者で、おおむね陸大の卒業成績が上位一五番以内だ。そういう背景があるから、清国駐屯軍から数えて二五人の司令官のうち、一〇人も大将が出たわけだ。

台湾軍と同じく、天津軍も無風地帯だったことが長かったため、将来のある人材に傷を付けないためここの司令官にしたり、問題を起こした人をここに隠すといったこともあった。

表12　昭和期の支那駐屯軍司令官

		就任日時	前職／転出先
大正15年	高田豊樹（＃ 7）	15. 3. 2	第9師団付／予備役
昭和2年			
	新井亀太郎（＃ 8）	2. 7.26	戸山学校長／第7師団長
3年			
4年	植田謙吉（＃10）	4. 3.16	軍馬補充部本部長／第9師団長
5年			
	香椎浩平（＃12）	5.12.22	戸山学校長／教総本部長
6年			
7年	中村孝太郎（＃13）	7. 2.29	人事局長／第8師団長
8年			
9年	梅津美治郎（＃15）	9. 3. 5	参本総務部長／第2師団長
10年			
	多田　駿（＃15）	10. 8. 1	野重第4旅団長／第11師団長
11年	田代皖一郎（＃15）	11. 5. 1	第11師団長／死去
12年			
	香月清司（＃14）	12. 7.11	教総本部長／第1軍司令官

大正十二年九月に関東大震災が起こり、騒然とした東京で憲兵による社会主義者の大杉栄殺害事件が起きた。憲兵司令官だった小泉六一は、この責任を一身に負って、それ以上の波及を防いだ。小泉はまず停職、続いて待命とはなったものの、いわゆる復活待命ですぐに旭川の歩兵第一三旅団長、次いで支那駐屯軍司令官に上番した。

歩兵第一連隊長、軍務局歩兵課長とエリートコースを歩んだ小泉六一だったし、大杉事件の拡大を防止した功績もあって、目立たない支那駐屯軍司令官にして温存をはかったわけだ。その後、小泉は善通寺の第一一師団長、名古屋の第三師団長を歴任し、ひょっとすると大将かとも思われたが、やはり停職という傷があったため、大将には手が届かなかった。

北京議定書によって駐留している各国軍との協調を第一とする平和維持活動が基本で、かつ部隊規模が小さいことからも、支那駐屯軍は注目される存在ではなかった。ところが昭和六年九月からの満州事変によって、支那駐屯軍はなんとも奇妙な立場におかれることとなった。もし、関東軍が戦域を拡大して、中国本土に進攻したならばどういうことになるか。少なくとも各国が注視している京奉線の山海関以南で、関東軍が紛争を起せば、北京議定書の取り決めで各国軍はこれを鎮定しなければならない。そうなれば、支那駐屯軍と関東軍が交戦状態に陥ることもありうる話となる。

当時の陸軍もこの点を考慮して、支那駐屯軍司令官の人選には注意していた。満州事変の前、昭和五年十二月に支那駐屯軍司令官に上番した香椎浩平は駐ドイツ武官、続く中村孝太郎は駐スウェーデン武官、その次の梅津美治郎は駐スイス武官だ。このように外交的なセンスのあるエースを投入して、国際協調の破綻を防いでいた。

昭和八年五月、中村孝太郎が支那駐屯軍司令官の時、塘沽協定が結ばれ、長城線以南に非武装地帯を設けて日中停戦となった。これに調印したのは中村ではなく、関東軍参謀副長の岡村寧次だったことは、いささか疑問が残るところだった。続いて十年六月、梅津・何応欽協定が結ばれ、国民政府の諸機関が河北省から撤退することとなった。ところが今度は、偶発的な紛争などが起きた場合、だれを相手に交渉するのかが不明瞭になり、結局は盧溝橋事件へと流れて行く。ともあれ、参謀本部総務部長として満州事変の拡大を抑止した梅津美治郎がその後始末をするとは皮肉な話だ。

昭和十一年五月、支那駐屯軍が増強され、駐留地も増やすことになった。北京の東側、特務機関がおかれていた通州も候補地だったが、京奉線の豊台に決まった。通州は北京議定書で駐留地として認められておらず、豊台には以前、イギリス軍が駐留しており、条約上問題がないということだった。ところがこの豊台に駐留していた支那駐屯歩兵第一連隊第三大隊が盧溝橋事件に遭遇し、通州では日本人虐殺事件が起きた。

昭和十二年七月七日、盧溝橋事件が突発した時、支那駐屯軍司令官は田代皖一郎だった。彼は二度、駐中武官をつとめており、七年には臨時上海派遣軍参謀長として第一次上海事変を戦っている。これらの体験から田代の信念は「日中戦うべからず」だったとされ、まさに支那駐屯軍司令官に適役だった。ところが十二年六月、山海関で行なわれた演習を視察中、田代は心筋梗塞で倒れ、七月十六日に天津で死去してしまった。

急ぎ後任は、教育総監部本部長の香月清司となった。彼は一四期の中将一選抜、近衛師団長の時、陸相候補にもあがったことがある。歩兵学校や陸大の勤務が長く、フランス駐在の経験があり、中国に通じた人ではない。また、少し気が短いきらいがあり、言を左右にしたり、背信行為をする中国側の態度に激高してしまう場面がいくどかあったようだ。

時代の大きなうねりのなか、個人の力ではどうにもならなかったにせよ、田代皖一郎の後任を決めるにあたっては、より慎重であるべきだった。この時点で一四期も少なくなっていたから、一五期からとすれば昭和十一年五月に支那駐屯軍司令官を下番した多田駿の再登板も考えてよい選択だ。一六期の中国通は多いが、第二師団長としてハルピンにいた岡村寧次の起用がベターだったはずだ。歴史はそうならず、司令官は香月清司のまま昭和十二年八月、支那駐屯軍は第一軍に改組され、その歴史を閉じた。

内地にあった司令官

◆あやふやな立場の東京警備司令官

陸軍といえば三宅坂だ。坂の下から永田町の陸地測量部、参謀本部、陸軍省、道をはさんで隼町の航空本部、東京警備司令部、兵器本廠と桜田濠沿いに陸軍の官衙が並んでいた。場所からすれば、東京警備司令部は中央三官衙に比肩する権威ある存在となるだろう。ところが、政治や行政との兼ね合いもあって帝都の警備のあり方が定まらなかったためもあり、その地位や役割は不明確だった。

明治二十九年八月に東京衛戍司令部が設けられ、その長は東京衛戍総督と呼ばれていた。総督には、柴五郎、松川敏胤、仁田原重行といった師団長をおえたトップクラスがあてられ、これを下番するとすぐに大将に進級し、さらにポストをこなしている。

大正九年八月、首相が原敬、陸相が田中義一の時、この東京衛戍司令部が廃止された。政党政治のもとでの軍備整理という意味もあったし、「衛戍」（軍隊が常時駐屯して警備すること）という用語が時代にそぐわないという声もあったのだろう。また、都心部には近衛師団の全力と第一師団の半部があり、さらには憲兵司令部もあるから、屋上屋を重ねる感もある。そもそもが、陸軍も政府もこの帝都で大きな変事が起きるはずがないという根拠なき安心感に支配されていた。

ところがすぐに、大正十二年九月の関東大震災となった。これに対処すべく関東戒厳司令部が設置され、軍事参議官だった福田雅太郎が司令官となった。ところが大混乱のなか、軍を巡ってさまざまな不祥事が起き、九月末に福田は引責辞任の形となった。これが翌十三年一月、福田が陸相になれなかった一つの理由となる。福田の後任は、陸相を下番したばかりの山梨半造となった。戒厳令が解除されてからも、この司令部機構は存続されることとなり、十二年十一月に東京警備司令部と改称され、初代司令官は引き続き山梨となった。

関東大震災の記憶が鮮明なうちは、東京警備司令官のポストは重視され、菊池慎之助、武藤信義と大将があてられていた。ところが大震災も忘れられがちになると、磯村年、岸本鹿太郎と中将ポストとなり、これを下番すると大将進級のうえ、待命、予備役編入となり、さらに時代が進むと中将のまま待命という扱いになった。

昭和に入ると軍の関心事は帝都空襲に集まり、灯火管制を主にした防空の研究が東京警備司令部で行なわれていた。また、桜会による昭和六年の三月事件と十月事件、さらに翌七年の五・一五事件と再び帝都の警備が注目されるようになった。そこで林仙之、西義一と大将要員を東京警備司令官にあてた。そしてそんな一人の香椎浩平が上番中、昭和十一年の二・

二六事件となる。ちなみに十年八月、東部防衛司令部が設けられ、その司令官は東京警備司令官が兼務することになっていた。

さて、どういう背景から東京警備司令官は香椎浩平となったのか。彼は参謀本部第四課（欧米課）のドイツ班長、駐ドイツ武官もつとめた欧米情報畑の人だ。そういう経歴をかわれて、支那駐屯軍司令官にも選ばれている。出身は福岡、少佐の時に川村景明の元帥副官、連隊長は大村の歩兵第四六連隊、師団長は熊本の第六師団だったから、どちらかというと薩肥閥の流れにおり、いわゆる皇道派に同情的と見られていた。

永田鉄山斬殺事件後の昭和十年十二月、川島義之陸相と後宮淳人事局長は、香椎浩平を東京警備司令官と決めた。不穏な動きに対応するとなると、憲兵司令官をつとめ、ちょうど金沢の第九師団長を下番した外山豊造をあてる案もあったはずだが、これは革新派を刺激し過ぎると見送られたのだろう。その点、憲兵と縁のない香椎は刺激的ではないし、革新派の根城の一つだった戸山学校長も経験しているから、その動静を知っている点も好都合と考えられたはずだ。

二・二六事件突発の翌日、午前四時頃に香椎浩平は戒厳司令官を拝命した。戒厳司令官は天皇に直隷し、戒厳令宣布地域の司法権と行政権を行使する。すなわち東京市の全警察官、警視総監、裁判官、検察官、師団長、憲兵司令官がその指揮下に入る。絶大な権能を与えられたと思いきや、実態はそうではない。事態に応じて出された勅令第二〇号「戒厳司令部令」の第二条によると、「戒厳司令官ハ軍政及人事ニ関シテハ陸軍大臣ノ、用兵ニ関シテハ参謀総長ノ区処ヲ承ク」とある。区処とは「指図」だから、戒厳司令官が自由に動ける範囲はごく限られてくる。

事件の第一報を聞いた時から香椎浩平の方針は、「兵火を交ゆることなきを旨とし、これがためにはあらゆる犠牲を払うべき」としていた。基本方針としては、これ以外は考えられないが、それを実現するには司令部全員の意思統一が求められる。二・二六事件前の東京警備司令部は、作戦戒厳の第一課、情報宣伝の第二課、通信補給の第三課からなり、参謀は各課長を含めて五人、部付は九人という小さな所帯だった。これならば意思統一は容易だ。

ところが戒厳司令部に拡充されると、各課は増強され、政務補給の第四課が臨時に編成されて参謀一五人、部付一四人となった。警備司令部本属の者はこれに組み入れられたにしろ、主力は参謀本部や陸軍省からの者だ。その人選について香椎浩平の希望も確かめずに、一方的に押し付けられた。これでは香椎も苦労する。

事件後、香椎浩平は待命となった。初めはすぐに職務に付ける復活待命のはずだったが、昭和十一年七月に予備役になり、暗黙の約束が反故にされた。さらに香椎は辱職（特別任務に違背する不名誉な行為）の容疑で取り調べを受けると散々だった。

◆歩兵科に侵食された憲兵司令官

軍紀、風紀の取り締まりを司る憲兵の組織化は、明治十四年三月に東京憲兵隊が設けられたことに始まる。この本部長は三間正弘大佐で、二十二年五月にこの上部組織の憲兵司令部が新設され、司令官は三間の持ち上がりとなった。彼から数えて憲兵司令官は再任を含めて三三代に及ぶが、なんと憲兵科出身が七人、砲兵科出身が三人、輜重兵科が一人、あとは歩兵科出身の将官だった。なお、昭和期の憲兵司令官については、表13を参照してもらいたい。

憲兵司令官の多くは、歩兵科出身だったことはなにを意味するか。世上よく語られるほど憲兵の権勢は強大なものではなかったということだ。憲兵の頂点に憲兵科出身の将官がなかなか座れないのだから、その権威も士気も低いものになりがちだ。しかも、兵科の意見をまとめて教育訓練、人事などの諸施策に反映させる「監」も憲兵科にはなかった。これでは人事当局の思うままになるしかない。そして人事屋は歩兵科で固めている。

そもそも、陸士には憲兵科のコースがない。ごくまれに陸士卒業と同時に憲兵となり、中野の憲兵練習所（昭和十二年以降、憲兵学校）に入る人もいたが、多くは怪我の後遺症を抱えた人で、なかには陸大に入れずに見切りを付けて憲兵科に転科した人もいた。やむをえない事情があるにせよ、はたから見れば割愛組だ。これでは強権を発動し、冷徹に軍紀、風紀の取り締まりはできない。

大正十二年九月の関東大震災は、帝都の防災、治安維持を見直すよい機会で、憲兵もその体制を再構築する転機にできたはずだが、どうも的確な施策がなされなかった。震災の混乱のなかで起きた不祥事の責任をとって小泉六一が憲兵司令官を更迭されたことは前述した。急ぎ後任にあてられたのは、歩兵科出身の柴山重一だった。柴山は教育畑の人だが、大正十年六月からウラジオ派遣軍憲兵司令官をつとめており、また震災時には歩兵第一旅団長で東京にいたから、これは好都合とこの人事となった。

この人事はあくまで応急的なものだから、柴山重一は在任半年で下番した。その後任は、なんと荒木貞夫だった。田中義一陸相による最後の人事の一つで、次官は宇垣一成、人事局長は長谷川直敏の時だった。一応は三次官会議の意向も参考にされるだろうが、参謀次長は武藤信義、教育総監部本部長は津野一輔だ。だれが荒木をといい出したのかは不明だが、陸大首席の憲兵司令官とは驚きの人事だ。

帝政ロシアの崩壊を現地で見ている荒木貞夫は、治安や軍紀、風紀の確立に詳しいはずというのが表向きの理由だ。もちろん荒木が適任の参謀本部第一部長のポストが空くまでの腰掛けということもある。またの理由は、荒木の将来を考え、ここで視野を広げさせるため憲兵の領域を勉強させるための補職ともいわれているが、陸軍の人事がそれほど温情的なものではないはずだ。場違いの職で大きな失策をさせて、その将来を閉ざさせようとの悪意すら感じられる。

大正十三年九月、大杉栄殺害の復讐ということで、無政府主義者が福田雅太郎を狙撃したが、このほかこれといった事件もなく、十四年五月に荒木貞夫は予定通り参謀本部第一部長に上番した。荒木は憲兵司令官を経験して、一回り人間が大きくなったのだろうか。それは逆だったように思えてならない。憲兵を使うことに味をしめた荒木は、陸相になると腹心の秦真次を憲兵司令官にすえ、それが悪評を呼ぶことになる。また、憲兵は在郷軍人も管轄するから、民間人との接触が密になり、あやしげな新興宗教団体が荒木を取り巻くことにもつ

表13　昭和期の憲兵司令官

大正		就任日時	前職／転出先
13年	荒木貞夫（＃ 9）	13. 1. 9	歩兵第 8 旅団長／参本第 1 部長
14年	松井兵三郎（＃ 7）	14. 5. 1	歩兵第 1 旅団長／第16師団長
15年			
昭和			
2 年	峯　幸松（＃ 7）	2. 3. 5	第 6 師団付／予備役
3 年			
4 年			
5 年			
6 年			
	外山豊造（＃12）	6. 8. 1	朝鮮憲兵隊司令官／台湾守備隊司令官
7 年	秦　真次（＃12）	7. 2.29	第14師団付／第 2 師団長
8 年			
9 年			
	田代皖一郎（＃15）	9. 8. 1	駐支武官／支那駐屯軍司令官
10年			
	岩佐禄郎（＃15）	10. 9.21	関東憲兵隊司令官／予備役
11年	中島今朝吾（＃15）	11. 3.23	習志野学校長／第16師団長
12年			
	藤江恵輔（＃18）	12. 8. 2	関東憲兵隊司令官／第16師団長
13年			
	田中静壱（＃19）	13. 8. 2	関東憲兵隊司令官／第13師団長
14年			
	平林盛人（＃21）	14. 8. 2	満州国軍政部最高顧問／第17師団長
15年			
	豊島房太郎（＃22）	15. 8. 1	憲兵司令部総務部長／第 3 師団長
	田中静壱（＃19）	15. 9.28	第13師団長／東部軍司令官
16年			
	中村明人（＃22）	16.10.15	留守第 3 師団長／タイ駐屯軍司令官
17年			
18年	加藤泊治郎（＃22）	18. 1. 4	関東憲兵隊司令官／北支憲兵隊司令官
	大木　繁（＃22）	18. 8.26	中支派遣憲兵隊司令官／関東憲兵隊司令官
19年			
	大城戸三治（＃25）	19.10.14	北支方面軍参謀長／東部軍付
20年			
	飯村　穣（＃21）	20. 8.20	東京防衛軍司令官／

ながった。

宇垣一成は人事を武器として部内を統制したとされるが、案外と威嚇的でもなく、また意外と開明的だった。例えば工兵科出身の井上幾太郎を軍事参議官に登用し、さらに航空本部長の時に大将に進級させている。工兵科出身の軍事参議官は、上原勇作以来のことだ。各分野の専門家を優遇するという人事の一環として、昭和二年三月に憲兵科生え抜きの峯国松を憲兵司令官に抜擢した。憲兵司令官に憲兵科出身者をあてたのは、なんと明治四十二年八月以来のことだった。

憲兵司令官を四年半もつとめあげた峯国松は、昭和六年八月に中将進級のうえ、待命となった。憲兵科出身で最初の中将は峯ということになる。憲兵司令官に憲兵科出身者をという当然なことが定着すればよかったが、長年にわたって人材を育ててこなかったのだから、あとが続かない。峯の後任は、歩兵科出身の外山豊造となった。南次郎陸相が朝鮮軍司令官の時、外山は朝鮮憲兵隊司令官だったという関係だ。

昭和六年十月十六日、桜会によるクーデター計画、いわゆる十月事件が一部の自首によって発覚する。これをどう処理すべきか、中枢部の意見が分かれてなかなか決まらない。立場上、外山豊造は早期検束を主張し、これが通って翌十七日早朝までに桜会の急進分子一二人を逮捕した。ここでまた、これをどう扱ってよいかが決まらない。とにかく憲兵までが多く桜会に加わっているのだから、困惑するのも無理はない。結局、検束された一二人は各地に分散させて軟禁のうえ、左遷ということで落ち着いた。これで憲兵による軍紀の取り締まりなどどこ吹く風となり、さらなる深刻な事態へと発展して行く。

なんとこの十月事件で首相兼陸相に擬せられていた荒木貞夫が陸相になってしまったのが昭和六年十二月、その最初の人事で憲兵司令官に上番したのが秦真次だった。荒木と秦の関係は古い。明治四十年に陸大を卒業した荒木は、参謀本部第四課（欧米課）のロシア班に配置され、この頃のロシア班長が武藤信義だった。これに二年遅れて秦も第四課に配置され、彼は欧米班だったが、荒木と顔見知りになった。のちに秦は駐オーストリア武官補佐官、駐オランダ武官を歴任し、間接的にしろ荒木と連絡があった。そして荒木が憲兵司令官に上番した大正十三年一月、東京警備司令部参謀長が秦で、二人の関係が深まる。

秦真次の軍歴は、なんとも不可解なものだった。田中義一陸相のもとで陸軍省新聞班長をつとめ、エリートコースには乗っていた。ところが奉天特務機関長の時に暗転する。張作霖爆殺に関与していたと思われる。その後、第九師団司令部付、第一四師団司令部付とタライ回しされた揚げ句、昭和六年八月に中将進級のうえ、東京湾要塞司令官に上番、ここで軍を去るはずだった。ところがすぐに満州事変となって、中央官衙の人手不足から同郷で同期の杉山元次官の補佐となって生き延びた。

憲兵司令官に上番してからの秦真次は、悪評にまみれ、怪文書の格好の標的となった。乱脈な私生活、機密費の不明朗な管理、だれ彼かまわず尾行を付ける、憲兵情報の乱発とさまざまに批判された。このような怪文書の取り締まりをするべき憲兵司令官が、その紙面を賑わしていては話にならない。昭和九年八月の定期異動で秦は第二師団長に転出するが、「悪評を立てられないと親補職になれないのか」と新聞に皮肉られる始末だった。

　荒木貞夫も秦真次も中央から去り、林銑十郎陸相になった時、憲兵のあり方が検討されるべきだった。ところがそういうことも行なわれず、ただ関東憲兵隊司令官をしたからと、ほぼ自動的に田代皖一郎が憲兵司令官に上番した。そこに突発したのが、永田鉄山斬殺事件だ。これで林と田代は辞任することとなった。

　軍内の派閥抗争はいよいよ深刻化し、三長官会議の内容もすぐに怪文書に載り、高級人事の背景も筒抜けとなった。ここで厳正な軍紀、風紀の振作をとなり、憲兵科生え抜きの岩佐禄郎が憲兵司令官に起用された。彼は大阪と東京の憲兵隊長、朝鮮と関東の憲兵隊司令官を歴任した人で、憲兵司令官はまさに適任だった。ところが岩佐は糖尿病の持病を抱えており、早くから憲兵司令部総務部長の矢野機を代理に立てていた。矢野は歩兵科出身だから、せっかく司令官が憲兵科出身となっても、実動部隊の東京憲兵隊との風通しが悪い。

　東京憲兵隊は、二・二六事件の二週間前から決起の可能性があることをつかんでいたとされる。第一師団司令部の衛兵までが、「二月末に東京で大事件がある」と話しているし、要注意人物には符牒も付けられており、「一連隊の当直司令がワンタ（山口一太郎）、三連隊がアンテル（安藤輝三）とそろったら赤信号」とまで探知していた。そこで東京憲兵隊は、各地から憲兵の応援三〇〇人を求めたが、憲兵司令部はこれを四五人に削り、それも東京に集まったのが二月二十日だったという。これでは二・二六事件を未然に防げるはずもない。

◆東条英機による憲兵の人事

本来の憲兵の役割でなく、憲兵が持つ情報収集能力と司法権を使って部内外を統制し、逆らう者を牽制、もしくは圧殺する体制を確立したのは、東条英機だったとされる。彼は昭和十年九月から十二年三月まで関東憲兵隊司令官兼関東局警務部長をつとめ、その経験から憲兵の使い方を開眼したと語られている。

特に二・二六事件時、関東軍の「一部将校」はもとより、それに同調しているとされる民間人までをいち早く予防拘禁して一切の動きを封殺した。これでいよいよ憲兵の威力を活用しない手はないとなったとされる。では、東条による憲兵政治とはどんなものだったか、人事の側面から垣間見ることにしたい。

昭和十五年七月二十二日、東条英機が陸相に上番する。この八月、憲兵司令部が改編され、それにともなう大きな異動があった。それまでの憲兵司令部は、総務部と警務部の二部制だったが、この部は廃止されて本部長のポストが設けられ、そのもとに庶務課、第一課、第二課、第三課が並列する形となった。教育総監部と同じタイプの組織だ。

総務部長だった豊島房太郎が持ち上がりで憲兵司令官に上番した。警務部長の増岡賢七は東京憲兵隊長に転出、前任の加藤泊治郎は朝鮮憲兵隊司令官に栄転した。初代の本部長には、歩兵第四一連隊長の納見敏郎があてられた。納見は歩兵科だったが、連隊長を下番する時に憲兵科に転科している。

もちろん、この改編と人事は東条英機陸相によるものではない。前任の畑俊六の置き土産だが、この施策を推進したのは次官の阿南惟幾だった。二・二六事件後の昭和十一年八月、憲兵を所掌する兵務局が新たに設けられたが、その初代局長が阿南だった。その時から阿南は、憲兵の強化を考えていた。また、阿南は人事局長の時、航空科、憲兵科を充実させるため、陸大出身の人材を転科させる施策を実行している。

これらの人事は、すぐさま東条英機陸相によって覆された。まず、豊島房太郎は憲兵司令官在任わずか二ヵ月で華中の第三師団長に転出した。第三師団は第一一軍の中核兵団として作戦中、師団長の山脇正隆も在任一年足らず、それが異動すること自体、異例なことだ。豊島を追い出すためだけの人事としか思えない。また、本部長の納見敏郎も在任四ヵ月で上海憲兵隊長に転出している。

後任の憲兵司令官は、このポストが二度目となる田中静壱だ。彼は本来、参謀本部第二部系統の人で、イギリス駐在、参謀本部第五課（欧米課）アメリカ班長、駐アメリカ武官と陸軍で数少ない米英通で知られていた。陸大二八期の恩賜の彼が、どういうわけか歩兵第五旅団長を下番すると憲兵司令部総務部長に回った。田中は政治色がなく、兵庫出身で公平中立だから、憲兵畑に引っ張られたとされるが、そんな抽象的なことで陸大恩賜を割愛するはずもなく、この人事の背景は二・二六事件後の憲兵強化の一環だったとするほかない。

昭和十二年八月、田中静壱は関東憲兵隊司令官に上番するが、この時の関東軍参謀長が東条英機だ。続いて田中は憲兵司令官、十四年八月に華中の第一三師団長に転出し、十五年九月に二度目の憲兵司令官となる。東条を軸に考えれば、この人事の背景はすぐに理解できるだろう。本部長の後任は、憲兵学校長の城倉義衛だ。これも簡単なことで、城倉が関東憲兵隊総務部長の時、関東軍参謀長が東条だ。

これで憲兵司令部の人事が落ち着くかと思えば、そうではないから不思議になる。早くも昭和十六年十月、田中静壱は東部軍司令官に栄転という形で転出、後任がこれまた不可解で宣務局長までやった中村明人となり、そこから小刻みに加藤泊次郎、大木繁となる。本部長の城倉義衛も在任七ヵ月ほどで北支那憲兵隊司令官に転出となった。

このような憲兵司令部の変則的な人事を見る限り、憲兵の頂点を弱体化させ、どうにでもなるようにするのが東条英機の狙いだったと思えてくる。では、よく語られる東条の憲兵政治とはなにか。それは憲兵司令部の頭越しに東京憲兵隊に指示し、それに強権を振るわせた結果だ。昭和十七年八月から十九年十一月まで東京憲兵隊長は四方諒二で、彼は一時期、憲兵司令部の本部長を兼務したことすらある。四方は東条が関東憲兵隊司令官だった時の部下だ。子飼いの部下しか信用しない、それだけを使い続けるという東条人事の特徴がよく現れている。

さらに東条英機が巧妙だったのは、国内諜報の系統を二本にしたことだ。一つは憲兵を使った人的情報（ヒューマン・インテリジェンス）、また一つが昭和十三年八月に新設された陸軍省調査部による通信情報（コミュニケーション・インテリジェンス）だ。この調査部による諜報活動が本格化したのは十六年六月、調査部長に三国直福が上番してからだとされ、そのためここは通称「三国機関」と呼ばれていた。この機関は電話の盗聴、郵便物の開符まで行なっていたとされるものの、その実態は伝えられていない。

三国直福は陸軍省新聞班の勤務が長く、陸軍の広報映画の制作にも携わった多芸な人だった。それでいて南京の特務機関長をつとめており、とらえどころのない人だ。東条英機と三国の関係だが、東条は昭和八年八月から軍事調査委員長だったが、その頃、三国は新聞班におり、それ以来の縁だったと思われる。

◆調整弁となる要塞司令官

明治二十一年五月、鎮台が師団に改編され、陸軍は国土守備軍から外征を主とする野戦軍に変貌していくなかで、本土にある要塞の地位は低下して行く。そして四十年四月制定の『帝国国防方針』で「開国進取」「速戦速決（即決）」が基本戦略となると、要塞を維持する意味が大幅に薄れた。しかし、それでも大陸との連絡路を掩護する対馬を中心とする朝鮮海峡系要塞の重要性はいうまでもない。また、東京湾や舞鶴などの要塞は、海軍の鎮守府との関係で維持し続けなければならない。

本土に要塞を維持する意味はあっても、そこに拠って戦うという事態は想定していなかったはずだ。それは日本の滅亡を意味するからだ。与えられた施設と部隊で戦うことのない司令官となれば、軽く見られ、ある種の名誉職となる。そこで要塞司令官は「用ない司令官」と陰では呼ばれ、「釣りもできて羨ましい」とも皮肉られていた。実際、要塞司令官を見ると、将来性のない大佐、少将をここに補職して、名誉進級で少将、中将として待命、予備役編入というケースが多い。

司令官とはいいながら、たいした意味がない職と思われようが、陸軍のような大きく堅い組織には、こういった人事の調整弁が必要だ。どのような職務にせよ、平時に司令官になれるということは、士気を高める効果がある。さらにより実質的な施策にも使われた。次のポストが空くまで待機する場所とされたり、病気を含めてさまざまな問題を抱える有為な人材をプールしておくのが要塞司令官というポストだ。

要塞司令官から奇跡の栄達といえば林銑十郎だ。しかし前述したように、林の場合は歩兵第二旅団長の時、すでに将来が保証されており、中将に進級した時、ポストが空いていなかったため、東京湾要塞司令官で待機という形になった。また、林の八期は四個師団廃止の最大の犠牲者でもある。八期の中将進級一選抜は、渡辺錠太郎だけで、それに続く七人のうち四人までが要塞司令官に上番しているから、林が特別な例でもない。

東京湾要塞司令官に回されても、陸相となった人には、林銑十郎のほかに下村定がいる。下村は陸大二八期の首席、参謀本部第二課育ちの俊才だ。支那事変の緒戦時、石原莞爾の後任の参謀本部第一部長が下村で、上海戦線の膠着を打ち破った第一〇軍の杭州湾上陸は、彼が主導した作戦だった。

第一部長の激職からか、下村定は持病の喘息を悪化させたため、東京湾要塞司令官で静養させ、同時に師団長の代わりをつとめてもらうという意味もあった。二年ほど横須賀にいて健康を回復した下村は、まず、砲工学校長、陸大校長と足慣らしをして、上海付近の第一三軍司令官に転出、終戦時には北支那方面軍司令官だった。そして同期で首相となった東久邇宮稔彦の要請で最後の陸相となる。

支那事変が本格化してからは、将官の厚みを維持するため、健康問題を抱える人などを要塞司令官にして静養させつつ温存することがよく行なわれた。下村定の次の東京湾要塞司令官となった塩田定市もそんなケースだった。塩田は台湾混成旅団長として昭和十四年十一月から南寧作戦に従軍、激戦を重ねて健康を害した。ちょうどその頃、下村が下番することとなったので、十五年八月に塩田は東京湾要塞司令官に上番した。しかし、塩田は健康を回復することなく、同年十二月に病没している。

これに続く東京湾要塞司令官の小林恒一も同様な事情だった。小林は第二三歩兵団長としてノモンハン事件に従軍、昭和十四年八月に重傷を負った。予後を大事にということで、塩田定市の後任となり、十八年六月まで在任したが、やはり現役は無理となって予備役編入となった。

むずかしい問題に遭って苦境に立たされているが、ここで予備役編入とはいかにも惜しいという人材を目立たない要塞司令官としておき、ほとぼりが冷めるのを待つというケースも散見できる。それに好適なのが朝鮮半島南部の鎮海湾要塞だ。ここは温暖で桜の名所だが、知る人ぞ知るといったところだ。海軍はここに要港部をおいていたが、日露戦争中、連合艦隊の集結地だったことぐらいしか知られていなかった。昭和五年末、ロンドン軍縮条約の問題で物情騒然となった際、条約派の米内光政をここに隠したとも語られている。

昭和十年八月、永田鉄山軍務局長が執務室で斬殺された。直属の部下で軍事課長の橋本群は隣室にいた。ほんの十数秒の惨劇、隣室の者がどうにかできるものではない。この時、永田の執務室には、軍務局兵務課長の山田長三郎と東京憲兵隊長の新見英夫が在室していた。山田は犯人の相沢三郎と入れちがいで退室、新見は相沢に飛び付いたものの切られて負傷ということだった。ところが山田は白刃を見て逃げたという噂話が流れ、さらには犯人が犯行後、自由に歩き回っていたとは何事か、軍務局はなにをしていたのかとなる。結局、山田は自決するという事態となった。

こうなると、橋本群も無事では済まされないし、本人も滅入ってしまう。橋本は砲工学校優等、陸大二八期恩賜、参謀本部総務部育ちのエリートだから、ここで将来を閉ざすような仕打ちはできない。そこで橋本を鎮海湾要塞司令官にあてた。彼は在任中に少将に進級、昭和十一年八月の定期異動で支那駐屯軍参謀長、続いて第一軍参謀長となった。そして下村定の後任として参謀本部第一部長に上番、中央復帰を果たした。ところが今度はノモンハン事件となり、問責人事で軍歴を閉じた。才能よりも運が問題だったのかと考えさせられる事例だった。

ノモンハン事件の問責人事の一つに、関東軍参謀副長だった矢野音三郎の更迭があった。彼は陸大三三期の恩賜、支那事変の緒戦、華北で活躍しており、人手不足のおり、予備役に追いやるわけにもいかない。そこで、これまた人材を隠す形で鎮海湾要塞司令官とし、それからも人目に触れにくい憲兵畑を歩いてから、蒙疆にあった第二六師団長に上番、続いて公主嶺学校長で予備役に入っている。

要塞司令官の人事は、なかなか温情あふれるケースも多かったが、石原莞爾を舞鶴要塞司令官に回したのもそうだった。昭和十三年六月、関東軍や満州国の実情に憤激した石原は、病気を理由に関東軍参謀副長を辞任すると申し出て、人事発令がないまま帰京、入院してしまった。ところが、これといった処分もないまま、同年十二月に石原は舞鶴要塞司令官となった。

よく、この人事は石原莞爾を閑職に追いやった非情なものと語られるが、それは間違いで、これは板垣征四郎陸相の友情あふれる温情人事だった。勝手に帰国したことのほとぼりが冷めるまで舞鶴におき、中将、師団長への道を開いてやったのだ。事実、翌十四年八月に石原は京都の第一六師団長に上番している。それから石原が待命となるまでの経緯は、ここでのテーマからはずれるので触れない。

火の車だった戦時の指揮官人事

◆動員戦略の実態と限界

満州事変から昭和二十年の敗戦まで一五年間、戦死者が出なかった日は一日としてなかったが、それでよくぞ戦争を続けられたものだ。本格的な戦時体制は十二年からだが、それを八年にわたって維持したことは、近代民主主義の国家として異例な事態だ。どうしてそんなことが可能だったのかと考えると、精緻に構築した兵役制度で兵員はいくらでも集められるという自信が、妙な方向に作用した結果だった。

当時の兵役制度だが、現役服務二年（海軍は三年）、予備役服務一五年四ヵ月（後備役を廃止した昭和十六年十一月以降）、第一、第二補充兵役服務一七年四ヵ月（十四年以降）、第一、第二国民兵役服務四〇歳まで（十八年十一月以降は四五歳まで）となっていた。これを全面的に発動すれば、兵員の不足は感じられないだろう。これが動員戦略といわれるもので、当時は世界各国で採用されていた制度だった。問題は全面的な動員をかけた場合、それがどのくらい継続することが可能かだ。国情によってちがうにせよ、一般的には三年から四年が限界と考えられていた。おそらく日本は、その限界というものを考えていなかったかに思える。

昭和二十年八月の時点で陸軍が動員した兵員数は六四〇万人だったが、七〇〇万人までは可能と見積もっていた。この七〇〇万人体制を維持するには、現役三年、帰郷一年、応召三年、帰郷一年、応召二年のサイクルを回さなければならないと試算されていた。帰郷一年をはさむとは、恩情があると思うのが早トチリで、そこには冷徹な計算があった。一一年連続服務となると、兵卒でも恩給の受給資格が生まれ、戦争に勝ったとしても、国家が破産しかねないからだ。

ともあれ、この動員制度によって、まず教育訓練を主軸としている平時編制の部隊を戦時編制に移行させる。これが出征すれば、残置した留守部隊を基幹として、もう一つ戦時編制の師団を生み出す。これが当時、「二倍動員」といわれたものだ。

支那事変勃発前の動員計画によれば、平時編制の歩兵大隊は、人員一六〇人を定数とする歩兵中隊三個を基幹とする五九二人だが、戦時編制になると一九四人を定数とする歩兵中隊四個基幹の一〇九一人にまで膨張する。なにをもってここまで増強できたかといえば、予備役の召集による。単純計算をすれば、これで現役と応召者の比率は一対一となる。

戦時編制に移行した場合、人事上のポイントは小隊長のポストが設けられることだ。三単位制の師団では、歩兵連隊に小銃小隊長二七人、機関銃小隊長九人が必要となる。平時の歩兵連隊には、少尉が一五人ほどいたが、そのほぼ半分は、下士官から累進したいわゆる特務士官で、年齢的に小隊長にはあてられない。しかも、歩兵連隊だけでも歩兵砲、大隊砲など小隊長はさらに必要だ。まず陸士出身者をあてるが、とにかくその絶対数が足りない。そこで、徴集兵から選抜されて教育を受けた甲種幹部候補生（甲幹）、昭和十四年からは予備士官学校から生まれた予備少尉をこれにあてる。

陸士五四期から卒業生が二〇〇〇人を超えた（昭和十五年九月卒業の陸士と同十六年二月卒業の航空士官学校の合計）。またこの十五年には、少尉候補者四五〇人が卒業している。この時点で全軍五〇個師団となっていたから、これでも正規な現役将校だけで部隊長を固めるのは無理な話だ。そこで十四年には、応召者が特別志願すれば、現役に編入する制度を設けた（特志）。

どのような施策を講じても、動員戦略をとっている以上、将校でも応召者の割合が高くなる。昭和十四年の数字では、応召の予備少尉、中尉は全体の七二パーセント、特志は一五パーセントとなっている。中国戦線にある野戦部隊ですら、十五年の時点で現役将校は三六パーセントだ。戦闘の中核となる中隊長には、現役をあてようと努力はしていたが、それでも中隊長の半分は予備将校の応召者だった。

もちろん、応召の予備将校が陸士出の現役将校よりも識能が劣っていると一概にはいえない。しかし、同等だとすれば陸士の存在意義が揺らぐし、甲幹の将校よりも劣る現役将校がいれば陸士の面目丸つぶれとなる。常識的に考えて現役が上だとすれば、任務遂行上、これを使うとなる。戦場で使われるということは、損耗が激しくなり、現役の割合がますます低下する結果となる。

計画されていた動員と実際のものとが掛け離れていたから、人事が苦しくなる。平時の最後、昭和十二年度の動員計画によれば、常設師団一七個を戦時編制とし、特設師団一三個を生み出すとしていた。これが当時、日本の国力の限界だったのだ。ところが実際には、臨時動員を重ねて支那事変一年目の十二年中に二四個師団、十三年には三四個師団となっていた。このあたりで人事計画や教育訓練体制の練り直しが必要だったが、そういった施策が行なわれた形跡はない。とにかく、基本となる小銃の準備が追いつかない。支那事変突発してすぐに、チェコスロバキアから小銃を購入するかという話まであったというから、どうにも無鉄砲な戦争をしたものだ。

昭和二十年八月の敗戦時、陸軍は一七〇個師団を基幹としていたが、こんな際限のない戦略単位の増強を可能にしたのは、絞れば絞るほど集められる徴集兵と予備将校、インフレ進級など、体裁だけ整えたことによる。そして、そこに無制限に使えると錯覚した臨時軍事費がある。こうなるとペン先一つの机上作業で手品のように部隊が生まれる。どれも水増しに水増しを重ねた産物なのだが、運用側はそれを自覚しておらず、図上に師団の旗が立っていれば、往時の常設師団を基準にして作戦する。これでは勝利はおぼつかない。

◆酷使された大隊長と連隊長

日露戦争後、調整期の二〇期、二一期を除き、陸士の卒業生は七〇〇人台から四〇〇人台へと漸減傾向をたどっていた。これに歯止めがかからないまま、大正十一年七月卒業の三四期から三〇〇人台、そして昭和二年七月卒業の三九期で二〇〇人台となり、三〇〇人を回復するのは満州事変後の七年七月卒業の四四期まで待たなければならなかった。

これでは大尉の中隊長、少佐の大隊長が足りないということもあって、昭和八年から同期は同時に大尉進級（三六期から）、十六年から少佐も同時進級（四四期）となった。いわゆるインフレ人事の始まりで、進級を早めて要員不足を補おうとしたのだが、絶対数の不足はどうにもならない。中隊長には少尉候補者や特別志願将校をあてるという対応策はあるにしても、戦術単位を操る大隊長となると、そうは簡単な話ではない。まして連隊長ともなれば、さらに大変だ。

支那事変が始まった時、歩兵の大隊長は天保銭組で三〇期代前半、無天組で二〇期代後半だった。そして大東亜戦争の開戦時、大隊長は三〇期代後半、終戦時には一部に五四期で大尉の歩兵大隊長がいた。陸士の卒業生数の推移を追えば、支那事変と大東亜戦争の全期間を通じて、大隊長要員の不足に悩み続けていたことを示している。少佐の予備役は、数がごく限られているから、これはあてにできない。卒業生が一七〇〇人だった五三期が少佐になって、ようやくどうにかなると思った時が敗戦だったということになる。

大隊長要員の質と量の確保に悪影響を及ぼしたのが、陸大の存在だった。日清戦争、日露戦争が始まると陸大は閉鎖された。しかし、支那事変となって大本営が設けられても、さらに大東亜戦争となっても陸大の教育は続けられ、ようやく昭和二十年八月になって打ち切られた。第一線では、とうに陸大は閉鎖されたものと思われており、突然、陸大受験を命じられて驚いたという話はよく聞く。

それほど幕僚の養成は急務だったにしろ、全体的には問題が生じた。昭和十六年卒業の陸大五四期から、進級が早まったこともあって、陸大の受験資格が大尉、少佐になった。これは優秀な大隊長要員を第一線から引き抜くことを意味する。そして陸大を卒業すれば、ほとんど原隊には復帰しない。十七年卒業の陸大五五期と五六期は合計一六六人、これすべて陸士出身の大尉、少佐なのだから、大隊長要員が払底してしまう。

連隊長の要員は、日露戦争中から軍縮までの遺産で、どうにか回っていた。盧溝橋事件から一ヵ月、昭和十二年八月の定期異動時で、もっとも若手の歩兵連隊長は二六期の一選抜で、古い方では一八期の連隊長も残っていた。日露戦争中に大量採用した一八期、一九期を消化するため、連隊長の人事長径が伸びていたわけだ。支那事変による大動員は、この人事の停滞を打破する好材料だった。また、二・二六事件の後始末人事で多くの大佐が予備役に追いやられたが、それを召集して復活させることができたのだから、本人も人事当局にとっても支那事変は福音だった。

しかし、昭和十二年度の動員計画で示された全軍三〇個師団が、連隊長の質と量を両立させる限界だったはずだ。将校の人事を加味して立案された計画だったからだ。この三〇個師団は四単位制で、これを三単位制に改編すれば、数字の上では三〇個師団が四〇個師団となる。十一年十一月策定の「軍備充実計画ノ大綱」での戦時兵力四一個師団の根拠とは、まさにそれで、本当の意味での軍備増強は考えられていなかったのだ。

支那事変当初、七四〇人卒業の陸士二六期の先頭グループから歩兵連隊長が生まれ、次の二七期は七六〇人だ。これならば、かなり連隊の数が増えても対応できるし、そのうち支那事変も片付くという希望的な観測もあったのだろう。また、連隊長の戦時損耗もごく限られるはずという思い込みも、これでどうにかなるという自信に結び付く。

ところが早くも昭和十二年八月から十月の上海戦線で、歩兵連隊長が二人戦死した。十四年五月からのノモンハン事件では、戦車、歩兵、砲兵の連隊長がそれぞれ一人ずつ戦死し、砲兵連隊長一人と歩兵連隊長二人が自決した。それでも連隊長は死なないものという固定観念から抜け出せない。そして十七年八月からのガダルカナル戦だ。この一戦で第二師団の三人の歩兵連隊長が全滅、ほかに歩兵連隊長二人が戦死した。しかも、これは旭川、会津若松、新発田、仙台、福岡と、帝国陸軍で最強といわれた歩兵連隊の出来事だったのだからショックは大きい。

この五つの歩兵連隊に後任を送り込むだけでも大変だ。天保銭組で若手の大佐は、高級司令部の幕僚で欠かせない。そもそも陸大を出たからといって、戦さ上手とは限らない。無天組ながら歩兵学校教官などとして戦術屋として知られる人、大陸戦線で手腕を発揮した人、これらは組織の論理からして、そうは簡単に割愛に応じてくれない。戦時しかも作戦中となれば、部隊の士気を保つため、以前のような腰掛け勤務の年季稼ぎというわけにはいかない。

そしてすぐに、陸士卒業生が四〇〇人台から二〇〇人台へと急減する三〇期台が大佐になる時期が迫ってくる。その一方で部隊数が急増する。とにかく昭和十二年から二十年までに師団数が一〇倍になったのだから、どんな念入りの人事計画があったとしても、対応できる限界を越えている。

昭和二十年二月から本土決戦のための大動員が始まる。それまで少尉候補者出身は連隊長にあてないとして来たが、もうそんなことはいっていられず、中佐のままで連隊長に登用された。終戦時、もっとも若手の大佐は昭和二十年六月に進級した三九期生だった。歩兵連隊長では、四二期の中佐がもっとも若かった。ちょうどこの期あたりが陸士卒業生数のボトムだから、なんの計算もなく戦争に乗り出した一つの証明になる。だからといって、日本免罪論を主張してよいものでもない。

◆支那事変中の師団長人事

平時の最後となる昭和十二年六月末、師団の配置は満州の関東軍に五個、朝鮮軍に二個、内地に一〇個となっていた。この師団長は陸士一四期から一六期の三期にわたっており、任期二年とすれば順当なところだ。平時の親補職だから、陸大恩賜がずらりと並んでいるかと思えば、そういうこともない。陸大恩賜は近衛師団の西尾寿造、第六師団の谷寿夫の二人、第四師団長の松井命、第一一師団長の山室宗武は無天組だ。

また、歩兵科出身者が多くを占めていたかと思えば、これまたそうではない。第一師団長の河村恭輔、第三師団長の伊藤政喜、第一一師団長の山室宗武の三人は砲兵科出身、第九師団長の蓮沼蕃と第一二師団長の山田乙三は騎兵科出身、そして第四師団長の松井命は工兵科出身だった。この平時と戦時の境目となる師団長人事が、『統帥綱領』でいうところの「部下の識能及び性格を鑑別して適材を適処に配置す」に沿うものだったのかどうかを見てみたい。

まず一四期の西尾寿造だが、早くから能吏として知られていた。彼は関東軍参謀長や参謀次長と回り道をしていたためか、師団長上番が遅れていた。また、二・二六事件で同期の橋本虎之助が予備役に入ったため、どうしても西尾を大将要員で残さなければならない事情があるから近衛師団長は適任だ。山田乙三も同じで、一四期に古荘幹郎と並ぶ大将要員をそろえるための人事だ。山室宗武は、早くから出色の教育者という定評があり、陸士校長含みの人事だった。

次は一五期だ。第一師団は満州北部の孫呉に入り、対北第一線を固めることとなったのだから、重砲、要塞に通じている河村恭輔をこの師団長にあてたのは適切だ。歩兵学校の勤務が長い下元熊弥を関東軍にある第八師団長としたのも適材適所だ。駐ソ武官をつとめた三毛一夫を第七師団長としたことも正解といえよう。ただ、この三人そろって昭和十三年七月までに予備役に入っている。

先頭グループが師団長に上番した一六期だが、なぜかこの期にはいわゆる支那屋が多い。その支那屋の岡村寧次は関東軍にあった第二師団長だ。板垣征四郎が第五師団長、磯谷廉介が第一〇師団長、土肥原賢二が第一四師団長で、この三個師団は内地にあった。そしてこの三個師団が支那事変の当初、動員されて中国戦線に出動した。その点では成功した人事とはいえるが、こういう事態を想定しての人事ではなかったはずだ。

支那事変が始まって一年、昭和十三年七月末の時点で師団は三四個、平時体制の二倍になっていた。十二年度の動員計画よりも四個師団多い。こうなると当然のことながら、師団長の遣り繰りがつかず、予備役将官を召集して穴埋めをしていた。最初の応召師団長は軍務局長をやった山岡重厚で、第一〇九師団長に上番したのは、昭和十二年八月末だった。そして十三年七月末までに一四期、一五期の予備役中将が応召して、臨時動員された一〇〇番代の師団長をつとめていた。

予備役の者に対しては、毎年三月に次年度の戦時命課が令達されている。部隊番号は未定だから、特設師団長とだけ示されていた。その人選の基準は、なるべく現役を去って日が浅い者、現役時代に師団長をつとめた管区で編成された師団にあてると配慮されていた。山岡重厚は第九師団長だったから、金沢で編成された第一〇九師団長、末松茂治は第一四師団長だったから、宇都宮で編成された第一一四師団長ということだ。こんな配慮もそのうち忘れられ、機械的に配置されるようになる。

この頃、現役の師団長の主力は、一七期と一八期だった。日露戦争中に九〇〇人以上も大量採用した一八期生がいたから、師団の新編ができた。しかし、この両方の期とも日露戦争での実戦体験はない。一部が青島攻略戦、シベリア出兵を経験しているだけだ。また、この期を中心として前後五、六期が第一次世界大戦を研究したり、それにもとづく教育を受け、優秀な成績を収めたから師団長にまで栄達した。これと実戦体験がないことが重なり、良くいえばスマートで理知的、悪くいえばエリート意識が過剰で観念的となるだろう。そういったタイプの師団長と、非正規戦主体なドロ臭い大陸戦線とはミスマッチだ。

昭和十三年夏、中国戦線には二三個師団が展開していたが、人事の巡り合わせか、砲兵科出身の師団長が七人もいた。そのなかには、桑木崇明、藤江恵輔、井関隆昌といった優秀な人もいる。第一次世界大戦での大砲撃戦を熟知している人達だが、その知識は大陸戦線には通用しない。当時としては高度な技能が求められた対砲兵戦だが、あいにく中国軍には有力な砲兵部隊が存在しない。それでいて至近距離だが山の反対斜面にいる中国軍の迫撃砲部隊を撲滅する有効な装備は、当時の日本軍にはない。ここでもミスマッチが見られる。

では、中国の風土に通じている支那屋がどこにいたのか。全軍を見渡しても師団長は岩松義雄と土橋一次の二人だけだ。ちょうど支那屋の端境期にあたっていたのだろうが、戦線に中国を知る者が少ないとなると、いろいろと不都合が起きる。では、有力な支那屋はなにをしていたのか。あいも変わらず、自称、他称の中国の大人相手に謀略工作を続けており、さっぱり成果がないということだった。

一年も中国で作戦していてどうも結果が思わしくないとなれば、戦いつつ新たな戦法、戦術を編み出すことが求められていたはずだ。ところが、少なくとも中央部でそういう動きがあったとは思えない。どうも日本人は、国際政治とか国家戦略といった高所大所の話には身を乗り出すが、細かい具体的な問題になると軽く見て、真剣にならない。それでは戦闘に勝てない、その結果、戦争に勝てないという結果になる。

戦訓をまとめて彼我の特質を把握し、新たな戦法、戦術を築き上げるには、専門性が強く求められ、長年にわたって歩兵学校などの実施学校で研鑽を積んだ者でなければ無理だ。当時、この面での素養があった師団長は、華中の中核兵団とされた第三師団長の藤田進だった。彼は歩兵学校教官、校長を歴任している。前線にあった彼がこの種の普及教育を行なったかどうか寡聞にして知らない。また、第三師団はいわゆる甲師団、現役主体の常設師団で編制装備も優良だったことから、戦果を上げたとはいえる。しかし、戦訓を教訓として次につなげる手法を知っていた藤田が緒戦時に師団長にいたからこそ、第三師団は終戦まで不敗の古豪師団としてあり続けたと考えたい。

◆大東亜戦争開戦時の師団長

昭和十六（一九四一）年十二月、大東亜戦争開戦時の日本陸軍は、地上師団五一個を基幹としていた。十二年までの四単位制・戦時編制二万五〇〇〇人の師団を、三単位制・戦時編制一万四〇〇〇人に切り詰めた数字にしろ、明治四十年四月に策定した「帝国国防方針」以来の夢だった戦時所要の戦略単位数五〇個を達成したことになる。

完璧な体制をもって乾坤一擲と南方の資源地帯に押し出したかと思えば、どうもそうではなかったようだ。開戦時の師団の配置を見ると、中国戦線に二五個、満州の関東軍に一三個、内地に五個、朝鮮に二個、そして南方軍に七個師団が充当されていた。戦力が充実している常設師団は、関東軍に七個、南方軍に四個、支那派遣軍に三個、朝鮮軍に二個、本土に一個という配置だ。

とにかく古くから恐露病の日本陸軍だから、まずは対ソ戦備は厳重にする、支那事変も完遂する、それらのために南方へ資源を取りに行くという三正面作戦だから、こういう態勢になる。特に南方に向かう部隊は動物輜重は無理だから、自動車輜重に切り替えるとなると、南方に向けられるのは一〇個師団程度が限界となる。

さて、大東亜戦争の開戦にあたって、どういう人が師団長にあてられていたのか。一九期と二〇期がそれぞれ二人ずつ師団長に残っており、あとは一〇人前後ずつで二四期までつらなっている。歩兵科出身が三八人と圧倒的で、砲兵科が八人、騎兵科が三人、輜重兵科が二人、工兵科はなしとなっていた。陸大首席が一人、同恩賜が四人、海外駐在経験者が三〇人となっていたから、エースの投入といってよいだろう。しかし、南方作戦となると新たな環境などとのマッチングが問題になるはずだ。そこで南方に向かった師団長を見てみたい。

南方軍の作戦ではないが、香港に向かう第二三軍の第三八師団長は、砲兵科出身の佐野忠義だ。当初の計画では、重火力を発揮して正攻法で押すということだったから、砲兵科出身で野戦重砲兵第四旅団長も経験している佐野は適任だ。欲をいえば、イギリス陸軍を知る者を向けたい。しかし、砲兵科はフランス系だから、イギリス通を求めてもなかなか適任者はいない。

フィリピンに向かう第一六師団長は森岡皐、同じく第四八師団長は土橋勇逸だ。土橋はフランスに駐在したこともあり、アメリカ陸軍はフランス系の軍隊だから、これは適任だろう。森岡は生粋の支那屋で各地の特務機関長を歴任しており、華北連絡部長官からの異動だ。こういう人に、早くマニラを押さえろ、すぐにもバターン半島を掃討しろと求めても、それは無理だ。しかもアメリカ通がほかで師団長をしているのだから、これは明らかに人事の失敗だ。

森岡皐が第一六師団長に上番したのは昭和十六年三月、ほぼ同じ時に永津佐比重が第二〇師団長に上番している。永津も支那屋だがアメリカ駐在の経験がある。また、十六年十月には、輜重兵科出身でアメリカ駐在の経験がある武内俊二郎が第一一六師団長に上番している。この師団は第一三軍に属し、上海付近で治安作戦に従事していたから、まさに森岡が適任の師団長だった。森岡が華中、武内がフィリピンへという人事ができなかったのは、十六年に入ってもなかなか対米英戦を決心できなかったからだ。

南方作戦の主攻、シンガポールに向かう第五師団長は松井太久郎、第一八師団長は牟田口廉也、近衛師団長は西村琢磨だ。松井と西村は福岡出身、牟田口は佐賀出身と、初動の一撃に強い北九州人がそろったが、これは偶然だろう。三人とも二二期、これは意図的だったはずだ。また、松井と牟田口は歩兵科出身、西村は砲兵科出身だ。

師団長の三人が陸士同期なことは、人間関係ができているという長所がある。また、この三人のあいだには職務上での接点もあった。西村琢磨が参謀本部第三課長（防衛課）、軍務局兵務課長だった昭和九年から十一年にかけて、牟田口廉也は参謀本部庶務課長だった。十二年七月の盧溝橋事件時、現地の支那駐屯歩兵第一連隊長が牟田口、北平（北京）特務機関長が松井太久郎だった。また、松井は近衛歩兵第一旅団長をやっているから、近衛師団の実情には明るい。このような人間関係をどこまで考慮したかは不明だが、かなり意識して気を遣った人事だったはずだ。

しかし、ここでも香港、フィリピンと同様、敵を知る師団長がいない。この頃、イギリス駐在を経験している師団長には、第三二師団の井出鉄蔵、第二六師団の矢野音三郎、第二師団の丸山政男、第五二師団の麦倉俊三郎がいた。異動時期がほぼ同じで、牟田口廉也と西村琢磨、矢野と麦倉の交替は可能だったはずだ。前述したように矢野はノモンハン事件でつまずいて足踏みしていたが、彼は陸大三三期の恩賜で、序列は牟田口、西村より上だ。こういう人を駐蒙軍で治安作戦に従事させるとは人の使い方を知らない。麦倉は関東軍の独立歩兵第一一連隊長としてチャハル作戦に従軍、負傷している。それ以来、歩兵団長、独立混成旅団長、独立歩兵団長と歴戦の士だった。これまた、こういう武人を決戦に投入しないとはいぶかしく思う。

そして、最終目的地、インドネシアに向かう師団長は、第二師団の丸山政男、香港からの第三八師団の佐野忠義、マニラからの第四八師団の土橋勇逸だ。丸山は参謀本部第四課（欧米課）イギリス班勤務から一貫してイギリスを専門としており、さらに近衛歩兵第四連隊長もつとめているから、本来はシンガポールに向かう近衛師団長が適任と思うが、異動時期の関係から第二師団に回った。それでも欧米を知るという点では、彼が第二師団長でジャワに向かったのは適切な人事だった。

◆師団長三人罷免のインパール作戦

昭和十九年三月から七月にかけて、第十五軍によるインパール作戦が行なわれた。これに参加した師団長は着任順に、第一五師団の山内正文、第三三師団の柳田元三、第三一師団の佐藤幸徳だ。そして作戦中、この三人の師団長が罷免された。これだけでも異常な事態だったが、佐藤は師団長による抗命という前代未聞の事件を引き起こした。これにはさまざまな要因がからんでいるが、やはり人事の失敗に帰結するだろう。

第一五師団長の山内正文は、アメリカ駐在、駐米武官もつとめたアメリカ通として知られた人だ。陸大三六期卒業以来、一選抜を重ね、開戦時に軍務局長だった武藤章、同じく参謀本部第一部長だった田中新一と肩を並べる二五期のエースだった。この時代、一選抜で走り抜けてきた人によくあることだが、山内は歩兵連隊長をやっておらず、華北の第三六歩兵団長と第一二軍参謀長、関東軍の第一独立守備隊長をへて昭和十七年六月に第一五師団長に上番している。同期で三番目の師団長だ。

第三三師団長の柳田元三は、陸大三四期恩賜、進級が早い航空科を除けば、彼が二六期のトップだった。ポーランド駐在、同武官と対ソ情報のエキスパートで、ハルピン特務機関を関東軍情報部に改組した責任者がこの柳田だ。情報屋はその道一筋という人が多いが、柳田の場合はそうではなく、軍務局徴募課長もつとめ、歩兵第一連隊長もやっている。そして昭和十八年三月、柳田は関東軍情報部長から第三三師団長に異動した。

第三一師団長の佐藤幸徳は、朝鮮最北の会寧の歩兵第七五連隊長、ハイラルの第八国境守備隊第二地区隊と第二三歩兵団長と外回りが多かった。華中の独立歩兵第六旅団長の時に中将に進級、昭和十八年三月に第三一師団長に上番となった。恵まれない軍歴のように思われるが、天保銭組でもこれが普通の経歴だ。問題は第三一師団という部隊だ。佐藤が師団長に上番した時に編成されたもので、第一三師団、第一八師団、第一一六師団が四単位制から三単位制に改編された際、浮いた歩兵連隊を集成したもので、佐藤としてはどことなく差が付けられたという気分になったはずだ。

インパール作戦を発起するまえ、第一五軍司令官の牟田口廉也は、「この三人は俺に過ぎた師団長」だと口にしていた。一般的に甲乙丙を取り混ぜて配置するものだが、甲ランクの二人を回してくれたので、感謝していたのだろう。

しかし、牟田口と柳田元三、佐藤幸徳の関係は、かなり昔から悪かったとされる。牟田口は桜会の主要メンバーで、会員募集に駆け回った一人だ。柳田はその頃、参謀本部第四課にいたが、牟田口の話に乗らなかったようだ。また二・二六事件では、牟田口は参謀本部庶務課長、柳田が軍務局徴募課員で、ここで意見が対立したとも見られる。佐藤も桜会の中核分子だったが、彼が第六師団参謀の時、民間人を集めて過激な講演をしていると聞いた庶務課長の牟田口が強く叱責、それ以来、この二人はもつれていたという。

考えて見れば、山内正文をビルマの野戦師団長にもってくること自体が間違いだ。対米戦を戦っているのだから、数少ないアメリカ通の山内を参謀本部第二部長、もしくは南方軍総参謀副長あたりにあてるのが常識だ。どうしても師団長をやらせるとなれば、米軍の進攻が確実視されるフィリピンでのはずだ。そもそも山内は、武官もつとめた紳士なのだから熱帯での戦陣生活は無理で、事実、健康を害して更迭された。

同様なことは柳田元三にもいえる。彼を師団長にするならば、当然、関東軍でのはずだ。それからもう一つポストをこなしてから、関東軍総参謀長というレールが敷かれても不思議ではない。それを戦線の最西端のジャングルに投入するとは、あたら人材を捨てるのと同然だ。柳田は冷静な情報屋だから、常に悲観的となり、消極的な意見具申をする。それに師団司令部までが反発し、罷免されることとなった。

では、熱血漢で野戦向きの佐藤幸徳ならば、牟田口廉也の構想実現に奔走するかと思えば、それほど世間は単純ではない。前述したような過去のしがらみがあり、同じような性格というのも問題で、なにかあると双方、必要以上に激高して関係修復が不可能になりがちなものだ。補給皆無では戦えないと独断で後退とするのも無理はないが、それならば師団長として最後衛部隊を指揮してさがるべきだろう。そうはしなかったのだから、これは罷免でも甘い処分とされても仕方がない。

さて、この三人の後任だが、第一五師団長に柴田夘一、第三一師団長に河田槌太郎、第三三師団長に田中信男となった。柴田はマレー半島の第一二独立守備隊長、河田はスマトラの独立混成第二六旅団長、田中はタイの独立混成第二九旅団長からの異動だった。とにかく急ぎのことで南方軍内の異動、恒例の親補式もなかった。柴田は一年ほどビルマ戦線で戦い、昭和二十年四月に予備役編入、即召集で熊本の予備士官学校長で終戦を迎えている。河田と田中は、師団長のまま終戦までビルマ、タイで戦い抜いた。

この三人、そろって無天組だったことは考えさせられる点だ。天保銭組が仕出かした不始末を無天組がどうにかしたという構図だ。とすれば一体、陸大の教育とはなんだったのか。野戦で使える師団長を育てられなかった軍隊の教育機関とは、存在意義があるのだろうかという疑問だ。

◆大東亜戦争時の軍司令官

昭和十六年七月二日に決定された「情勢の推移に伴ふ帝国国策要綱」に基づき、十二月初頭の開戦に応じられるよう、同年十月十五日と十一月六日に大規模な人事異動が発令された。この両日で軍司令官が一一人も異動したのだから、空前絶後のことだった。このような高級人事は、際限のない玉突き人事となるから全軍挙げての異動となる。なお、大東亜戦争開戦時の各軍司令官については、表14を参照してもらいたい。

もちろん、寺内寿一、畑俊六、岡村寧次のように専任の軍事参議官が司令官に転出となる場合、急いでは軍事参議官の空席を埋めないから、そこで人事は完結する。専任の軍事参議官をおいたのには、天皇の諮詢に応えるという役割に加え、こういった人事上の目的もあった。また、本間雅晴が台湾軍司令官から第一四軍司令官に転出、後任は応召の安藤利吉だから、玉突き人事は起こらない。もちろんそうでない場合の方が多い。

第二三軍司令官だった今村均を第一六軍司令官に異動させると、後任の第二三軍司令官は留守近衛師団長の酒井隆となり、そのまた後任は留守第一師団付の田尻利雄となる。関東防衛軍司令官だった山下奉文を第二五軍司令官にもって来ると、関東防衛軍司令官には第五二師団長の草場辰巳があてられ、第五二師団長は第六二独立歩兵団長の麦倉俊三郎とされ、第四歩兵団長の石本貞直が麦倉の後任となる。こういう玉突きは、応召や司令部付などの者にあたるまで続く。

大東亜戦争開戦時、表14のように総司令官、方面軍司令官、軍司令官合わせて二七人、陸士の期では一一期から二一期に及ぶ。主力は一八期と一九期で、それぞれ七人だ。日露戦争中の大量採用の期で、この遺産があればこそ対米英戦に踏み切れたといえる。この時点で一七期から二一期までで現役の中将が六二人残っていたから、高級人事は円滑に回るように思われるが、事はそう簡単ではない。関東軍総司令官の梅津美治郎、支那派遣軍総司令官の畑俊六、南方軍総司令官の寺内寿一という大物の意向とマッチングを考えなければならないからだ。

梅津美治郎の愛読書は停年名簿といわれるほど、人事には熱心だった。畑俊六は軽妙洒脱な人と評されていたが、人事当局の案を黙って受け入れるタイプでもない。寺内寿一にいたっては臣下の最先任将官だから、思ったことをそのまま口にし、それを押し通せるだけの権威がある。こうなると、いかに強引な東条英機と人事局長の冨永恭次でも頭が痛い。

表14　大東亜戦争開戦時の軍司令官

		就任日時	前職／転出先
防衛総軍	東久邇宮(＃20)	16.12. 9	軍事参議官／首相
東部軍	田中静壱(＃19)	16.10.15	憲兵司令官／参本付
中部軍	藤井洋治(＃19)	16. 6.20	第38師団長／予備役
西部軍	藤江恵輔(＃18)	16. 4.10	陸大校長／東部軍司令官
北部軍	浜本喜三郎(＃18)	15.12. 2	第104師団長／予備役
朝鮮軍	板垣征四郎(＃16)	16. 7. 7	支那派遣軍総参謀長／第7方面軍司令官
台湾軍	安藤利吉(＃16)	16.11. 6	応召／自決
関東軍	梅津美治郎(＃15)	14. 9. 7	第1軍司令官／参謀総長
第3軍	河辺正三(＃19)	16. 3. 1	第12師団長／支那派遣軍総参謀長
第4軍	横山　勇(＃21)	16.10.15	第1師団長／第11軍司令官
第5軍	飯村　穣(＃21)	16.10.15	総力戦研究所長／陸大校長
第6軍	喜多誠一(＃19)	16.10.15	第14師団長／第12軍司令官
第20軍	関　亀治(＃19)	16. 9.11	公主嶺校長／予備役
関東防衛軍	草場辰巳(＃20)	16.11. 6	第52師団長／第4軍司令官
支那派遣軍	畑　俊六(＃12)	16. 3. 1	軍事参議官／教育総監
北支那方面軍	岡村寧次(＃16)	16. 7. 7	軍事参議官／第6方面軍司令官
第1軍	岩松義雄(＃17)	16. 6.20	中部軍司令官／軍事参議官
第12軍	土橋一次(＃18)	16. 3. 1	第22師団長／予備役
駐蒙軍	甘粕重太郎(＃18)	16. 1.20	第33師団長／予備役
第11軍	阿南惟幾(＃18)	16. 4.10	次官／第2方面軍司令官
第13軍	沢田　茂(＃18)	15.12. 2	参謀次長／予備役
第23軍	酒井　隆(＃20)	16.11. 6	留守近衛師団長／予備役
南方軍	寺内寿一(＃11)	16.11. 6	軍事参議官／死去
第14軍	本間雅晴(＃19)	16.11. 6	台湾軍司令官／予備役
第15軍	飯田祥二郎(＃20)	16.11. 6	第25軍司令官／防衛総司令部付
第16軍	今村　均(＃19)	16.11. 6	第23軍司令官／第8方面軍司令官
第25軍	山下奉文(＃18)	16.11. 6	関東防衛軍司令官／第1方面軍司令官

関東軍における軍司令官人事だが、これがいわゆる「梅津人事」だ。草場辰巳以外は皆、海外駐在の経験者だ。ということは、陸大の成績が上位だったことを意味する。まずは成績重視、事務能力が優れた能吏か学究的な人を登用するのが梅津美治郎の人事の特色だ。また、草場と飯村穣のほかは、関東軍内での異動だ。よそにはなるべく迷惑をかけない、これもまた梅津らしい配慮だ。そして同郷の大分勢はもちろん、九州勢も周囲に集めない。派閥を作っていると見られないためだ。

支那派遣軍の軍司令官では、土橋一次と沢田茂が砲兵科出身だ。表14の二七人中、砲兵科出身は四人だから、これは目を引く。畑俊六も砲兵科出身だから、彼が引いたか、それとも人事当局の配慮だ。また、第一一軍司令官の阿南惟幾も目立つ。阿南は東条英機のしたで次官だったが、どうも反りが合わず、阿南が強く希望して第一一軍司令官に転出した。彼ほどの大物になると、六個師団を抱える全軍で最強の第一一軍司令官を選べる。また、阿南は畑が陸相の時から次官だから、支那派遣軍に落ち着く。

南方軍では、寺内寿一との相性が考慮されていたようにうかがえる。第一五軍司令官の飯田祥二郎は山口出身のうえ、近衛師団育ちだから、寺内の真の後輩といえる。第一四軍司令官の本間雅晴が第二七師団長に上番した際、直属の上司となる北支那方面軍司令官が寺内だった。また本間はどことなく貴族趣味のところがあり、その点で寺内と共通点がある。第一六軍司令官の今村均と寺内とは、職務上の接点はなかったが、思ったことを口にするという性格が似ていたからか、昭和九年頃から親交があったという。

第二五軍司令官の山下奉文と寺内寿一は、薩肥閥の亜流と長州閥の本流と、水と油のように思われがちだが、実はそうではない。山下の岳父、永山元彦の妻は日清戦争で戦死した福原豊功の娘で、福原と寺内正毅は親友だった。そんな関係があったため、二・二六事件後に苦しい立場となった山下を寺内はかばい続けた。山下を目立たない京城の歩兵第四〇旅団長にしたのも、北支那方面軍参謀長に引いたのも寺内だった。

この三人の総司令官と朝鮮軍、台湾軍の司令官も長期の在任となった。寺内寿一は、大東亜戦争の全期間にわたって南方軍総司令官だった。梅津美治郎は、ノモンハン事件直後の昭和十四年九月から、十九年七月まで関東軍総司令官をつとめた。東条英機が退場しなければ、最後まで梅津は関東軍から動かなかった可能性は高い。畑俊六は、十六年三月に支那派遣軍総司令官に上番、教育総監として帰京する十九年十一月まで南京を動かなかった。彼もまた東条が退場しなければ最後まで大陸戦線にあったはずだ。板垣征四郎は、十六年七月から朝鮮軍司令官、第一七方面軍に改組されてからも司令官にとどまり、板垣が第七方面軍に転出したのは二十年四月のことだった。安藤利吉は、大東亜戦争の全期間、台湾軍司令官、第一〇方面軍司令官として台北にあった。

どうしてここまで、高級司令官の在任が長期にわたったのか。余人をもって替えがたかったとか、作戦中の異動は士気にかかわるからだと説明されている。しかし、安藤利吉を除く四人の場合、東条英機と冨永恭次の深慮遠謀という裏があったはずだ。東条の存立基盤を脅かす可能性のある者は、外地に縛り付けておくということだ。

寺内寿一の場合、元帥府に列せられた昭和十八年六月の前後から、帰国してもらってはどうかという声が多かった。寺内が帰京すれば、すぐさま首相候補となるのは目に見えている。畑俊六の場合、十九年四月からの一号作戦との関係で在任が伸びたこともあるが、十九年六月に元帥府に列せられ、帰京したならば三長官のいずれかとなって、東条英機の体制は崩れる。梅津美治郎も三長官のいずれか、おそらく陸相に推されるはずだから、これもまた東条政権の危機をもたらす。板垣征四郎ならば問題がないように思うが、彼には部内外にファンがいるから、外地にいてもらった方が無難だ。結局は、東条の権力基盤を確立するための人事だったということになる。

◆最後の場面で拒否された人事

昭和二十年二月以降、本土防衛は防衛総司令部のもとに第一航空軍（東部）と第六航空軍（西部）、第一一方面軍（東北）、第一二方面軍（関東、北陸）、第一三方面軍（東海）、第一五方面軍（近畿、中国、四国）、第一六方面軍（九州）が並列していた。このほか第五方面軍（北海道、樺太、千島）、第一七方面軍（朝鮮半島）、第一〇方面軍（台湾）があった。防衛総司令官は、十六年十二月以来、東久邇宮稔彦だった。

昭和二十年二月二十三日に米軍はマニラを占領、同年三月十七日に硫黄島での組織的戦闘が終了、同月二十六日に米軍沖縄作戦開始と、いよいよ本土決戦が現実味を帯びてきた。そこで防衛総司令部を廃止し、大本営直轄の航空総軍と第一総軍、第二総軍の司令部を編成することとなった。鈴鹿山系を境に、東は第一総軍、西は第二総軍という地域割りだ。終戦時、両総軍合わせて、一般師団五三個、戦車師団二個、戦車旅団七個を基幹としていた。終戦時、内地にあった高級司令部ついては、後掲の表26を参照してもらいたい。

帝国陸軍史上、最大の野戦軍を率いて皇土で戦う将帥はだれか。当時の常識からすれば、それは皇族となる。第一総軍司令官は、防衛総司令官の東久邇宮稔彦の横すべりが順当のところだ。そうなれば、第二総軍司令官は東久邇宮と同期で異母兄の朝香宮鳩彦だ。この二人、支那事変中、軍司令官を経験しているのだから適任だろうし、進んで難局にあたる義務もあるとするのが当然だろう。

しかし、さめた見方をする人は、このお二方には下々の常識は通じないと思っていたはずだ。そもそも東久邇宮稔彦は、早くから防衛総司令官を辞任したいと求めていた。大東亜戦争開戦以来、この職にあったのだから、もうこのあたりでというのも無理はないが、周囲は極力慰留に努めていた。そうしておきながら、防衛総司令部廃止としたのだから、東久邇宮がつむじを曲げるのも仕方がない。

昭和二十年三月末、まず新しい防衛体制について説明するため、参謀本部第一部長の宮崎周一が参上した。話を聞いた東久邇宮稔彦と朝香宮鳩彦は、なにを今さら国土を二分して作戦しなければならないのか、航空が主体となるのだから統帥は一本にすべきだと強く反論した。陸大勤務が長く、政治性がない宮崎では、説得できるはずもない。同じ日、人事局長の額田坦が参上し、両宮の総軍司令官上番を内示した。すると、そもそも新防衛体制に反対だから、その職にはつけないと突っぱねた。

　そこで翌日、人事権を握る陸相の杉山元が説得に向かった。杉山は、これまで人事の内示を拒否した例はございませんと迫った。すると両宮は、自信もないのに受け入れたことこそ不忠で、しかも内示は命令ではないから従わないと強気を崩さない。それでは最初からやり直しとなり、同じ日に参謀総長の梅津美治郎が出向き、本土防衛体制を説明して了承をえようとしたが、どうしても納得しない。

　困り果てた当局は、第一総軍司令官には陸相の杉山元、第二総軍司令官には教育総監の畑俊六とした。陸相の後任は航空総監の阿南惟幾、教育総監の後任は土肥原賢二となった。第一総軍、第二総軍、航空総軍の戦闘序列が発令されたのは昭和二十年四月八日、各司令部の編成が完結したのは同月十五日だった。

第Ⅲ部　常に優先された参謀の人事

天保銭組が歩む厳しい階段

◆指揮官と幕僚、欧米と異なる思潮

ダグラス・マッカーサーの参謀長はだれだったかと聞かれて、すぐにはリチャード・サザーランドの名前が出てこない。ドワイト・アイゼンハワーの場合はウォルター・ベデル・スミス、バーナード・モントゴメリーの場合はフレディ・ド・ギンガンドと口に出るまで、かなり記憶の回路をたどらなければならないはずだ。欧米の思潮では、作戦を立案する者よりも、決断して実行する者を重視するから、指揮官中心に戦史が語られ、そのため参謀の影が薄くなるのだろう。

ところが、日本はこの逆だ。欧米色が濃い海軍でも、東郷平八郎と秋山真之、山本五十六と黒島亀人が同列かのように扱われ、機動部隊となれば南雲忠一よりも源田実が多く語られる。陸軍では、大山巌よりも児玉源太郎が主役として扱われがちだ。満州事変ともなれば、本庄繁が話にのぼることはごく少なく、いつも板垣征四郎と石原莞爾だ。幕僚中心で語られる戦史でなければ、服部卓四郎や辻政信が今でも話題になるはずがない。

　この傾向は日本陸軍が手本とした大陸系の軍隊に共通したものかと思えば、どうもそうではないようだ。エーリッヒ・フォン・マンシュタインの参謀長はテオドール・ブッセ、ハインツ・グデーリアンのそれはフライヘア・フォン・リーベンシュタインだが、この二人の名前はつい失念する。ソ連の戦史も、ゲオルゲ・ジューコフ、コンスタンチン・ロコソフスキー、ワシリー・チュイコフと指揮官中心で語られている。

　どうして日本と各国には、このような際立ったちがいが生まれるのだろうか。まずは歴史を見る視点が異なり、さらには価値観そのものに相違があるからだろう。日本に限らずこの東洋では、体でご奉公よりも頭でご奉公の方が格が上という意識が濃厚だ。額に汗して働く人よりも、書斎にこもって思索する人の方が社会的な階層が高いとする。そう思っているかららこそ、「職業に貴賎はない」と建前を口にするわけだ。

　大きくくくって中国文化の影響を受けているアジアでは、このような思潮から武官よりも文官が優越する。武官でも、より文官に近い仕事をする者が優位だとする。そこに科挙という制度の影響が加わる。ペーパー試験によって序列を付け、それによって人事を動かすのだから、いよいよ紙の上での作業が重んじられ、それに練達した者が組織の中核に位置する。すなわち参謀、幕僚の重視だ。長い戦乱の歴史がある中国では、武芸百般に通じた武勇の人はいくらでもいるが、やはり知謀の人、諸葛孔明が一頭地を抜いて語り継がれている。

　もちろん、優れた幕僚であり、かつ勇猛な指揮官でもあるというのが理想だろうし、幕僚を育てることは指揮官を養成していることでもある。そのため、おおむね各国とも、幕僚と指揮官を交互につとめさせ、それぞれステージを上げて行く。ごく一般的だが、中隊長に始まり、大隊や連隊の副官や幕僚、大隊長、連隊や師団の副官や幕僚、連隊長、師団の参謀長、旅団長という階梯だ。それぞれのあいだに歩兵学校など実施学校での教育がはさまり、エリートならば中央官衙や高級司令部での勤務を経験させる。

日本の陸軍も同様で、尉官の時に三年以上、佐官の時に二年以上、隊付勤務をしなければ、それぞれ佐官、将官には進級できないのが原則とされていた。また、陸大の受験資格には二年以上の隊付勤務をした少尉、中尉という規定があった。連隊旗手はこの隊付勤務かどうかが論議されたことすらある。それほど隊付勤務が重視されていたかと思えば、実情はちがっていた。この隊付勤務とは、陸大の受験資格をえるためのもの、進級のための年季稼ぎにすぎないものという感覚になっていた。これはまさに前述した東洋の思潮によるものだ。

日本の陸軍では、官衙、学校、機関を除いた「部隊」が「軍隊」と定義していた。それなのに部隊勤務を軽視していたとなると、これは「軍隊」ではなくなってしまう。身分は文官として閣僚に列する陸相が、なにか軍人双六の上がりであるかのような意識は、敗戦まで払拭できなかったように思える。

◆陸大卒業序列の付け方

いわゆる参謀にあてられるのは、明治十六年から教育が始まった陸大の正規課程を修了した者、昭和八年からの一年履修の陸大専科を卒業した者、そのほか各学校などで参謀要務を修得したと認められた者、無天組でもすでに参謀として勤務した者となっていた。もちろん主力は、陸大正規の三年課程の卒業生で、陸大一期から六〇期までの約三〇〇〇人、ならせば一七倍の競争率を突破した者となる。なお修業期間だが、昭和十三年卒業の五一期から二年半になり、五八期は一年八ヵ月、五九期は一年三ヵ月と短縮され、最後の六〇期は二十年二月に入校で同年八月に修了となっている。

なお、陸士出身ではなく、陸大を卒業した人は草創期で一期の東条英教ただ一人だった。ほかは全員、陸士卒業生のみで、少尉候補者出身にも受験資格はあったが、陸大に入った者はいない。

陸大では、どのような教育が行なわれていたのか。時代によってもことなるが、大東亜戦争中の将帥の多くが陸大に通っていた大正前期頃のカリキュラムでは、次のようになっていた。史学、数学、法学といった一般学も含めて二〇科目があり、コマ数は三年間で約一九〇〇という詰め込み教育だった。もっともコマ数が多いのは、英仏独露中の五ヵ国語のうち一ヵ国語選択の語学で四三三コマ、全体の二三パーセントを占めていた。次が馬術の二一パーセント、戦術と戦史がともに一二パーセント、参謀要務が一〇パーセントだった。

語学と馬術は、毎日の地道な研鑽が求められ、一夜漬けはきかない。どちらにも天才はいるだろうが、おおむね勤勉かどうかの判定基準にはなる。しかも、客観的な判定が可能で、だれもが納得の行く成績が示しやすい。こういった背景があるため、幼年学校時代から「ゴキ」（語学狂）、「バキ」（馬術狂）といわれた人が有利となる。陸大恩賜をものにした人数だが、歩兵科二〇六人、砲兵科五六人に対して騎兵科は三六人だった。騎兵科の人数は歩兵科の一割弱だから、この恩賜のスコアは馬術がものをいった結果だ。

もちろん、参謀を養成する陸大なのだから、一年次と二年次にそれぞれ二一日間実施される現地戦術、三年次に二四日間実施される参謀演習旅行の成績が最重視される。現地戦術では、突拍子もない作戦を立てたり、教官に楯突いたりせずに、教官が考えているだろう原案に沿うような作業をして、いかにも従順そうな顔をしていれば、それなりの点数はとれる。正念場とされる三年次の参謀演習旅行でも同じことだ。そもそもそこで軍司令官や軍参謀長の役に指名されるのは優秀な者で、だれを恩賜にするかを決めるためのものといって過言ではない。従って、この正念場で一挙に低空飛行になるケースはあっても、その逆の一発逆転はまずないことになる。

そして卒業にあたり、序列が付けられる。まず首席を選び、続く五人、ここまでが恩賜の軍刀組だ。続いて残念賞の海外駐在の切符が与えられる一五人ほどが選ばれる。どの社会でも同じようだが、このトップ・グループは僅差で並ぶものだ。それに順位を付けるのはむずかしい。そこで案外と重視されるのが出席率となり、皆勤賞の者が優先されるのも一般社会と同じだ。

この陸大卒業生のなかから三長官、関東軍司令官などが輩出するのだから、その序列を付ける際にさまざまな力学が働く可能性はある。明治から大正の時代、まだ藩閥意識が濃厚だったから、陸大の卒業序列にも情実があったように思えるが、意外とさほど露骨な操作は見られない。明治三十四年、陸大一五期の参謀演習旅行が実施されたが、統裁員の一人に河合操がおり、学生に金谷範三、和田亀治がいた。承知のようにこの三人、大分の同郷だ。これが隠然とした大分閥の萌芽と見られなくもない。しかし、この三人ともに陸大校長をつとめたが、大分県人を引き立てたという話は伝わっていない。

多くの科目で成績は数字で明確に示されるから、卒業序列を操作しにくいが、それでも兵科のあいだで割り振りはしていたはずだ。兵科のバランスをとらないと、人事がかたよったり、回らなくなりかねないからだ。もちろん陸大二三期や二七期のように、歩兵科が恩賜を独占した期もある。これは日露戦争の関係から、戦時の損耗率が高い歩兵科の比率を高めた結果とも考えられる。また、陸大は総合運用を教育する場とするならば、軍の主兵と自負する歩兵科が上位を占めるのも当然だといえる。それを見ているほかの兵科の者も、不満に思っても表立っては批判しにくい。

ところが逆に、軍刀組に歩兵科がいないとなると、これは大変な話に発展したはずだ。実際には恩賜の歩兵科が皆無というケースはなく、すくなくとも二人は確保し続けていたが、危ない期もあった。陸大三五期の恩賜は、騎兵科三人、砲兵科二人、歩兵科一人となった。この場合、首席は歩兵科の藤室良輔として、どうにかバランスをとっている。

◆天保銭組に付けられる序列

陸大の卒業成績によって、四つに区分される。まずは恩賜の軍刀組と惜しくもそれに届かないものの海外駐在が約束された者、合わせて二〇人前後、これを甲ランクとしよう。能力はあるものの、教官に反抗的な態度をしたりなど癖のある者が乙ランクだ。光るところがないが、実地で鍛えれば使えるようになるだろうが丙ランクだ。俗にいうところの「松竹梅」だ。もちろん箸にも棒にもといった手合いはどこにでもおり、これが丁ランクとなるが、ドン尻にひかえて目立つせいか、案外と偉くなるというのも一般社会と同じだ。

この卒業序列に、陸士の卒業序列、少尉、中尉の時の考科表、陸大在学中に校長が作成した考科表が参考にされて序列が定められる。また陸大の教官が、この者は作戦屋適、これは軍政屋、情報畑適、兵站に才能ありなどとの寸評が残され、これも参考にされる。ところがこの教官による寸評があたったためしがないと笑い話のたねになっていた。なかには「いかなる参謀職に不適」とされたが、三長官の一人になった人すらいる。教官に人を見る目がなかったということになるが、そもそもその人の能力の天井（シーリング）を見定めることは至難の技だ。地位によって求められる知識、識能がことなるからだ。

エリートを供給しているのは陸大だけではないから、話は複雑になる。砲工学校高等科で優等の者は陸大卒業と同等に扱われる。その優等の者のなかには、帝国大学に員外学生に出る場合が多い。これは陸大恩賜組と同等と見なされる。員外学生の多くは技術畑に進むが、なかには陸大を出て、運用畑に入って来る者も珍しくない。さて、これにどう序列を付けて、どう扱うか、これは難問だ。

おおまかにいえば、前述の甲ランクに分類された者は中央官衙、乙ランクは高級司令部や学校教官、丙ランクは師団司令部に回されるというのが一般的だ。これこそ人事だから、陸軍省人事局が一括して取り扱うかと思えばそうではなく、参謀適格者の配分案は参謀本部が起案する。これを扱う部署は、総務部庶務課で、人事権を握っていることが第一部、第二部と総務部が肩を並べる力の源泉となっていた。昭和十八年十月に総務部は総務課に改組されたが、参謀の人事を握っているからその権威は揺るがなかった。

昭和十一年の二・二六事件後、人事への不満が事件の遠因ということで、人事施策の一元化が模索された。恣意的な人事を排除し、一部の者が栄職を独占することがないよう、人事局が一括して扱い、外部からの声を遮断しようということになった。陸相が寺内寿一、次官が梅津美治郎、人事局長が後宮淳の時だ。まず、各部署で保管している考科表の写しなど人事資料をすべて人事局に提出せよとした。

これに猛反発したのが参謀本部総務部で、ほかの部局も巻き込んだ反対運動が起きかねなかった。横槍を入れた参謀本部の言い分にも一理はある。陸大は参謀本部の所管だから、その卒業生について詳しいのだから、その人事は任せて欲しいということに反論はしにくい。さらには日本の参謀組織は、ドイツ参謀本部ほど鮮明ではないにしろ、参謀総長から師団参謀まで一本の糸でつながっている。そのため参謀本部に人事権がないと、この組織を統御できないとするのも、理屈の上では納得するしかない。そういうことで陸軍省側は引きさがり、参謀の人事は従来通りとなった。

では、参謀本部は陸大を卒業した者の人事を自由に行なえたのかというとそうではない。まず、優秀な人材を参謀本部に集め、ほかは次等の者で我慢しろ、自分のところで育てろと突っぱねることができるのか。もしそんなことをやれば、陸軍という組織が成り立たない。大きな組織になればなるほど、全体的に平準化がはかられるもので、特に日本人はそれを好む。そこで信じられないことに、陸軍では一般社会でも見られないほど民主的な合議制で人事が行なわれており、参謀、幕僚の人事ではそれが顕著だった。

◆ドラフト会議がもたらす悲喜劇

さまざまな人事資料を片手に、各官衙、部隊、機関がより良い人材を獲得しようと、常に折衝を続けている。組織全体としては平準化が眼目だから、今日のプロ野球で行なわれているドラフト会議のようなものだ。従ってある特定な部局に超一流の人材がかたよることはない。組織の要求が最優先で折衝するのだから、個人の希望などは無視、教官の寸評などもあまり考慮されない。語学が不得手なのに情報畑に回されて困った、信じられない要職にあてられ、張り切りすぎて体を壊したと、悲喜こもごもだ。

さて、この折衝は前述したように民主的で、かつ紳士的な譲り合いによって成り立っていたことは意外だ。「君のところは昨年、恩賜を取ったのだから、今年は遠慮してもらいたい」といわれれば、黙って従うのがエチケットだ。それを強硬な態度で、どうしてもと粘るような人は評価がさがり、すぐにも災難が待っている。それでも新事業の関係でどうしてもと哀願すると、甲ランクの上を分けてはくれるが、乙ランクの下あたりの問題児とセットではどうかとの話になる。

予算枠という決定的な問題もある。甲ランクの者は近き将来、海外駐在となるが、それには予算が必要だ。教育総監部の予算の絶対額は少ないにしろ、なにかと融通がきくので優秀な者の面倒を見るとなる。ただし、帰国したならば、それぞれに分けるという約束がある。また、兵科がかたよって集まらないようにもする。将来、ある部署は砲兵科ばかり、またある要職は歩兵科の指定席といったことを避けるための配慮だ。そういった全体的な調整は、主に陸軍省の補任課が行なうが、そこの課員は歩兵科だけで固めているというのも不思議なことだ。

このようなドラフトは、表立って会議が開かれることもなく、水面下の折衝で進められるから、陸大新卒者はうかがい知ることはできない。卒業成績が霞んでいた者は、「うちに来ないか」と声が掛かるだけでもありがたいことで、まして任地が東京となれば嬉しい限りだ。このような人は、処遇に満足して勤務に励むから将来が開ける。陸大の卒業序列が甲ランクの下、乙ランクの上あたりが大成するといわれる秘密はこのあたりにある。

ところが陸士同期の先頭で陸大に入り、卒業した時はまだ中尉、成績は上位、まして恩賜ともなれば、知らず識らずのうちに天狗になっているから、「どうして俺がそんなところで、こんな仕事をやらねばならないのか」となる。まして恩賜ともなれば、当然、陸軍省の軍務局か参謀本部の第一部から声が掛かるものと思い込んでいる。ところが思うようにはならず、ほかに回されたとなると、挫折感からか不貞腐れて勤務態度がよろしくなくなる。こういうケースは案外と多く、大きな目でみれば日本の損失だったし、それが日本の曲がり角にもなったことすらある。

石原莞爾は、陸大三〇期の次席だった。首席は陸士一期後輩の鈴木率道だ。石原自身は、陸大には素行点がないから当然としていたが、頭の冴えと諧謔に満ちた言動だけで、恩賜をものにしたことは広く認めるところだ。当然、石原は参謀本部第二課の勤務将校に引っ張れると思っただろうが、教育総監部に回され、改正された教範類の校正をやらせられた。これを石原は冷遇と受け止め、一年ほどで願い出て漢口にあった中支那派遣隊に転出してしまった。石原が中央三官衙をみずから飛び出さなければ、彼が関東軍の参謀にはならなかっただろうし、漢口で板垣征四郎と接触しなければ、満州事変のあのコンビは生まれなかったはずだ。

将来を嘱望される者を教育総監部に回すことはよくあることで、それを冷遇と受けとめたのは石原莞爾の誤解だった。前述したように予算の関係で海外駐在に出しやすいのが教育総監部だった。また、だれにでもできる校正などやらせてと不満に思うのも彼の思いちがいだ。改正された教範類を熟読させて、いま一度基本に帰るという点で意味あることだ。天才肌の石原が我慢できなかったことは分かるにしても、それでは中央官衙勤務は無理となる。賢さと勤勉さ、これを両立させることが、参謀、幕僚に求められる資質だからだ。

では、陸大三〇期の首席、鈴木率道はどうなったのか。早くから「作戦の神童」といわれただけのことはあり、陸大を卒業してすぐに参謀本部第二課、それも作戦班の勤務将校に登用された。それからは作戦班長、中佐で第二課長と国軍の中枢部を走り抜けた。少佐の時には、『統帥綱領』の改定も手掛けている。ここまで順風満帆となると、怖いのが周囲の声だ。妬みや嫉みは世の常で、前述したようにナポレオンもそれを指摘している。だれでも「鈴木は頭が切れる」とは認める。同時に「彼はすぐに理屈をこねて問題を複雑にする」「なんでも自分一人でやろうとする彼は組織の人ではない」「小畑敏四郎がうしろにいてこその鈴木だ」という声もある。

昭和十一年五月、前述したような経緯で鈴木率道は支那駐屯砲兵連隊長に転出、十二年八月に下番して航空科に転科した。支那事変の突発も関係しているが、彼を主流からはずそうという気運があったのだ。「俺が、俺が」は天才タイプの人に多い癖だが、そういう性格を陶冶させるため若い頃に下積みを経験させるのだろう。ところが鈴木の場合、厚遇につぐ厚遇で悪い癖が凝り固まってしまったように思える。そのため石原莞爾の場合と同じく鈴木の才能は、ここ一番という時に活かされることはなかった。

陸大新卒者の上位グループは、まず中央三官衙が勤務将校としてとり、純粋培養するという人事は、あくまで平時のものだ。支那事変が始まると。続々と生まれる師団、軍などの参謀を埋めなければならなくなる。従来のように、ある種の徒弟制度で人材をじっくり育てる時間的な余裕はない。そこでまずは師団参謀にあて、早く実務を覚えさせ、そこで合格となると軍司令部勤務、そこから選抜して大本営なりにもって来るという人事になる。陸士では昭和四年七月に陸士卒業の四一期以降、陸大では十三年十二月卒業の五一期から、このようなパターンの人事になっている。この変化によって、より早く能吏にはなったが、どこか猛々しくなり、かつ投機的な考え方に染まるようになったと思えてならない。

戦後になって広く知られるようになった瀬島龍三は、陸大五一期の首席だが、まず佳木斯にあった第四師団の参謀、すぐに林口の第五軍参謀、そこでの勤務も一年足らず、昭和十四年末に大本営陸軍部第一部第二課の部員、二十年七月に関東軍参謀に転出している。まさに前述した新しいパターンの人事に沿ったものだ。

戦時になって変わったもう一点は、陸大のトップクラスに約束されていた、軍事研究のための海外駐在がなくなったことだ。おそらく昭和九年卒業の陸大四六期が海外駐在の最後となる。そういえば、この期を境に参謀の体質が変わったかのような印象がある。海外の事情を実感していないから、どことなく観念的な人が多くなった。そして、これまた投機的になったように思われてならない。

◆「サビ天」まで天保銭もさまざま

二・二六事件後の昭和十一年五月、陸大卒業徽章（いわゆる天保銭）が廃止された。卒業証書を勲章のように常時着用していたとは面妖なことだが、こうするようになったのには、それなりの理由があった。そもそも陸大は、なぜ創設されたのか。兵学、軍事学を研修する場というのが主な理由だが、文官には高等文官試験（高文）というものがあるのだから、武官にもそれと同じ資格を与えるコースをという考え方があったのだろう。
そういった制度的な問題に加えて、より切実な事情もあった。陸軍草創期の将校は、斗酒なお辞せずと豪傑ぶる者が多く、勉学にいそしむ人は一握りだった。静かにしているかと思えば、囲碁、将棋そして居眠りだ。世の大半を占める凡人が暇をもてあますと、ろくなことはないのも真実だ（「小人閑居為不善」『大学』）。

これではいけない、向学心を持たせるにはどうしたらよいかと考えた末、陸大を出た証拠として勲章めいたものを与えようとなった。軍人は勲章に恋するといわれるだけあって、効果は覿面だった。多くの者が受験勉強に励むようになったことは結構だが、今度は勤務をさぼって机にしがみ付き、演習にも参加しないで最後の追い込みをする者もごく普通となった。部隊としても陸大合格者を出せば、一つの実績となるから黙認するし、さらには「お前は演習に出なくてよい、陸大初審を頑張れ」と奨励するようにもなった。

どうも軍人の本分を忘れたかのような印象を受けるが、なんであれ勉強することは結構なことだ。そこまで身を削って天保銭をものにしても、思うようにはならないから大変だ。日露戦争が終わり、支那事変が始まるまで、おおむね日本にとって平穏な時代だった。このあいだ陸軍の中枢部を支えたのは、明治三十九年十一月卒業の陸大一八期から二五期あたりまでとなる。大正軍縮に遭い、超デフレ人事で苦労したとはいうが、天保銭組にとってはそれほど影響はなかったはずだ。

この陸大一八期から二五期まで、卒業生は合計三七二人、退校生は五〇人を数える。学生のほとんどは、日露戦争に従軍しているのだから殺伐となるのも無理はなく、これだけの退校生が出たわけだ。無事に卒業しても、尉官、佐官の時に中途退職した者は全体の二二パーセントだが、そのなかには恩賜をものにした者が一一人、そのうち三人が首席だ。おそらくはこの中途で軍を去った者のなかに本物の侍がいたのだろう。そういう人が軍に残ればと繰り言をいいたくなるが、なにごとも辛抱できない人は使えないというのも真実だからむずかしいところではある。

この陸大卒業生のうち、少将で予備役に入った者は三四パーセント、中将まで進んだ者は三八パーセント、大将となったのは六パーセントだった。少将で軍を去った者のほぼ半分は名誉進級だ。天保銭組でも、実質大佐で終わった人がほぼ半分ということになるだろう。もちろん中佐までで軍を去るのがほとんどの無天組と比べれば、厚遇とはいえる。しかし、付き合いが悪い、本務おろそかにして受験勉強ばかりと、うしろ指さされてまでの結果がこれかと、納得できず寂寞とした気持ちになった人が多かったはずだ。

では、ごく一般的な天保銭組は、どのような道を歩んだのか。陸大を卒業すると原隊に帰り、正規将校として必須な中隊長として勤務する。そしてどこからか「お前、うちに来ないか」「あそこへ行かないか」といった内示めいたお声が掛かるのを待つ。甲ランクの者ならば、早く押さえなければよそに持って行かれるから、バタバタと決まるが、そのほかの者は急がなくともほかに取られる心配もないので、なかなか嫁入り先の口が掛からない。

中隊長をおえてから、師団参謀に出るのが一般的だ。寺内寿一は明治四十二年卒業の陸大二一期で卒業序列は七番だったが、まず近衛師団参謀だった。風当たりの強い部署より師団参謀の方がよいとはいうが、それも寺内のような有名人か一等師団でないと埋もれてしまいかねない。近衛師団、第一師団、第四師団といった一等師団ならば、師団長も師団参謀長も大物だから、将来、引き立ててくれると期待できる。これが海を越えた第七師団、朝鮮半島も僻地にある第一九師団となるとそうはいかない。人事当局に忘れられ、いつまでも島流しとなりかねない。

師団参謀には出ないで、各学校の教官になるケースもあるが、そのなかでも陸士の戦術教官が意外と良いポストだ。陸大を出たのに子供相手の戦術談義かとプライドは傷つくが、これが案外と栄達の道につながる。とにかく東京にいられるということがメリットで、人事当局が忘れないということだ。

飛ばされたという気持ちにさせられる師団参謀でも、参謀飾緒を吊れればそれでよしとしなければならない。なまじ語学ができて、陸大の教官に「情報畑に適」などと評されたため、大陸の特務機関を転々とするとなると大変だ。いつしか存在そのものが忘れられ、流浪の生活となれば不平不満も高じる。『論語』には、「地位が得られないことを憂えず、それにふさわしい実力がないことを憂えろ」とあるが、なまじ天保銭を胸にしていると、なかなかそういう心境にはなれないものだ（「不患無位、患所以立」『論語』里仁篇）。そのあたりにも満州事変突発の理由が隠されている。

数からすれば、天保銭組でも少佐になって大隊長に上番というケースが多い。ここで佐官

表15　服部卓四郎と西浦進の軍歴

服部卓四郎		西浦進
大正		
7年	仙台幼年学校卒業(19期)	大阪幼年学校卒業(19期)
11年	陸士卒業(34期、歩兵科)	陸士卒業(34期、砲兵科)
	歩兵第37連隊付(大阪)	野砲兵第22連隊付(京都)
昭和		
5年	陸大卒業(42期、恩賜)	陸大卒業(42期、首席)
6年	参謀本部第1課編制班付	軍務局軍事課編制班付
7年	参謀本部第1部部員	軍務局軍事課予算班付、同課員
9年	フランス駐在、エチオピア戦視察	フランス駐在、スペイン内戦視察
11年	参謀本部第3課編制班	
12年	参謀本部第3課編制動員班	軍事課編制班長、予算班長
14年	関東軍第1課作戦主任、歩兵学校付	軍事課高級課員
15年	教育総監部付、第2課作戦班長	
16年	参謀本部第2課長	陸相秘書官
17年	陸相秘書官	軍務局軍事課長
18年	参謀本部第2課長	
19年		支那派遣軍司令部第3課長
20年	歩兵第65連隊長	支那派遣軍司令部第1課長

の部隊勤務二年を済ませておけということだが、これもまた勤務地、部隊が問題になる。辺境の第一線勤務こそ武人の本懐というのは建前で、あれほどの猛勉強の結果がこれかと愚痴ばかりの人となり、ついには陰で「サビ天」と呼ばれる存在となる。こんな人も戦争となって大動員となれば、だれもが参謀だ。そこでつい「戦争でも起きないかな」と不謹慎な思いに駆られるから、支那事変も拡大してしまうし、勝算なく大東亜戦争に走るわけだ。

◆信じられない超エリートの軌跡

「陸大は出たものの」と嘆く軍人がいる一方、中央官衙で腕を振るい続ける一握りのエリートもいる。戦時体制になったためと、東条英機による特異な人事も関係しているが、だれもが羨望するポストに居続けたケースがいくつかある。陸軍省軍事課長の西浦進、参謀本部第二課長の服部卓四郎はその顕著な例だ。しかも、この二人は陸士、陸大ともに同期だからいよいよ目に付く存在となる。二人の軍歴ついては、表15を参照してもらいたい。

出身は、西浦進が和歌山、服部卓四郎は山形となっているが、それは本籍地で生まれ育ちは二人とも東京だ。そのため都会的センスが漂っていることが、同じく東京育ちの東条英機が二人を重用した一つの理由だ。西浦の原隊は京都の野砲兵第二二連隊、服部は大阪の歩兵第三七連隊と、これまた都会部隊の育ちだ。地方出の武骨さがなく、人あたりがソフトな点も中央官衙に適していると見られたのだろう。

陸士三四期には秩父宮雍仁がいたこともあり、中学からの応募者も多く、また陸士の教育、訓育にも力を入れたので、この期は優秀とされていた。事実、陸大恩賜を一〇人も出したのだから、注目されるだけの実績がある期だった。なかでも西浦進、服部卓四郎、堀場一雄は三四期の三羽烏と称されていた。終戦時、三四期の序列は、歩兵科から航空科に転科した花本盛彦がトップ、次は対ソ情報屋の武田功、そして三羽烏と続く。この期の実力者となれば、東条英機の陸相秘書官、首相秘書官が長い赤松貞雄となる。

この二人の陸大四二期は、昭和五年十一月の卒業、この時、西浦進も服部卓四郎もまだ中尉だった。大尉進級は翌六年八月、そしてすぐに満州事変となる。そこで急ぎ勤務将校にと二人に中央から声が掛かる。西浦は軍務局軍事課、服部は参謀本部総務部だ。

西浦進はまず軍事課編制班に配置された。この時の軍事課長は永田鉄山、高級課員は村上啓作、編制班長は鈴木宗作だった。翌七年、西浦は同課予算班に異動するが、課長も山下奉文に代わっており、予算班長は綾部橘樹だ。陸軍省の中枢だから当然にしろ、上司はどれも超大物だ。それが「西浦は仕事ができる」と太鼓判を押せば、どこでもお木戸御免となる。逆に「あれが本当に陸大首席か」などといわれれば、一挙に将来が暗転するのだから怖い世界だ。

服部卓四郎は、まず参謀本部第一課の編制班に配置された。課長は東条英機、班長は寺倉正三だ。これが服部と東条の縁の始まりとなる。同じ頃、堀場一雄は参謀本部第二課兵站班に配置された。第二課長は当初、今村均だったが、翌七年に入ると小刻みに小畑敏四郎、鈴木率道と代わる。班長は武藤章、板花義一だ。どれも癖のある仕えにくい上司だ。

昔から、参謀本部の総務部と第一部の関係はしっくり行っていなかった。そこに個性豊かな東条英機が第一課長、鈴木率道が第二課長だから、険悪な関係に陥った。もちろんそんなとばっちりだけではないだろうが、堀場一雄はそれから外回りに終始した。もし、服部卓四郎が第二課、堀場が第一課に回っていれば、それからの展開はかなり変わっていたはずだ。

昭和九年、西浦進と服部卓四郎は、軍事研究のためフランス駐在となる。西浦は砲兵科、服部は歩兵科だから、任地はことなる、この駐在中、西浦はスペイン内戦、服部はエチオピア戦争を現地視察している。この報告がよくできているということで、二人の名前が部内外に広く知られることとなった。

二年の駐在をおえた西浦進は、古巣の軍事課員に復帰するが、すぐに支那事変となって予算班長に上番する。軍事課長は田中新一、高級課員は稲田正純だ。昭和十四年三月に西浦は軍事課高級課員となるが、課長は岩畔豪雄だった。同十四年九月から軍務局長は武藤章となり、いよいよ大東亜戦争への陣容が整って行く。

一方、参謀本部は昭和十一年六月に改編され、それまでの第一課（編制動員課）と第二課（作戦課）が合併されて第三課となり、第二課はいわゆる戦争指導課となった。同十一年に帰国した服部卓四郎は、この第三課の編制班に配置され、古巣に戻ったことになる。班長は綾部橘樹、班長は寺田雅雄、松村知勝、那須義雄の頃だ。

編制班に一年半いた服部卓四郎は、そろそろ異動の時期となった。そこで彼をどこに持って行くかが問題だ。すぐに班長にしようとしてもポストが空かないし、彼ほどの成長株は滅多なところに転出させることもできない。そこで、もとの上司で関東軍第一課長（作戦課長）に転出していた寺田雅雄のしたではどうかとなり、同課作戦主任に転出となった。そこに入って来たのが、士官学校事件で歩兵第二連隊付となっていた辻政信だった。ここでノモンハン事件を巡る独走トリオが生まれてしまった。

ノモンハン事件の惨敗による問責人事で、関東軍参謀長の磯谷廉介は予備役編入、寺田雅雄は戦車学校付、服部卓四郎は歩兵学校付から教育総監部付、辻政信は華中の第一一軍司令部付に飛ばされた。これでもう終わりかと思われた服部だったが、奇跡の復活をする。陸相は東条英機、人事局長は野田謙吾だった昭和十五年十一月、服部は参謀本部第二課作戦班長で中央に復帰し、さらに翌十六年七月に中佐のままで第二課長に上番した。

元来、参謀本部第一部第二課というところは、軍機事項を多く扱うため、限られた人によるモンロー主義と徒弟制度が支配する部署だった。人事異動も陸大教官との往復が普通だ。そこに育ちがちがう人がさ迷い込むと嫌な思いをすることになる。軍務局育ちで参謀本部の勤務は第一課だけだった今村均は、昭和六年八月に満蒙問題解決のため第二課長に抜擢された。ところが満州事変が起こると、第二課の部下に足を引っ張られることとなり、後味が悪い辞め方をしている。それからの今村は、中央で腕を振るう機会を奪われてしまった。

参謀本部育ちとされる服部卓四郎だが、第一部系統の人が白い眼で見る総務部系統だ。それでよく第二課は服部を迎え入れ、これといったこともなく長い勤務となったとは、不思議なことだ。服部が如才ない都会人で敵を作らなかったのだろう。また、どんな人事でも押し通し、それに逆らう者は首を切るという東条英機の存在を抜きにしては、服部の軍歴は考えられない。

昭和十六年十月、東条英機は陸相兼任の首相に就任した。東条が歩兵第一連隊長の時、部下の中尉という関係の赤松貞雄が陸相秘書官から持ち上がりで首相秘書官となった。その後任の陸相秘書官は西浦進となった。西浦が軍事課高級課員に上番したのは十四年三月だから、そのまま軍事課長となってもおかしくはない。

ところが、軍事課長だった岩畔豪雄が日米交渉のため十六年二月に下番して真田穣一郎と交替したばかりで、そうすぐには動かせない。そこで東条は好みの能吏の西浦を陸相秘書官として温存、機会を見て軍事課長にしようと考えた。十七年四月、軍務局長が武藤章から佐藤賢了に代わった時、同時に西浦が軍事課長に上番した。なお、昭和期の陸軍省軍事課長と参謀本部第二課長については、表16と表17を参照してもらいたい。

ガダルカナル戦が最終局面にいたった昭和十七年十二月、参謀本部第一部長の田中新一が罷免され、後任は綾部橘樹となった。陸軍の徴用船一八万総トンをほかに回すという閣議決定に激怒した田中は軍務局長の佐藤賢了を殴り、東条英機にバカ野郎と怒鳴り、これで罷免となった。部内のさめた見方では、どうにもならなくなったから、ひと芝居打って逃げ出したとも語られていた。こうなると第二課長の服部卓四郎も無事では済まない。ガダルカナル戦での逐次投入、兵站の不手際が批判され、彼もまた十七年十二月中に更迭された。後任は期が三一期に戻って真田穣一郎となった。では、服部はどこへ行ったかと思えば、なんと陸

表16　昭和期の軍務局軍事課長

年	氏名	就任日時	前職／転出先
大正			
14年	林　桂（＃13）	14. 5. 1	歩兵第１連隊長／歩兵第１旅団長
15年			
昭和			
2年			
	古荘幹郎（＃14）	2. 7.26	兵務課長／歩兵第２旅団長
3年			
	梅津美治郎（＃15）	3. 8.10	参本第１課長／歩兵第１旅団長
4年			
5年			
	永田鉄山（＃16）	5. 8. 1	歩兵第３連隊長／参本第２部長
6年			
7年	山下奉文（＃18）	7. 4.11	歩兵第３連隊長／兵器本廠付
8年			
9年			
	橋本　群（＃20）	9. 8. 1	参本第１課長／鎮海要塞司令官
10年			
	村上啓作（＃22）	10.10.11	兵務課長／陸大教官
11年	町尻量基（＃21）	11. 3.28	近衛野砲兵連隊長／侍従武官
12年	田中新一（＃25）	12. 3. 1	兵務課長／駐蒙軍参謀長
13年			
14年	岩畔豪雄（＃30）	14. 2.10	軍事課高級課員／米国出張
15年			
16年	真田穰一郎（＃31）	16. 2. 5	支那派遣軍第１課長／軍務課長
17年	西浦　進（＃34）	17. 4.20	大臣秘書官／支那派遣軍第３課長
18年			
19年			
	二神　力（＃34）	19.12. 8	歩兵第34連隊長／参本第10課長
20年	荒尾興功（＃35）	20. 4.16	参本第10課長／

表17　昭和期の参謀本部第２課長（作戦課長）

大正		就任日時	前職／転出先
15年	小川恒三郎（#14）	15. 3. 2	歩兵第29連隊長／参本庶務課長
昭和			
元年	小畑敏四郎（#16）	1.12.28	陸大教官／歩兵第10連隊長
2年			
3年			
	今井　清（#15）	3. 8.10	参本第4課長／歩兵第30旅団長
4年			
5年			
	鈴木重康（#17）	5. 8. 1	駐ポーランド武官／近衛歩兵第1連隊長
6年			
	今村　均（#19）	6. 8. 1	軍務局徴募課長／参本付
7年	小畑敏四郎（#16）	7. 2.10	陸大教官／参本第3部長
	鈴木率道（#22）	7. 4.11	参本第2課作戦班長／参本付
8年			
9年			
10年			
	石原莞爾（#21）	10. 8. 1	歩兵第4連隊長／参本第1部長
11年	清水規矩（#23）	11. 6. 5	参本第1課長／歩兵第73連隊長
	冨永恭次（#25）	11. 8. 1	参本庶務課長代理／関東軍付
12年	武藤　章（#25）	12. 3. 1	関東軍第2課長／中支方面軍参謀副長
	河辺虎四郎（#24）	12.10.26	参本第2課長／浜松飛行学校教官
13年	稲田正純（#29）	13. 3. 1	軍事課高級課員／参本付
14年			
	岡田重一（#31）	14.10.12	参本庶務課長／歩兵第78連隊長
15年			
	土居明夫（#29）	15. 9.28	参本第5課長／第3軍参謀副長
16年			
	服部卓四郎（#34）	16. 7. 1	参本第2課作戦班長／大臣秘書官
17年			
	真田穰一郎（#31）	17.12.14	軍務課長／参本第1部長
18年			
	服部卓四郎（#34）	18.10.20	大臣秘書官／歩兵第65連隊長
19年			
20年	天野正一（#32）	20. 2.12	第6方面軍参謀副長／

※昭和11年6月〜12年11月、第2課は戦争指導課、作戦課は第3課

相秘書官だった。これは左遷か栄転かと迷うところだ。

昭和十八年九月、御前会議で絶対国防圏構想が決定し、新たな作戦の立案が急がれた。そして同年十月、服部卓四郎が第二課長に返り咲いた。それもなかなか芸の細かい人事だった。まず、第二課長の真田穣一郎を少将に進級させて、数日間、第二課長事務取扱とする。それから真田を持ち上がりで第一部長とし、空席となった第二課長に服部を入れるというものだ。そして後任の陸相秘書官は服部の後継者と見られていた井本熊男だ。

サイパン奪回のY作戦中止が決定したのは、昭和十九年六月二十五日だった。上奏までした作戦を中止するとは何事かと勢い付いた反東条勢力は倒閣に動き、七月十八日に東条内閣は総辞職となった。それでもなお東条英機は人事権を握る陸相に残ろうとしたが、これは無理な話で七月二十二日、陸相を辞任したうえ、即日、予備役に入った。東条は十九年二月以来、参謀総長だったのだから、省部は大混乱に陥ったかと思えば、案外と平静だったという。倒閣に成功した勢力は、さてこれからどうすると思案投げ首なのだから、これで戦争中なのかと不思議に思う。ポスト東条の体制作りで人事が本格的に動き出すのは、次官の冨永恭次が第四航空軍司令官に転出した昭和十九年八月末からだった。

さて、ここまで取り上げてきた二人だが、西浦進は昭和十九年十二月に支那派遣軍総司令部の第三課長（政務）に転出、服部卓四郎は翌二十年二月に華中の第一三師団歩兵第六五連隊長に転出した。なお、赤松貞雄はいったん軍務局軍務課長となり、二十年二月に華中の第六一師団歩兵第一五七連隊長に転出した。もちろん三人そろって無事に復員している。

幕僚の上がり、局長と部長

◆陸相の参謀長、軍務局長

陸軍省の局長、参謀本部の部長、これが幕僚の上がりのポストで、ここまで来ればあと二つ、三つと職務が与えられ、いよいよ大将が視野に入る。おそらく大将にもっとも近づいているのは、陸相の参謀長役をつとめる軍務局長だろう。なお、昭和期の軍務局長については、表18を参照してもらいたい。

大正十五年九月、第一次世界大戦の戦訓をもとにして、国家総動員体制の確立がはかられることとなり、陸軍省に整備局が設けられた。これにともない軍務局は、それまでの兵科別の構成から、軍事、兵務、徴募、防備、馬政の機能別の五課となった。この改編前後の軍務局長は、畑英太郎と阿部信行だった。

日露戦争中、畑英太郎は第一軍兵站監部参謀として出征、鴨緑江軍参謀、終戦時は大本営参謀だった。鴨緑江軍参謀の時、同じ参謀で宇垣一成がおり、これが二人の縁の始まりとなる。その後、畑は参謀本部第二部系統の勤務が続いたが、中佐の時に軍事課員に転じた。軍事課長は宇垣一成だ。それ以降、軍事課長、航空局次長をへて大正十一年二月、軍務局長に上番して陸軍省改編に取り組むことになる。畑は十五年七月まで軍務局長をつとめるが、前半の次官、後半の陸相は宇垣だった。

陸軍省が新しい体制になって最初の軍務局長が阿部信行だ。彼は本来、参謀本部の総務部系統の人で、陸大と参謀本部を往復していた。その頃、参謀本部の第一部長や総務部長、陸大校長をしていた宇垣一成は、阿部の軍政的な手腕を認めた。そして宇垣が陸相だった大正十五年七月、参謀本部総務部長だった阿部を軍務局長に横すべりさせる異例の人事となった。

この畑英太郎と阿部信行の補職を見るだけでも、大正から昭和にかけての陸軍省の人事は、宇垣一成が差配していたことが実感できる。その宇垣は昭和六年六月、予備役に入って朝鮮総督となり、日本を去った。重しがなくなり、混乱が不可避なこの転換期に軍務局長の重責を担ったのが、小磯国昭、山岡重厚、永田鉄山となる。

小磯国昭は、教官と衝突したためか陸大の成績は霞んでいたので、中央官衙勤務の振り出しは参謀本部第五課（支那課）兵要地誌班長と地味だった。そこで彼は、ドイツの戦時自給経済の報告書に出会う。これを日本の国家総動員に引きうつし、兵要地誌班の作業として『帝国国防資源』との一書をものにした。

これは大正六年のことで、第一次世界大戦中だから注目される。しかも、大陸と内地を一体化させるため、対馬海峡にトンネルを掘るとぶち上げたのだから、部内外の反響を呼ぶ。

大風呂敷だ、やれハッタリだとされても、まず名前を覚えてもらうことが大事なのが軍人の世界だ。陸大首席、恩賜ということも、実は名前を知ってもらえることに最大のメリットがある。

加えて小磯国昭は、陸士、陸大の同期に恵まれた。杉山元、畑俊六、二宮治重、そして小磯の「四人組」は部内で早くから知られていた。よく、同期の桜だ、絆だと語られるが、それは若い頃の話で、いよいよ連隊長、少将かとなると最大のライバルは同期だとなり、なかたがいする。永田鉄山と小畑敏四郎がそのよい例だ。ところがこの「四人組」に限って、いつまでも損得抜きの付き合いが続いた。よほど人徳のある連中だとの評判が定着し、それがこの四人が栄達した秘密なのかもしれない。

大正十二年三月、二宮治重が参謀本部第一課長を下番して、古荘幹郎と交替した。その申し送りの際、二宮から「貴公の次は小磯にしてくれんか」と頼まれれば、古荘としてもむげにはできない。そこに参謀本部第二課長の畑俊六の援護射撃も加わるから、十四年五月に小磯国昭は第一課長に上番した。宇垣一成が軍務局長の杉山元に、「整備局長はだれにするか」と意見を求めれば、「それは帝国国防資源の小磯ですな」となり、昭和四年八月の定期異動で小磯は整備局長となる。さらに杉山の後任をだれにするかとなれば、前任者の意向が尊重されるから、五年八月に小磯軍務局長が誕生する。

満州事変の最中、南次郎に代わって陸相に上番した荒木貞夫は、宇垣色の一掃に乗り出した。ところが陸軍省にうとい荒木は、小磯国昭を手放せず、軍務局長、次官と使い続けた。

表18　昭和期の陸軍省軍務局長

		就任日時	前職／転出先
大正15年	阿部信行(＃ 9)	15. 7.28	参本総務部長／次官
昭和2年			
3年			
	杉山　元(＃12)	3. 8.10	兵器本廠付／次官
4年			
5年			
	小磯国昭(＃12)	5. 8. 1	整備局長／次官
6年			
7年	山岡重厚(＃15)	7. 2.29	歩兵第1旅団長／整備局長
8年			
9年	永田鉄山(＃16)	9. 3. 5	歩兵第1旅団長／死去
10年			
	今井　清(＃15)	10. 8.13	人事局長／第4師団長
11年	磯谷廉介(＃16)	11. 3.23	駐中国武官／第10師団長
12年	後宮　淳(＃17)	12. 3. 1	人事局長／第26師団長
	町尻量基(＃21)	12.10. 5	侍従武官／北支方面軍参謀副長
13年	中村明人(＃22)	13. 4.14	第3軍参謀長／兵務局長
	町尻量基(＃21)	13.11.21	第2軍参謀長／停職
	山脇正隆(＃18)	13.12.29	陸軍次官、事務取扱
14年	町尻量基(＃21)	14. 1.31	停職／第6師団長
	武藤　章(＃25)	14. 9.30	北支方面軍参謀副長／近衛師団長
15年			
16年			
17年	佐藤賢了(＃29)	17. 4.20	軍務課長／支那派遣軍総参謀副長
18年			
19年			
	真田穣一郎(＃31)	19.12.14	参本第1部長／第2総軍参謀副長
20年	吉積正雄(＃26)	20. 3.27	整備局長／

小磯の後任の軍務局長は山岡重厚となった。山岡は刀剣の鑑定は玄人はだしとして知られていたが、教育総監部育ちで陸軍省の勤務はない。不可解な荒木人事の典型だが、山岡の周囲は人材で固めていた。山岡が軍務局長に在任した昭和七年二月から九年三月まで、そのほぼ全期間、軍事課長は山下奉文だった。

昭和九年一月、荒木貞夫は病気のため陸相を辞任し、後任は林銑十郎となった。林による最初の人事で、軍務局長の山岡重厚は整備局長に横すべり、後任は永田鉄山となった。永田は生粋の軍政屋と思われがちだが、教育総監部の勤務が長く、中佐の時に軍事課高級課員が陸軍省勤務の最初だ。それから整備局動員課長、軍事課長、参謀本部第二部長、歩兵第一旅団長から軍務局長に上番となる。

この経歴を見る限り、永田鉄山はなるべくして軍務局長になったとはいいにくい。前任者の山岡重厚が教育総監部時代の関係で永田を推したとも考えられるが、より大きな力が働いたとすべきだろう。杉山元は次官の時、小磯国昭は軍務局長の時、永田を軍事課長として使っており、その関係で杉山と小磯が強く推薦したとすれば、話の筋は通る。

二・二六事件後の昭和十一年八月、陸軍省官制が改正された。この主な狙いは軍務局の簡素化と権限強化で、軍事課と新設の軍務課の二課のみとなった。軍事課は主に「陸軍軍備其ノ他一般陸軍軍政ニ関スル事項」「陸軍建制竝ニ平時戦時ノ編制及装備ニ関スル事項」「陸軍予算ノ一般統制ニ関スル事項」を所掌する。軍務課は主に「国防政策ニ関スル事項」「満州国ノ軍事其ノ他之ニ関連スル事項」「満州国以外ノ外国ノ軍事ニ関スル事項」「帝国議会トノ交渉ニ関スル事項」を所掌する。これによって軍務局は、強力に政治に関与するようになる。そこで軍務局長が軍国日本の牽引力とみなされ、その象徴的な存在が武藤章だった。

武藤章の中央勤務は、教育総監部第一課が振り出しだ。少佐になってから参謀本部で第四課（欧米課）第一班、第二課（作戦課）兵站班と歩き、第二部長直属の第四課第四班長（綜合班）となり、この時の第二部長が永田鉄山だった。永田が軍務局長に上番すると、歩兵第一連隊付中佐だった武藤を軍事課高級課員に引っ張った。ここで武藤は軍政畑に足を踏み入れた。二・二六事件後、広田弘毅内閣の組閣時、寺内寿一陸相のネジを巻いて閣僚人事に介入させたのは武藤だったとされ、その強腕ぶりは広く注目された。

二・二六事件の直後だから、武藤章を東京においておくとなにかと危ないということで、昭和十一年六月に関東軍第二課長に転出した。この頃、関東憲兵隊司令官は東条英機だったが、深く接触したような話は伝わっていない。そして十二年三月、武藤は参謀本部第三課長（作戦課）に上番する。これは同じ時に第一部長になった石原莞爾が、「武藤を俺にくれ」と名指しで求めたことによる。そして支那事変の突発、不拡大論の石原と一撃論の武藤が鋭く対立したことは承知の通り、ここで繰り返す必要はないだろう。

昭和十四年八月末、板垣征四郎陸相が辞任、昭和天皇の意向もあって後任は侍従武官長の畑俊六となった。この時、軍務局長は町尻量基だったが、これが三回目の軍務局長だから、もう下番させることとなった。町尻の在任が長かったため、二一期から二五期あたりまで飛ぶことになり、候補は北支那方面軍参謀副長の武藤章、駐蒙軍参謀長の田中新一の二人に絞られた。

武藤章は参謀本部第三課長、田中新一は兵務課長と軍事課長を経験している。武藤は軍事課高級課員はやっているものの、どちらが陸軍省に明るいかといえば、田中の方だとなる。町尻量基の意向は不明だが、軍事課はその経歴から田中を推し、軍務課は広田内閣組閣時の迫力から武藤を望んだ。陸相の畑俊六としては、自分の参謀長を選べといわれれば、彼が第一部長の時に第二課部員だった武藤をとなるのが人情だ。

こうして軍務局長は武藤章となり、これを東条英機がもらい受けることとなった。「東条は蓄音機、それを回しているのは武藤」と語られているほど、武藤は東条を意のままに操ったとされる。それが本当かどうか、またいつもそうだったのかは分からないにしろ、武藤は東条を軽く見ていたことは間違いない。なぜなら、武藤という人はだれにでもそういう態度だからだ。それを東条は知りながらも、手放せない人材が武藤だったということになる。

そういった緊張関係が占領地の統治政策の問題から爆発した。大東亜戦争に入る際、統治計画は理想論をも混ぜた玉虫色のものだった。ところが緒戦の大勝利で慢心したのか、強圧的な政策に転換し、早急に資源を入手するようにとなった。これに服さないのがインドネシアの第一六軍司令官、今村均だった。そこで「大東亜建設審議会理事会」の一員として武藤章は人事局長の冨永恭次を帯同して南方各地を視察することとなった。

人事局長と一緒とは威圧的だが、今村均はそれを怖がるような人ではない。今村は理屈をこねるのが達者で、意外なことに感情激発型だ。しかも、武藤章と冨永恭次が関東軍に勤務していた時の参謀副長が今村だから、さすがのこの二人でも遠慮というものがある。今村に、「開戦時に示された占領地統治要綱が改定されたのか、方針変更を内奏したのか」と問い詰められ、「人事局長がいるのだから、俺を首にしろ」とまでいわれれば、すごすごと引き下がるしかない。しかも、南方軍の寺内寿一総司令官は、東条英機のやることはなんでも反対で、今村を高く評価しているから始末に困る。

結局、論破された武藤章はジャワの軍政は従来通りで良いと報告し、これで東条英機は武藤に落第点を付けた。ほかにも内閣書記官長の星野直樹と合わない、部外者との広い付き合い、終戦処理は後継内閣でと語るなど、武藤を巡ってはさまざまなことがあったが、やはり南方軍政の問題が大きかった。昭和十七年四月、武藤はスマトラにあった近衛師団長に転出し、これで東条の周囲から知恵袋が消えた。

◆人事を司る人事局長の人事

人事局長は将官人事のみ扱う。人事案を作成し、師団長以上の親補職の場合は直接、三長官会議の決定を仰ぐ。それ以外の将官の場合は、まず三次官会議での決定を求め、三長官の同意を求める。補職、待命はもちろん、進級、予備役編入も含まれる。人事局長には決定権はないが、それが作成する人事案に載せてもらえるか、載せられてしまうかがまず問題になるから、その権限は絶大だ。

対象となる将官は、平時で四〇〇人前後だから、簡単そうに思えるが、それは間違いだ。

長らく平時、師団長は一七人だったが、毎年、一〇人前後が異動する。師団長をおえた者の補職先、その後任と玉突きが起きるから、たちまち二〇人、三〇人が動くことになる。また、おおよそ毎年、少将に進級する者は五〇人ほど、その補職も問題だが、定員があるからどこで切るかがむずかしい。

こちらを立てれば、あちらが立たずが人事の常だから、人事を巡る心の機微を知る者でないと人事局長はつとまらないように思える。そうであれば、佐官の人事に携わった陸軍省の補任課長と恩賞課長、参謀本部の庶務課長の経験者が人事局長にとなるはずだ。ところが、いわゆる人事屋の人事局長は、不思議と評判が芳しくない。人事は畑ちがいという人事局長の方が公明、中立だと好評のケースが多い。人事というものの複雑さを感じさせる。なお、昭和期の人事局長については、表19を参照してもらいたい。

大佐の時、全軍の人事に通じるポストには、陸軍省高級副官（大臣官房副官の先任者）がある。人事に関与する立場ではないにしろ、人の動きをよく知っていないとつとまらないポストだ。これを経験して人事局長に上番した人は、本郷房太郎、中村孝太郎、松浦淳六郎の三人だ。昭和七年二月、人事局長に上番した松浦は、参謀本部庶務課高級課員、教育総監部庶務課長を経験して人事に通じていた。

松浦淳六郎が参謀本部と教育総監部の庶務課に勤務していた時の上司、総務部長と本部長はともに岸本鹿太郎だった。そして陸軍省高級副官として仕えた陸相は、白川義則と宇垣一成だった。これを見る限り、松浦は出身が福岡でも宇垣につらなる者の一人となる。彼が人

表19　昭和期の陸軍省人事局長

大正		就任日時	前職／転出先
15年	川島義之（＃10）	15. 3. 2	近衛歩兵第1旅団長／第19師団長
昭和			
2年			
3年			
4年			
	古荘幹郎（＃14）	4. 8. 1	歩兵第2旅団長／参本総務部長
5年			
	中村孝太郎（＃13）	5.12.22	朝鮮軍参謀長／支那駐屯軍司令官
6年			
7年	松浦淳六郎（＃15）	7. 2.29	歩兵第12旅団長／歩兵学校長
8年			
9年			
10年	今井　清（＃15）	10. 3.15	参本第1部長／軍務局長
	後宮　淳（＃17）	10. 8.13	参本第3部長／軍務局長
11年			
12年	阿南惟幾（＃18）	12. 3. 1	兵務局長／第109師団長
13年			
	飯沼　守（＃21）	13.11. 9	予科士校幹事／第110師団長
14年			
	野田謙吾（＃24）	14.10. 2	教総第2部長／支那派遣軍総参謀副長
15年			
16年	冨永恭次（＃25）	16. 4.10	公主嶺戦車学校長／次官
17年			
18年	冨永恭次（＃25）	18. 3.11	事務取扱／第4航空軍司令官
19年			
	岡田重一（＃31）	19. 7.28	補任課長／北支方面軍参謀副長
20年	額田　坦（＃29）	20. 2. 1	参本第3部長／

事局長になったのは、よく似た経歴の前任者、中村孝太郎が強く推したからだろう。このような背景を知れば、松浦がなにやら派閥的な動きをして、偏向した人事を行なったということはありえない。

ところが時期が悪かった。松浦淳六郎が人事局長だったのは、昭和七年二月から十年三月までだった。陸相は荒木貞夫と林銑十郎、教育総監が真崎甚三郎、軍務局長が山岡重厚の時期と重なる。林はともかく、この荒木、真崎、山岡はことのほか人事に熱心だった。良かれと思ってあれこれ注文したのだろうが、はたから見れば不明朗にうつる。そもそも一方に良い人事は、他方にとっては不満な人事なのだ。それも高級人事ならばまだしも、荒木陸相は佐尉官の人事案にまで朱を入れたというから、これは問題だ。

あれこれいわれても、人事局、人事局長として原案を押し通せばよいが、人の良い松浦淳六郎にはそれができない。それも無理からぬことで、いちいち荒木貞夫の長口舌を聞かなければならないとなると、まあ黙っているかとなる。しかもこの頃、参謀総長が皇族の閑院宮載仁なのだから、三長官会議は事実上、機能を停止している。そして前述したように、松浦と真崎甚三郎は、職務上の縁が深い。

将官人事ともなれば、慎重に手順を踏む。まずは、異動予定の者に次の職務を内示して、後任候補を上げてもらう。次におなじ手順でその候補に後任を推薦してもらう。このようにして玉突き人事を調整し、まとまりがついて発令となる。ところが異動先が前の話とちがっている。上からの介入があったから、こうなったのかと推測するのが普通だろう。とにかく関係者すべてが同窓生なのだから裏の事情はすぐに伝わる。話とちがうというケースが、松浦淳六郎が人事局長の時は多かったとされる。不明朗だ、情実人事だ、派閥人事だとなって部内の雰囲気そのものが悪くなった。

昭和十年三月、林銑十郎陸相の人事で松浦淳六郎は、歩兵学校長に異動、明らかに左遷だ。そして第一〇師団長で予備役となったものの、十三年五月に召集、第一〇六師団長として武漢攻略戦に参加、苦戦することとなる。人の恨みをかうと恐ろしいことになる一例だ。人事に明るい人がトップ人事を扱うと、どうも評判が悪いということだが、その反対のケースは歓迎されるから不思議なことだ。それは川島義之と阿南惟幾の場合に見られる。

川島義之は陸大二〇期の恩賜だが、卒業後の配置は戸山学校教官だった。それ以来、教育畑が長く、大正九年八月から十二年八月までのあいだ、教育総監部の第二課長、第一課長をつとめている。その時の教育総監は同郷、愛媛出身の秋山好古だった。先輩、後輩が助け合う、これが伊予の美風とされ、藩閥といわれないから不思議だ。

大正十五年三月、近衛歩兵第一旅団長だった川島義之が人事局長に上番した。前任者の長谷川直敏が中央幼年学校長、陸士予科長、本科長の時、川島は教育総監部の課長だったから、その関係で長谷川が川島を推したと見るのが自然だ。さらにこの時点で陸相が宇垣一成から白川義則に交替することがほぼ決まっており、白川が川島を人事局長に望めば話は簡単だ。白川も人事局長をやっており、語るまでもなく白川も愛媛出身だ。

人事局長に上番した川島義之は、公平な人事をする人として好評だった。杉山元が軍務局長に、峯国松が憲兵司令官になった時の人事局長は川島だ。彼は大きな声を出したことがなく、あらゆる意味で「頭の良い人」だったから敵を作らないので好評だったのだろう。また、宇垣一成による軍備整理で大きな異動も済んでおり、その台風一過ということも人事を楽にしていた。

阿南惟幾の人事局長は、まったく場違いの人事だった。そもそも阿南は、東京幼年学校長を下番して少将進級のうえ、予備役編入のはずだった。ところが二・二六事件が起きて、早急に軍紀、風紀を引き締めるとなり、軍務局兵務課を兵務局に格上げされることとなった。さて、初代の兵務局長にだれをあてるか。時節柄、命懸けの職になりかねないから、「自分が」と手を上げる人もいないし、利口な人は逃げ回る。そこで無色透明、これまで人の恨みをかっていなく、承詔必勤と引き受けるだろう阿南に落ち着いた。とにかく阿南が東京にいたことが決め手だ。

昭和十二年三月、人事局長在任も長くなった後宮淳は、二・二六事件の後始末人事も終わったので軍務局長に横すべりとなった。この後任人事もまた難問だ。部内を大掃除する際、かなり無理もあったろうし、復活待命という空手形の問題もある。それを引き継ぐとなると、これまた命懸けだ。そこで兵務局長の時と同じ理由で、阿南惟幾の横すべりに落ち着いた。中央の事情にうとい阿南で大丈夫かとの声もあったはずだが、これが大好評を博した。

それまで人事に関与したことがなかったからか、阿南惟幾は人事局員の声を率直に聞き入れる。また、過去のしがらみがないから、新しい施策をすぐ実行に移す。例えば、それまで少尉候補者出身は、年齢の関係もあると理屈を付けて中隊長に補職してこなかった。支那事変の長期化もあり、これを中隊長にあてたところ、反発されるどころか好評だった。また、陸大恩賜組を航空科に転科させる施策にも踏み切った。もちろん転科させられる者は不愉快だったろうが、全体としては結構な人事施策と歓迎された。

人事に対する不満、批判が渦巻いたのは、大東亜戦争中だった。こともあろうに、第一線勤務を懲罰の手段としたとは何事だと戦後になっても非難され続けた。しかも人事局長、補任課長ともに長期在任となったから、怨嗟の声も鬱積する。人事局長は事務取扱も含めて昭和十六年四月から十九年七月まで冨永恭次、補任課長は十六年十月から十九年七月まで岡田重一だ。さらに十九年七月から二十年二月までの人事局長はなんと岡田だ。

冨永恭次は、二・二六事件直後に参謀本部庶務課長代理をやっているが、ほかに人事畑の勤務はなく、参謀本部第一部系統の人で、第二課長や第一部長をつとめた作戦畑のエリートだ。また昭和十二年三月、関東軍付から関東軍第二課長に上番したが、同じ時、関東憲兵隊司令官から関東軍参謀長に上番したのが東条英機だ。この関東軍の時代、冨永と東条は昵懇となり、その縁がずっと続く。

岡田重一と冨永恭次の縁も深い。冨永が関東軍第二課長から近衛歩兵第二連隊長に転出した昭和十三年三月、岡田は同第一課の作戦主任に上番した。そして一年後、冨永が参謀本部第四部長で岡田が同庶務課長だ。そして半年後、冨永が第一部長となると岡田が第二課長に上番する。冨永が岡田を引き続けたのか、それとも東条英機がこの二人をセットにして使おうとした結果かどうかは分からない。

この冨永恭次と岡田重一を手足とした東条人事は、個人的な好悪の感情を剝き出しにし、猶予なしの電撃処分、しかも憲兵情報を基にしていると怨嗟の的となった。特に問題は、憲兵を使って情報資料を集めて、それを人事に使ったことだった。部隊や機関のなかで肩を並べて勤務していない憲兵が集める情報資料とは、結局のところ噂、評判、陰口のたぐいだ。それをもとに人事を行なえば、本当の人材は得られないと古来から語られている（「在君好用世俗之所誉、而不得其賢也」『六韜』）。すなわち、評判だけが基準となれば、仲間の多い者、徒党を組んでいる者が有利になる。さらには徒党を組んで人材の登用を妨げることも可能だということだ。

とにかく大東亜戦争中の人事は失敗したというのが一般的な声だが、「東条英機はああいう人」とだれもが諦めていたようで、批判の矛先は冨永恭次に集中した。冨永はフィリピンの第四航空軍司令官の時、敵前逃亡同然の事件を起こしたから、槍玉に上げやすいという背景もある。そして不思議なのは、それに付き従った岡田重一は、そう悪くいわれない。東条と冨永、あの二人によく仕えられたものだということなのだろうが、それだけでは将来に資する評価をしたことにはならない。

◆隠然とした存在の総務部長

当初、参謀本部には参謀本部副官というポストがあり、陸軍省高級副官と同じ位置付けだった。これが明治三十二年一月、総務部長と改称された。参謀本部が部課制に切り替わった四十一年十二月、総務部は庶務課と編制・動員を所掌する第一課からなることとなった。庶務課は参謀の人事を扱い、陸軍省などとの連絡もここを通すということで権威が生まれ、隠然とした勢力となった。

参謀本部の中枢は第一部第二課だが、そこでの決定も総務部と連帯しなければ形にならない。第一課と調整して部隊の手当をし、庶務課と連絡して幕僚を確保する。さらに予算、部隊の手当となると、総務部を通して軍務局軍事課と連帯する必要がある。これが円滑に動いて初めて、第二課のプランが形になって行く。こういう関係にあるから、総務部と第一部の関係は、とかく緊張しがちだった。そんなことから総務部系統と第一部系統という人脈が生まれる。昭和の陸軍に統制派と皇道派という二大潮流があったとすれば、総務部系統が統制派、第一部系統が皇道派となるだろう。阿部信行と荒木貞夫、東条英機と小畑敏四郎の関係を思い浮かべればイメージがつかめるはずだ。

総務部長は、参謀本部と陸軍省の両方に足を掛けている形になるため、参謀本部の各部長をおえた大物があてられるケースが多かった。第一部長からは、尾野実信、宇垣一成、武藤信義、黒沢準だ。第二部長からは、中島正武、二宮治重、橋本虎之助、若松只一だ。第三部長からは、岸本鹿太郎、山田乙三だ。また、古荘幹郎は人事局長、総務部長と回ってから第一部長だ。なお、昭和期の総務部長については、表20を参照してもらいたい。

このような実績のある大物が総務部長となり、参謀の人事権を握っていた頃は部内の統制もきいていた。ところが二・二六事件以降の改編、支那事変の長期化もからんで総務部の地位が低下すると、総務部長も総じて小粒となり、参謀の独走が加速したように見受けられる。ここでは時代の境目に立ち、しかも各部長を経験しないまま総務部長に上番した阿部信行、梅津美治郎、笠原幸雄の三人を取り上げてみたい。

阿部信行の中央官衙勤務は、参謀本部第一課から始まっている。ドイツ駐在、駐オーストリア武官補佐官をへて陸大教官となるが、この時の校長は河合操だ。大佐となって名古屋の野砲兵第三連隊長に上番するが、師団長は大庭二郎、菊池慎之助の時だ。中央に戻って参謀本部第一課長、上司の総務部長は武藤信義だ。そして陸大幹事をはさんで大正十二年八月、阿部は総務部長に上番する。この時の参謀総長は河合操だから、阿部は上司に恵まれた運の良い人だった。

大正十二年十二月、宇垣一成次官を委員長とする軍制調査委員会が設けられ、総務部長の阿部信行もその一員となった。ここで決定されたのが、四個師団を廃止するいわゆる宇垣軍縮だ。ここで示した阿部の見識と手腕を宇垣は高く評価し、十五年七月に軍務局長、続いて次官、陸相代理と阿部を登用することになる。阿部の軍歴を見ると、誠意をもって上司に仕え、上司もそれに応えて要職を任せるという良き時代だったと思えてくる。

昭和に入ってすぐから、戦争を体験した世代から体験していない世代に変わったことが関係しているのか、下僚は平気で上司への不満を口にするばかりか、あい謀って徒党を組み下克上に走るのを目にすることになる。その一方、上司は部下を使い捨てにし、面倒を見よう

表20　昭和期の参謀本部総務部長

		就任日時	前職／転出先
大正			
15年	黒沢　準(＃10)	15. 7.28	歩兵第37旅団長／参本付
昭和			
2年	岡本連一郎(＃ 9)	2. 1.19	歩兵第9旅団長／参謀次長
3年			
4年			
	二宮治重(＃12)	4. 8. 1	参本第2部長／参謀次長
5年			
	古荘幹郎(＃14)	5.12.22	人事局長／参本付
6年			
	梅津美治郎(＃15)	6. 8. 1	歩兵第1旅団長／参本付
7年			
8年			
	橋本虎之助(＃14)	8. 8. 1	関東憲兵隊司令官／次官
9年			
	山田乙三(＃14)	9. 8. 1	参本第3部長／陸士校長
10年			
	飯田貞固(＃17)	10.12. 2	騎兵学校長／騎兵監
11年			
	西尾寿造(＃14)	11.12. 1	事務取扱(参謀次長)
12年	中島鉄蔵(＃18)	12. 3. 1	侍従武官／参謀次長
13年			
	笠原幸雄(＃22)	13.12.10	関東軍参謀副長／北支方面軍参謀長
14年			
	神田正種(＃23)	14.10. 2	教総第1部長／第6師団長
15年			
16年	若松只一(＃26)	16. 4. 1	参本第2部長／参本第3部長
17年			
	額田　坦(＃29)	17.12.22	陸士生徒隊長／参本第3部長

※昭和18年10月15日に総務課に改編

とはしない。それでいて親分、子分といった関係を作りたがる。そういう悪しき風潮こそが帝国陸軍を崩壊せしめたと思えてならない。

帝国陸海軍終焉の幕を引いたのは、昭和二十年九月二日、戦艦ミズーリ艦上で降伏文書に署名した参謀総長の梅津美治郎だ。激動の事態の始まりとなった満州事変の時、総務部長がこの梅津だった。彼は少尉、中尉の時、歩兵第一連隊付として旅順戦に従軍して負傷している。普通ならば血涙下る回顧談となるが、彼は旅順戦についてほとんど語らなかったという。それだけでも、この梅津という人の性格が分かる。

そして陸大二三期の首席が梅津美治郎だ。永田鉄山もこの期だが、彼は病気がちで欠席が多く、次席に回ったとされるが、それも実力のうちといえよう。梅津はあいだをはさみつつ八年に及ぶヨーロッパ駐在ののち、大正十年六月に参謀本部第一課部員となる。課長は二宮治重、総務部長は岸本鹿太郎の時だ。そして中佐に進級すると、軍事課高級課員に転出する。これが十二年三月で、軍事課長が黒沢準、軍務局長が畑英太郎の時だ。

梅津美治郎ほどの将来株ともなれば、軍令と軍政の両方を経験させながら育てて、将来の三長官要員にする。そういうレールを敷いたのは、梅津が大尉で参謀本部の勤務将校だった時、第一部長、総務部長だった宇垣一成だ。ちなみに梅津は大正八年四月に結婚するが、媒酌人は陸大校長の宇垣だった。

大佐に進級した梅津美治郎は、麻布の歩兵第三連隊長に転出、続いて参謀本部第一課長、そして昭和三年八月の定期異動で軍事課長に上番した。軍務局長は同じ日に上番した阿部信行、陸相は白川義則だった。これで梅津は、軍政畑で地位を築き、歩兵第一旅団長をへて、六年八月に総務部長に上番した。陸相は南次郎、参謀総長は金谷範三、そして総務部長は梅津と大分トリオが生まれたが、特に藩閥などあれこれいわれなかった。見事な閲歴だが、梅津ほどの人には陸相への通過点に過ぎないのだろうが、エリートコースほど大過なく進むというのは大変なことだ。

この昭和六年八月の定期異動は、同年四月に陸相に就任した南次郎による最初の人事で、参謀本部の陣容も大きく変わった。総務部の庶務課長は篠塚義雄から吉本貞一、第一課長は山脇正隆から東条英機、同課編制班長は橋本群から寺倉正三となった。第一部長は畑俊六から建川美次、第二部長は建川から橋本虎之助、第二課長は鈴木重康から今村均となった。

昭和六年六月に策定された、満蒙問題解決のためには武力行使も辞さないとした「満州問題解決方策大綱」に沿った体制を確立するのが、この八月の定期異動の眼目だった。軍務局に明るい梅津美治郎を陸軍省と参謀本部の接点に持って来たことは、その現われだった。また、徴募課長の今村均を第二課長としたのは、軍事課長の永田鉄山の強い希望による。これもまた陸軍省と参謀本部の連帯強化を図るためだ。

広く知られるように、中央部は一年かけて国論を統一してから動くということだったが、関東軍は先走って九月十八日の柳条湖事件となる。大きな人事異動直後の浮動状況を意識して独走した形となった。もちろん、梅津美治郎と今村均は武力行使による満蒙問題解決には反対ではないが、中央の統制下で行なうべきだとし、関東軍と朝鮮軍の動きを抑制し続けた。

梅津は常に冷静、今村はすぐ感情的になると性格はことなるが、ともに「石橋を叩いても渡らない」と評されていた。

満州事変に際してこの二人、消極的にすぎると批判され、それからの梅津美治郎と今村均はとても陸大首席とは思えないほど冷遇され続けた。梅津は台湾軍司令官がいいとこ、ひょっとしたら第二師団で終わりかと噂されていた。ところが二・二六事件となり、寺内寿一陸相を補佐して事件の後始末ができるのは梅津となって次官となったわけだ。

そして昭和十二年一月、梅津美治郎は次官として宇垣内閣流産に直面する。恩顧ある宇垣一成のためここ一番と梅津が断固とした態度に出れば、組閣阻止に動いている石原莞爾らもすごすごと引き下がらざるをえなかったはずだ。しかし、梅津は事態を傍観するばかりだった。それが彼の性格だ。ハンス・フォン・ゼークトが説くように、「意志は性格に出づる、性格は行為者にとって精神よりもなほ決定的」なものなのだ（『一軍人の思想』）。

参謀本部の第二部系統の人が総務部長につくことは、前述したように珍しいことではないが、それは第二部長をおえてからのことだ。ところが笠原幸雄は、参謀本部の第四課長（欧米課）、続いて第五課長（ロシア課）から関東軍参謀副長に転出し、ドイツ出張後の昭和十三年十二月、総務部長に上番している。支那事変が始まって一年以上、戦時体制が確立していくなかで総務部の地位が低下したことを物語っている人事だ。

笠原幸雄は橋本虎之助とよく似た経歴の人で、ともに騎兵科の出身、駐ソ武官、欧米課長をつとめた生粋の対ソ情報屋だ。また、二人とも関東軍参謀長の経験者だ。昭和十一年六月、参謀本部の改編で第四課ロシア班が独立して第五課になった際、笠原は第四課長から第五課長に回っている。この経歴からして、笠原は当然、第二部長なのだが、このポストは十三年七月に樋口季一郎が上番したばかりだから動かせない。そこで総務部長でどうかとなったのだろう。とにかく騎兵科出身だから、参謀総長の閑院宮載仁には受ける人事だ。

経歴や専門分野を度外視した人事は、その人の秘めた才能を開花させる場合もあるだろう。しかし、笠原幸雄の場合、運の悪さもあってそうならなかった。昭和十四年五月からのノモンハン事件に遭遇してしまった。この惨敗の責任は関東軍司令部と参謀本部にありとされ、参謀次長の中島鉄蔵、第一部長の橋本群、第二課長の稲田正純らが更迭された。こうなると総務部長の笠原も無事には済まず、十四年九月に北支那方面軍参謀長に転出となった。

◆閉鎖集団を率いる第一部長

参謀本部が部課制になった明治四十一年十二月以来、長らく第一部は作戦の第二課と国土防衛（要塞）の第三課からなっていた。大正九年八月に第二課の演習班が第一部第四課に昇格している。また、昭和十一年六月の改編で第二課は戦争指導なるものを扱うこととなり、従来の第二課は総務部第一課と合併して第三課となったが、一年半足らずで旧に復している。このような変遷はあるものの、第一部ひいては参謀本部の中枢は第二課、すなわち作戦課であり続けた。

第二課に勤務して初めて、軍事機密とされた「帝国国防方針」「用兵綱領」「年度作戦計画」にじかに触れることができるようになるなど、ここは秘密の世界となっていた。そのため、勤務する人の数を極力少なくし、ほかの部署との接触、交流をごく限られたものにした。それが「作戦課モンロー主義」と呼ばれるものだ。従って人事も、第一部と陸大の往復となるのが普通だ。

人事異動の範囲が限られてくると、超エリート作戦屋という人事の帯が生まれる。まずは陸大恩賜、そして中隊長をおえるまもなく第二課の勤務将校、少佐になって部員、中佐になって作戦か兵站の班長、大佐で第二課長、そして少将となり第一部長に上番というコースだ。歴代の第一部長は、宇都宮太郎から宮崎周一まで、事務取扱や代理を除いて二四人を数えるが、第二課長経験者は一〇人だった。作戦屋の人事の帯は、一応は守られていたことになるだろう。

それから先、参謀次長、参謀総長となると、またべつな力学が働いたり、さまざま事情があって、作戦屋が理想とするような人事にはならない。第二課長、第一部長、参謀次長と歩いて参謀総長に上番したのは金谷範三ただ一人だった。どうしてこうなったかといえば、在任期間が長い参謀総長の時代が続いたからだ。上原勇作は七年四ヵ月、鈴木荘六が四年、閑院宮載仁が八年一一ヵ月、杉山元が三年五ヵ月、それぞれ参謀総長をつとめている。これでは思うように人事を回せない。

さて、本題の第一部長を巡る人事だが、時代の節目、節目での第一部長を取り上げて見たい。満州事変直前に下番した畑俊六、支那事変突発に直面した石原莞爾、大東亜戦争開戦時の田中新一、そして最後の宮崎周一だ。なお、昭和期の第一部長については、表21を参照してもらいたい。

昭和三年八月の定期異動で第一部長に上番した畑俊六は、第一部長になるべくしてなった人だった。陸大二二期首席の畑は、まず第二課の勤務将校、続いて同課作戦班長、同課長、第四部長をへて第一部長だ。これほど完璧な経歴なのに、不可解なことが起きる。満蒙問題の根本的解決を図るため、六年六月に省部合体の国策研究会議が設けられたが、畑と第二課長の鈴木重康はこれに加えられなかった。その八月で二人は異動するから、声を掛けなかったというのだが、どうにも理解しにくい話だ。

第一部長を下番した畑俊六の転出先は、教育総監部の砲兵監だった。特科（騎兵科、砲兵科、工兵科、輜重兵科）の人は、この「監」につくことが中将、師団長になる条件だから、不自然な人事ではない。畑はここで二年をすごすが、時勢は一変した。荒木貞夫による宇垣色一掃の時代だ。陸士同期の杉山元、二宮治重、小磯国昭ほど宇垣一成に近くはなかったが、畑はこの三人と親しいことは広く知られていた。そこで砲兵監をおえて第一四師団長に転出した畑は、第五師団長で終わった二宮と同様、そこで予備役かと噂されていた。しかし、また時勢も変わって彼は生き延び、陸相にもなり、また元帥府に列することともなった。しかし、回り道があったためか、彼の素晴らしい作戦屋のキャリアが、参謀本部で活かされることはなかった。

畑俊六は上司に恵まれたと思えたが、それを早くに失うという不運に遭っている。彼が第二課作戦班長の時、課長は大竹沢治と黒沢準だった。第二課長の後任に畑を強く推したのは、同じ砲兵科の坂部十寸穂だった。市川の野戦重砲兵第四旅団長だった畑を第一部長含みで第四部長に持って来たのは、総務部長だった黒沢だ。ところが大竹は第一部長の時に健康を害し、大正十二年七月に病没した。黒沢は昭和二年一月に病気のため総務部長を下番、これまたすぐに病没した。坂部は第三師団長の時、昭和五年十一月に病死した。そして実兄、畑英太郎も関東軍司令官の時、昭和五年五月に急死している。

そして、畑俊六は砲兵連隊長を二度、野戦重砲兵第四旅団長をつとめたからか、陸大の勤務はない。これは後輩に顔がきかないことを意味する。また畑が第二課長の時、作戦班長は塚田攻と鈴木重康、兵站班長は笠原幸雄だった。そして第一部長の時の第二課長は、今井清と鈴木重康だった。彼らは能吏にはちがいないが、どちらかというと人生意気に感じて上司につくすタイプでもない。畑自身、子分を作るような人でもない。それらの結果、畑を支える人脈が生まれなかったのだ。それがまた、畑の陸相時代が短かった理由でもある。

昭和十二年夏、皇族の参謀総長を戴き、病身の参謀次長を抱え、支那事変の拡大防止に苦闘した第一部長が石原莞爾だった。彼は戦後も高く評価された数少ない軍人の一人だが、この時、第一部長の座にいたこと自体、違和感がある。さらにいえば、昭和十年八月に彼が第二課長に上番したこと自体が異例だった。

陸大三〇期次席の石原莞爾だったが、どうも使いにくい存在だった。こういう人は、陸大の教官がよいとなり、大正十年七月から昭和三年十月まで、ドイツ駐在をはさんで主に戦史

表21　昭和期の参謀本部第１部長

		就任日時	前職／転出先
大正			
14年	荒木貞夫（＃ 9）	14. 5. 1	憲兵司令官／陸大校長
15年			
昭和			
２年			
３年			
	畑　俊六（＃12）	3. 8.10	参本第４部長／砲兵監
４年			
５年			
６年			
	建川美次（＃13）	6. 8. 1	参本第２部長／軍縮会議陸軍代表
	二宮治重（＃12）	6.12.12	次長、事務取扱
７年	真崎甚三郎（＃ 9）	7. 1. 9	次長、事務取扱
	古荘幹郎（＃14）	7. 2. 4	参本付／第11師団長
８年			
９年			
	今井　清（＃15）	9. 8. 1	参本付／人事局長
10年	鈴木重康（＃17）	10. 3.15	参本第４部長／独混第11旅団長
11年	桑木崇明（＃16）	11. 3.23	野砲学校幹事／参本付
12年	石原莞爾（＃21）	12. 1. 7	参本第２課長、（第１部長代理）
	石原莞爾（＃21）	12. 3. 1	第１部長代理／関東軍参謀副長
	下村　定（＃20）	12. 9.28	参本第４部長／参本付
13年	橋本　群（＃20）	13. 1.12	第１軍参謀長／予備役
14年			
	冨永恭次（＃25）	14. 9.13	参本第４部長／東部軍付
15年			
	田中新一（＃25）	15.10.10	駐蒙軍参謀長／南方軍付
16年			
17年			
	綾部橘樹（＃27）	17.12. 7	第１方面軍参謀長／南方軍総参謀副長
18年			
	真田穣一郎（＃31）	18.10.15	参本第２課長／軍務局長
19年			
	宮崎周一（＃28）	19.12.14	第６方面軍参謀長／

教官として勤務した。彼の講義はユニークで学生には好評だったが、学校当局のなかには講談じみていると渋い顔をする人も多かったという。また、とかく粗野で敬遠する学生もいた。これを見て同期の飯村穣や町尻量基らが、このままでは石原は陸大で立ち枯れとなると心配しだした。

石原莞爾の才能をよく知る人ほど、彼が中央官衙で栄進を重ねるタイプではないことを承知している。そこでまず陸大教官から転属させて、早く大佐にして連隊長をおえさせ、それから陸大に引き戻し、できれば幹事までやらせれば、彼の才能が開花し、ひいては国軍のためになると考えていた。

そういうレールに乗せるには、まず石原莞爾の嫁入り先を見つけなければならない。ちょうどその頃、関東軍の人事が大きく動き出していた。昭和三年六月の張作霖爆殺事件の隠蔽工作がからんでのことだ。それとは直接関係なかったが、関東軍司令部の作戦主任だった役山久義が異動時期になったため、その後任ではどうかとなった。この世話をしたのは、軍務局徴募課高級課員だった今村均だった。これを関東軍の高級参謀、河本大作が受け入れた。そして三年十月、石原は関東軍参謀に転出、翌四年五月に河本が更迭され、後任は板垣征四郎となって満州事変の役者がそろった。

満州事変の立役者という盛名を背に帰国した石原莞爾だったが、どこの連隊長にするかなかなか決まらない。師団長になっても軍人は臆病で、「石原は悍馬だ、蹴り飛ばされる」と及び腰だ。そこに昭和八年八月の定期異動で第二師団長に上番する予定の東久邇宮稔彦が、

「自分が石原をもらう」と手を上げ、同じ異動で石原は仙台の歩兵第四連隊長に上番することとなった。

さて、連隊長の次に石原莞爾をどこに持って行くか、これまた難問だった。昭和九年一月、荒木貞夫が陸相を下番し、なにか新風を吹き込ませる人事をという声が省部で高まっていた。そこで、それまで中央と縁がなかった石原を第二課長にどうかとなった。ちょうど第二課長だった鈴木率道が在任三年近くになっており、しかも鈴木はまだ連隊長をやっていないので、石原がその後任にすんなりと収まった。石原が参謀本部に着任したのは十年八月十二日、ちょうど永田鉄山が斬殺されたその日だった。

第二課長に上番した石原莞爾は、第二部が作成した極東ソ連軍の戦力推移を初めて手にして驚愕した。昭和九年六月頃の極東ソ連軍は、狙撃師団一一個、騎兵師団二個を基幹とする兵力二三万人と推定されていた。当時、日本陸軍の総兵力は二三万人だ。これが十年末になると、狙撃師団一四個、騎兵師団三個を基幹とする二四万人に達すると見られていた。大陸にある日本軍は、関東軍三個師団と朝鮮軍二個師団、合わせて兵力八万人だった。

いつの間にこんな戦力格差が生まれてしまったのか、これでは大陸国防は成り立たないと危機感を抱いた石原莞爾は、次々と是正策を打ち出した。第二課を戦争指導に当たる部署に改編する、軍備充実計画、重要産業五年計画の策定などだ。そこで問題は、新しい組織や計画が定着して動き出すには、事務手続きや関係各部局との調整が必要なことだ。そういった書類と格闘するようなことをはぶいてしまうことは、天才がよくはまる陥穽だ。石原莞爾もその例外ではなかった。そして、どこかで計画が滞ると「頭の悪い連中になにを言っても無駄だ」と投げ出してしまう。それが重なると石原を「尻切れトンボ」と評する人が増えていった。

そして昭和十一年、二・二六事件となり、この早期かつ無血鎮圧の原動力は、戒厳司令部の第二課長と第三課長を兼務した石原莞爾となり、もう持って行くポストは第一部長のほかなくなってしまった。もし、ここで旅団長か陸大幹事に転出していれば、彼はより大成し、決定的な場面でその異才を振るうことができたはずだ。

宗教的ともいえる石原イズムにもとづき、いよいよ高度国防国家建設に踏み出したが、石原莞爾が第一部長に上番して四ヵ月後に盧溝橋事件となった。日本はまだ戦える体制になっていないのだから、中国と事を構えてはいけないという石原の考え方が正しかったのだろう。しかし、居留民と権益の保護という政治的な問題がからんでくると、軍事的な判断だけでは済まない。

不拡大方針が正論だったとしても、組織の統一意思にするには手順というものがある。大尉の時から勤務将校として下働きをした者は、根回しや書類を回す先、手続きを早くするコツを体で知っている。中央と縁がなかった石原莞爾は、それが分からない。石原の名前は広く知られているものの、省部で通用する顔ではない。彼が教官をつとめた陸大三三期から四二期までにはよく知られた存在にしろ、だれもが心服していたわけでもない。そして多くのエリートは、お手並み拝見と冷笑的に眺めている。あの緊要な時、参謀本部第一部長に満州事変の立役者、石原がいたことは、それが日本の運命だったのだろう。

さらに、日本が命運を賭けた大東亜戦争開戦時の第一部長、田中新一の人選は、軍務局長の項で疑問を提起した。なぜ、参謀本部の勤務経験がある武藤章を軍務局長に回し、陸軍省での勤務しかしていない田中が第一部長になったかとの疑問だ。この人事は、前述したように昭和十五年九月の北部仏印進駐の問題で第一部長の冨永恭次が更迭されたことによって起きた。このような応急的な人事の場合、同期のあいだでタライ回しをして凌ぐのが通例だが、それが意外と長続きし、決定的な場面にあたるものだ。田中の第一部長上番もそういうことになった。

陸相に上番してすぐの東条英機が激怒しての問責人事だったから、普通は尊重される前任者の意向など表明する機会すら与えられなかったはずだ。では、どうして後任の第一部長が場違いの田中新一に決まったのか。たまたま、東京に冨永恭次と同期の田中がいたからそれに決まったのではない。この時、田中は駐蒙軍参謀長として張家口にいた。二五期の目立つ存在は、武藤章、冨永、田中、下山琢磨の四人といわれていた。下山は関東軍の航空兵団参謀長で昭和十四年八月に上番だったから、すぐにとなれば十四年二月に駐蒙軍参謀長に上番した田中の方が動かしやすい。また、第一部長のカウンターパートとなる軍務局長は、十四年九月から武藤だから並びはよい。

もちろん、こうなるには発言力があるだれかが「第一部長には田中を」と言い出さなければならない。それはだれかと田中新一の軍歴をたどると、意外な人にぶつかる。当時、次官だった阿南惟幾だ。二・二六事件後の十一年八月、兵務局が新設された時、初代局長が阿南、そのしたの兵務課長が田中だった。そして田中が軍事課長をつとめた時の陸相が杉山元、次官の一人が東条英機だ。こういった人のつながりからすれば、田中が第一部長になったのは納得できる。

本来、田中新一の第一部長という人事は、暫定的なもので、すぐにも正統派の作戦屋と代わるはずだった。ところが、第一部系統は純粋培養した少数精鋭ということだから、人材が限られる。二四期に戻ったとしても、河辺虎四郎ぐらいしかいないし、彼は満州事変の時から消極的と部内から敬遠される存在だった。二六期には、これといった作戦屋が見当たらない。二七期では、実際に田中の後任となった綾部橘樹となるが、彼は第一部系統の人にしろ、第二課の勤務はない。ほかに二七期となれば、岡本清福がいる。彼は終戦時、スイス駐在武官で自決しているので、第二部系統と見られているが、第二課作戦班長を経験した作戦畑の人だ。

このように、人材不足もあって田中新一は、ガダルカナル戦中の昭和十七年十二月まで第一部長だった。さらに語れば、第一部の部員が部長に田中を望んだからだ。部長みずから作戦を練るのではなく、第一部の結論を軍務局に飲ませる役割が部長に求められている。軍務局長は手ごわい武藤章だから、同期でこれまた強気の田中が適役となる。また、第一部の内情にうとい田中としては、下僚の言いなりになるしかないが、それはまた部下にとっては都合がよいことだ。また、正統派の作戦屋ではない田中は、酒を呑んで虚勢を張るしかないが、それが案外と通用するのが軍人の社会だ。しかし、案の定というべきか、その結末が前述した「バカ野郎」事件だ。

この突発事態には応急的に対処するしかなく、関東軍の第一方面軍参謀長に上番したばかりの綾部橘樹をあてることとなった。彼は支那事変の緒戦時、参謀本部第一部第三課長（編制動員課）をつとめ、そのあとは関東軍での勤務が長い。彼が絶対国防圏の作戦構想をまとめ上げて、昭和十八年十月、南方軍総参謀副長に転出した。その後任は第二課長から持ち上がりの真田穣一郎となる。真田は大東亜戦争開戦時の軍事課長、続いて軍務課長、第二課長と異例な軍歴で、これがいわゆる「東条人事」の象徴となるものだった。そして東条英機の退陣後も、真田が軍務局長というのも信じられないことだ。

省部から東条色がほぼなくなり、またレイテ決戦構想を断念した昭和十九年十二月、第一部長に上番したのが宮崎周一で、彼が最後の第一部長となる。彼は常にリリーフ・エースとして陸大に温存され、機を見て重要な場所に起用されている。まずは、支那派遣軍の決戦軍として新編された第一一軍の初代作戦課長で、軍司令官は岡村寧次だった。連隊長は旭川の歩兵第二六連隊、陸大に戻っているとガダルカナル戦となり、第一七軍参謀長の二見秋三郎が更迭され、その後任が宮崎となった。

ガダルカナル撤収作戦後、宮崎周一は参謀本部第四部長、ついで陸大幹事だったが、昭和十九年八月に華中で第六方面軍が新編されると初代の参謀長、方面軍司令官はまた岡村寧次だった。そして第一部長だ。これは梅津美治郎の人事だが、なぜ梅津が宮崎を選んだのか、その理由は判然としない。梅津の人事の特徴は、まず陸大の成績、そして閲歴だ。どうして中央官衙勤務がほぼない宮崎なのか、梅津とは勤務上の交わりもないのにどうしてか。自由に動かせる人材は払底していたから、宮崎に落ち着いたということなのだろう。

沖縄の第三二軍からの第九師団抽出、第八四師団増援の中止、沖縄決戦の推移と結果論から批判するものではないが、宮崎周一の第一部長という人事は失敗だったろう。やはり中央での勤務経験がないため、野戦軍での作戦指導と同じく性急に事を運ぶ。第八四師団増援中止も根回しすることなく、わずか一日で結論を出してしまう。また、大陸戦線の態勢縮小も結論をすぐに求めて、梅津美治郎との関係も疎遠になる。やはり、第一部のような閉鎖的な集団では、より人事の帯を大事にすることが求められていたとなる。

◆西欧に向いていた第二部長

日本は情報に弱いというイメージがあるためか、参謀本部第二部長の影が薄かったかのように思われている。しかし、参謀本部が毎年作成する年度作戦計画は、第二部による情勢判断をもとにしているのだから、決定的ともいえる役割を担っていた。その第二部長とは、外国生活が長く、語学が達者、外交官的なセンスがある者というイメージだろう。当時の日本では、そのような人をバタ臭いとし、まして無骨な軍人の世界では敬遠されていたかに思われよう。しかし、実際には軍人のだれもが海外駐在の切符を渇望しており、その選にもれた者が鬱憤晴らしにあれこれいったにすぎず、極端な排外主義や反欧米思潮が全体を支配したのは、ごく短い時代だけだったはずだ。

周知のように、日本陸軍の仮想敵の筆頭は、ロシア、ソ連であり続けた。それならば、第二部長は、対露、対ソ情報屋の指定席だったかと思えば、実はそうではなかった。歴代の第二部長は二一人（再任は一人）いるが、そのうちロシア、ソ連に駐在した経験があるのは四人、駐在武官の経験者は二人だった。ソ連での駐在官と駐在武官の両方を経験して第二部長に上番したのは、橋本虎之助ただ一人とは意外なことだ。大正七年から七年間、日本とソ連は国交がなかったことも関係している。また、ソ連と国境を接する国での情報活動が重要になるが、そのような勤務をして第二部長に上番したのは、駐ポーランド武官をした樋口季一郎だけだった。

また、日本の陸軍はドイツ軍を範としたこともよく知られている。では、第二部長にドイツでの勤務がある者が並んだかと思えば、これまたそうではない。ドイツに駐在したことがある者で第二部長に上番したのは四人だ。そのうち駐ドイツ武官をつとめた人は、岡本清福ただ一人だ。これは第一次世界大戦で日本とドイツが交戦関係にあったことが影響しているものの、日本とドイツは案外と人的関係が希薄だったといえる。

これに対し、イギリス駐在の四人、駐イギリス武官の五人が第二部長に上番している。長らく日英同盟が日本外交の基軸であったことが実感できよう。加えてアメリカ駐在の二人、駐アメリカ武官の二人も第二部長に上番している。これを見る限り、陸軍は米英にうとかったというのは誤伝だとなる。なお、昭和期の第二部長については、表22を参照してもらいたい。

日本にとって中国との関係は、死活的な意味を持つことはいうまでもない。日本の継戦能力を支える八幡製鉄所は、湖北省大冶の鉄鉱石と河北省開灤の強粘結炭によって操業していたことだけでも、対中関係の重要性は理解できる。そのため中国に関する情報活動は盛んで、参謀本部第五課（支那課）の兵要地誌班で管理していた情報資料の質と量は、世界的な水準を誇っていた。また、支那屋と呼ばれる専門集団も生まれていた。

日本が大国意識を持ち始めた頃か、中国が軍閥割拠の混沌とした情勢になってからか、陸軍の支那屋は変質したかに見える。地道な情報活動ではなく、豊富な資金を抱えて謀略に走り、軍閥間のパワーゲームに介入するようになった。数限りない謀略工作が仕掛けられたが、これといった見るべき成果はほとんどない。老獪な中国人にしてやられたことになり、また民間側で暗躍した大陸浪人や利権屋にも問題があった。

支那屋として知られる人で第二部長に上番したのは、松井石根、磯谷廉介、岡村寧次の三人だ。松井は中国語よりもフランス語が達者で、支那屋にくれる人ではない。第二部は欧米に向いていたことになり、支那屋の意見が尊重される体制ではなかったのだ。これでは支那事変解決の糸口すら見い出せなかったのも無理からぬことだ。

二一人の第二部長のうち、昭和期で特徴のある四人、すなわち建川美次、岡村寧次、本間雅晴、樋口季一郎の四人を取り上げてみたい。

満蒙問題を根本的に解決するためには、武力の行使も辞さないという省部の意思統一をし

表22　昭和期の参謀本部第２部長

大正		就任日時	前職／転出先
14年	松井石根（＃ 9）	14. 5. 1	歩兵第35旅団長／参本付
15年			
昭和			
2年			
3年			
	二宮治重（＃12）	3.12.21	歩兵第2旅団長／参本総務部長
4年			
	建川美次（＃13）	4. 8. 1	駐中国武官／参本第1部長
5年			
6年			
	橋本虎之助（＃14）	6. 8. 1	東京警備参謀長／関東軍参謀長
7年	永田鉄山（＃16）	7. 4.11	軍務局軍事課長／歩兵第1旅団長
8年			
	磯谷廉介（＃16）	8. 8. 1	兵器本廠付／駐中国武官
9年			
10年	岡村寧次（＃16）	10. 3.15	参本付／第2師団長
11年	渡　久雄（＃17）	11. 3.23	近衛師団付／参本付
12年			
	本間雅晴（＃19）	12. 7.21	参本付／第27師団長
13年			
	樋口季一郎（＃21）	13. 7.15	ハルピン特務機関長／第9師団長
14年			
	土橋勇逸（＃24）	14.12. 1	第21軍参謀長／支那派遣軍総参謀副長
15年			
	若松只一（＃26）	15.12. 7	参本付／参本総務部長
16年	岡本清福（＃27）	16. 4. 1	参本付／南方軍総参謀副長
17年			
	有末精三（＃29）	17. 8.17	参本付／

たのが、昭和五年度と六年度の情勢判断だった。この責任者は、昭和四年八月から六年八月まで第二部長をつとめた建川美次だ。日露戦争中の勇戦ぶりが山中峯太郎の小説『敵中横断三百里』で取り上げられ、また予備役に入ってからの十五年九月から十七年三月まで駐ソ大使をつとめており、建川の名前は広く知られている。

建川美次はイギリス駐在、駐インド武官、第四課（欧米課）部員、第五課長（欧米課、大正九年の改編）と正統派の第二部育ちだ。三年三月から本庄繁の後任として駐北平（北京）武官をつとめ、翌四年八月に第二部長に上番した。この頃、参謀総長の鈴木荘六と建川は、新潟の同郷、同じく騎兵科出身、さらには義理の兄弟というのだから念の入った話だ。また建川は田中義一の陸相秘書官もやっており、鈴木との関係もあって宇垣一成の知遇をえて、「宇垣四天王」の一人ともされていた。これほどのバックがあるからこそ、省部をリードする内容の情勢判断を作成できたのだ。

予定では武力発動まで一年を切った昭和六年八月、定期異動の形で建川美次は横すべりで第一部長へ、後任の第二部長はソ連通の橋本虎之助となった。第一部長として部内と出先を統制し、第二部長はソ連の動きを注視する態勢を築いたわけだ。ところが、関東軍が現地視察を建川に求め、それに応じて彼が奉天に到着したその日、柳条湖事件となった。火消し役が火を点けたと噂されたが、軟禁されて手の打ちようがなかったのが真相だとされる。

満州事変後の昭和八年五月、塘沽協定が結ばれ、同年八月に日本軍は長城線にまで撤兵した。同十年六月、梅津・何応欽協定によって国民政府の諸機関は河北省から撤退した。この頃から二・二六事件直後まで、第二部長は支那屋の磯谷廉介と岡村寧次だった。これは当時の日中関係から見て、当然の人事だった。

支那屋は、少尉、中尉の頃から大陸雄飛を志し、その道一筋という人が多い。ところが岡村寧次は、たまたまが重なって支那屋の重鎮になった珍しいケースだ。彼は中尉の時、陸士の区隊長をつとめたが、たまたま中国留学生の訓育にあたった。陸大卒業後、岡村は参謀本部第九課（外国戦史課）に配置され、大正三年の青島攻略戦の戦史編纂に携わることとなり、現地に派遣された。ちょうどその頃、支那屋の元老として知られる青木宣純が黎元洪大総督の顧問におり、たまたま現地にいた岡村を補佐官とした。この勤務は四年半にも及び、これで彼は支那屋の一員と見られるようになった。

帰朝した岡村寧次は、陸軍省新聞班から小倉の歩兵第一四連隊の大隊長と歩き、第二部第六課（支那課）の部員、そして大正十二年八月に駐上海武官に上番し、三年にわたって情報活動に携わった。昭和二年八月、岡村は名古屋の歩兵第六連隊長に上番するが、三年四月からの第二次山東出兵となって、青島警備にあたることとなり、中国との縁がさらに深まることになる。

昭和七年二月、駐上海武官の経験を買われた岡村寧次は、上海派遣軍参謀副長に上番し、軍事調査委員長、関東軍参謀副長をへて、十年三月に第二部長に上番する。今にして思えば、支那事変の前夜になるが、この時、岡村は中国に関してどのような情勢判断を下していたのだろうか。蔣介石には中国を統一するだけの力量はない、謀略によって華北に親日政権を樹立できる可能性が高いといった一般的な観測に引きずられていたはずだ。それよりも、急速に増強されつつある極東ソ連軍にどう対処するかが問題だった。

ともあれ、磯谷廉介、岡村寧次と支那屋の第二部長が続いたことは、中国重視への転換が図られる契機になりえた。ところが岡村の後任は、イギリスとアメリカに駐在し、駐米武官もつとめた渡久雄となった。どういう事情かあったのか、渡は旅団長をおえてから三回も師団付を繰り返してから第二部長に上番している。そして昭和十二年七月七日、盧溝橋事件となり、同月二十一日に渡が下番して第二部長は本間雅晴となった。時間的に見て事件に対応するものではなく、前から決まっていた人事異動だ。

本間雅晴は、イギリスの陸軍大学を修了しており、駐英武官も経験した欧米通の第一人者だった。渡久雄の在任は一年五ヵ月になっていたから、異動になってもおかしくはないが、特に急いでということでもないし、盧溝橋事件に即応して支那屋を第二部長にあてるというのでもない。もう少し情勢の推移を見てから、人事異動をしても遅いことはないはずだ。ただ、決まっていた人事を漫然と行なったとしか思えない。

人数が多い一九期をここで消化しておくというのならば、支那屋で第二部長に適役な喜多誠一がいた。喜多は参謀本部第五課長から駐南京武官に出ていたが、急ぎ動かせないポストではない。ところが喜多は、昭和十二年八月に天津特務機関長に異動し、すぐに北支那方面軍特務部長に転じた。支那屋の使い方としては合格だが、彼の知見を中央で活用できなかったことは残念なことだ。もし、喜多のような中国を知る者が省部にいれば、「断乎膺懲支那」とか「国民政府を対手にせず」といった中国の感情を逆なでするような政府発表を抑えることもできたはずだ。

支那事変が始まって一年、長期戦の様相となり、解決の決定打も見い出せなくなった昭和十三年七月、本間雅晴が第二部長を下番、天津の第二七師団長に転出した。この人事は本間が中将に進級したためのものだ。天津にはイギリス租界があったので、それと円満な関係を保つためイギリス通の本間を送り込んだとはされる。しかし、第二七師団はすぐに漢口作戦のため揚子江沿岸に転用された。

この人事を機に、対中情報戦能力の向上を図ったかとおもえば、そうでもない。後任の第二部長は対ソ情報のエキスパートとして知られた樋口季一郎だった。彼は参謀本部第五課第二班(ロシア班)で勤務将校をつとめ、大正八年十二月からウラジオ派遣軍司令部付として出征、撤兵後もハバロフスク特務機関長としてシベリアにとどまり、駐ポーランド武官も経験している。そして対ソ情報機関の総本山、ハルピン特務機関長から第二部長だ。

樋口季一郎は、平時ならば資格十分な第二部長だ。しかし、中国と交戦中となれば疑問符が付く。陸軍の関心は北に向いていたことを証明する人事ということになるが、樋口以降の第二部長を見るとそうでもない。次の土橋勇逸はフランス、若松只一はドイツ、岡本清福はドイツ、最後の有末精三はなんとイタリアが専門だ。戦っている相手の国の専門家が情報の元締めをつとめていない、これが『統帥綱領』が強調した「適材適処」の実態だった。

野戦部隊の幕僚

◆師団司令部の構成

独立混成旅団や要塞に参謀が配置される場合もあったが、一般的には師団からとなっていた。師団司令部は、中将の師団長、大佐の師団参謀長、作戦、情報、兵站（後方）の中佐、少佐の参謀三人、中佐の高級副官、少佐の次級副官、尉官の専属副官、管理部長、兵器部長、経理部長、軍医部長、獣医部長からなるのが基本だ。管理部長と兵器部長には兵科将校が、経理部長、軍医部長、獣医部長には各部将校があてられるのが通例だ。

平時、師団の参謀には、陸大の卒業成績が中位以下の者、一年コースの専科学生があてられたとされるが、必ずしもそういう場合だけではない。陸大恩賜など成績上位の者は、軍事研究のための海外駐在が予定されているので、なるべくフリーな配置ということで、師団参謀にあてられないのが普通だが、そうでない場合も多い。

昭和十二年卒業の陸大四九期以降だが、戦時になると海外駐在もなくなり、次々と生まれる師団の参謀を埋めるため、機械的に配置され、陸大首席の者ですら師団参謀に回されるようになったことは前述した。本来あるべき姿は、まず師団参謀を経験させて、戦略単位の重さを体得させ、もう一度ふるいに掛けてから、中央官衙勤務に抜擢することだったろう。師団の参謀長には、連隊長をおえた古参の大佐が上番するのが通例だった。このポストは人事的に微妙で、ここからの進路はおおむね三つに分かれる。

その一つは、師団参謀長で終わりというケースだ。名誉進級で少将になる場合もあるにせよ、これが「サビ天」の末路と語られていた。そこまで冷遇されなくとも、師団参謀長を下番して少将進級、旅団長をやらせてもらい、そこで待命、予備役編入というケースがあり、平時にはこれが一番多かった。

もう一つは、まず師団参謀長、そして旅団長と地道にキャリアを積み重ねて栄進して行くケースだ。この代表が白川義則で、彼は第一一師団参謀長から第九旅団長、人事局長と歩いて大将をものにした。菱刈隆、安藤利吉、後宮淳、田中静壱の各大将も師団参謀長をつとめている。師団参謀長に回された事情はさまざまだろうが、次のポストが空くまでの待機場所としても使われていた。師団参謀長を経験した高級将官は、どこか安定感があるように思える。ただ、師団勤務の一年もしくは二年、中央から離れるから人事的には不利となる。

また一つは、砲兵科のエリートがあてられるケースだ。坂部十寸穂は陸大二〇期の恩賜、近衛野砲兵連隊長から第一四師団参謀長に回り、次は参謀本部第二課長に上番した。陸大幹事、砲兵監、そして第三師団長の時、病没している。もし存命ならば、朝鮮軍司令官などもう一つ職務をこなして大将もありえた人だ。大将となった多田駿も、第一六師団参謀長に回されている。参謀次長の沢田茂も近衛師団参謀長をつとめている。砲兵科の人には、火力戦闘ばかりでなく、師団で歩兵の近接戦闘や総合運用を学んで大成してもらうための補職だとされていた。

数こそ少ないが、工兵科や輜重兵科の者も師団参謀長をこなすのが将官への条件となっていた。ところが騎兵科の者は、近接戦闘を演練しているということからか、師団参謀長に回されることはほとんどない。一年か二年にしろ、時間を食われることがないので、騎兵科出身者はこの面でも有利といえる。

平時における師団参謀長は、これといってむずかしい立場にはない。ところが戦時になると、軍司令部と隷下連隊との板挟みに遭う。戦局が悪化すればもちろんのこと、順調に推移した大東亜戦争の緒戦時においても、師団参謀長が苦しい立場に追い込まれたことがある。香港攻略戦とシンガポール攻略戦の時のことだ。

香港は火力を主体とする正攻法で攻略することになっていた。ところが周知のように、歩兵第二二八連隊の尖兵長、若林東一中尉は独断専行で敵の防衛線にクサビを打ち込み、歩兵による急襲で国境陣地の突破が可能になったかに見えた。歩兵連隊は盛り上がるが、それでは軍の構想が崩れてしまう。そこで苦しい立場に追い込まれたのが、第三八師団参謀長の阿部芳光だった。第二三軍の高級参謀は浅野克己で、阿部と陸士同期だ。この陸士同期というのはくせもので、好悪両面の作用がある。人間関係ができているから、「俺、貴様」と遠慮なく応酬し合うから、話は厄介な方向に発展しがちだ。

そうこうしているうちに、待ち切れなくなった歩兵第二二八連隊長の土井定七は、みずから師団との連絡を断って独断専行に乗り出し、九竜半島の防衛線突破の端緒を作為してしまった。阿部芳光としても六期も先輩の土井にそう強くは出られない。これで戦局は一挙に進展し、香港占領は早まり、結果オーライということに落ち着いた。もし逆な目が出れば、まず責任を追及されたのは阿部だったはずだ。

シンガポール攻略戦は栄光に満ちた一戦だったが、ここで散々な目に遭ったのが近衛師団参謀長の今井亀次郎だった。彼は対ソ情報畑の人で南方の野戦師団の参謀長に向いていると は思えない。近衛師団長の西村琢磨は砲兵科出身で、参謀本部第三課長（防衛課）と軍務局兵務課長をつとめたエリートだが、軍司令部と強談判してでも部下の意向を押し通してくれるタイプではない。

近衛師団司令部と第二五軍司令部の人間関係が問題になる。今井亀次郎は陸士三〇期で陸大四二期だ。第二五軍の高級参謀の池谷半二郎は、陸士三三期で陸大四一期だ。第二五軍の中堅幕僚は、陸士の期では今井より六〜七期後輩だが、陸大の期では一〜二期ちがいのエリートぞろいだ。今井は彼らを子供扱いするが、その相手は期の離れた先輩とは思っていない。そこでズケズケと言い合うから、いらぬ摩擦が生じる。

そもそも近衛師団を第五師団、第一八師団と同列に扱って運用するのには無理があった。近衛歩兵連隊は全国から選抜された徴集兵からなり、個々人は優秀にしても、郷土に根差す団結というものがない。それと大陸戦線で歴戦の第五師団、第一八師団と同じ戦力を発揮できるはずがない。それをはたから見れば、近衛師団は消極的だとなり、師団参謀長はなにをしているのだとなる。それに今井亀次郎は強く反発するから、ますます彼に対する批判が高まる。結局、近衛師団だけが部隊感状がもらえず、今井は華中の歩兵第二三六連隊長に飛ばされることとなった。

昭和二十年五月から終戦までに、本土決戦のため部隊番号が二〇〇番代の師団一六個が新編された。この師団は、機動兵団とか決戦兵団とか呼ばれ、敵橋頭堡に向かって真一文字に突撃するものとされた。この師団司令部は、参謀長と兵器部など各部を欠とし、戦闘指揮所のような軽快な運用が想定された。師団参謀長を欠として本土決戦に臨むということは、このポストは盲腸のようなもので、どう機能しているかはっきりしないものの、炎症を起こすと命取りになりかねないという漠然とした認識があったと思われる。そうだとしたら、第二次世界大戦中のドイツ軍のように、最初から師団司令部に参謀長をおかなかった方が賢明だったということになる。

◆軍司令部、方面軍司令部の参謀

関東軍司令部の場合、平時には参謀長、高級参謀、作戦、情報、後方の各主任、そのしたに補佐、付、さらにまだ正式の参謀ではない勤務将校が配置される場合もある。これが平時の態勢だ。これが戦時態勢になると課を編成する。昭和六年九月の満州事変に際しては、総務課（政策、渉外）、第一課（作戦、兵站、鉄道、通信）、第二課（情報）、第三課（占領地行政、調査）が編成され、それぞれ課長、課員に補職されたが、これが戦時職務による命課だ。ちなみに満州事変突発時は、総務課長兼第二課長が板垣征四郎、第一課長が石原莞爾、第三課長が竹下義晴、課長、主計を含めて一一人の態勢だった。

盧溝橋事件から二ヵ月、昭和十二年八月三十一日に発令された臨参命第八二号によって、北支那方面軍、第一軍、第二軍の戦闘序列が定められた。方面軍が編成されるのは建軍以来のこと、また本格的な野戦軍が編成されるのは日露戦争以降なかったことだ。編成当初の各司令部の主要職員は、表23の通り。なお、北支那方面軍司令部の参謀は参謀長以下一八人、第一軍と第二軍ではともに一一人だった。

この華北に展開した三つの司令部は、盧溝橋事件の直後から増強された支那駐屯軍司令部に、さらに要員を補充してそれを分割したものだ。新編されたものでないため、各司令官には現役将官があてられ、予備役将官の召集はなかった。補充された司令部要員は、主に陸大教官や教育総監部の課員で、これは昭和十二年度の動員計画に沿った戦時職務による命課で一流の陣容を整えていた。ただ、不可解なことは、支那屋の動員がごく限られていることだ。少なくとも各第二課（情報）には、土地勘のある者を集めたかと思えば、そういう配慮はなかった。

この三つの司令部のなかで支那屋として知られた人は、北支那方面軍第二課長の大城戸三治、同第二課員の長嶺喜一、第一軍司令部第一課員の森赳、同第二課員の桜井徳太郎、第二軍第二課員の大平秀雄だ。現地に明るい支那駐屯軍の要員を主体としているから、それで間に合うということだったようだ。また、この事態は局地紛争のレベルにとどまるはずだから、支那屋を大動員する必要もないと考えていたのだろう。

満州事変の時と同じように、戦火は上海に飛び火し、在留邦人と権益を保護するため、不拡大方針は吹き飛んだ。昭和十二年八月十五日、臨参命第七三号をもって上海派遣軍が編組された。上海戦線は苦戦に陥り、戦局打開のため、同年十月二十日の臨参命第一二〇号で第一〇軍の戦闘序列が発令、追いかけ十一月七日に発令された臨参命第一三八号をもって中支那方面軍司令部が編成され、上海派遣軍と第一〇軍を統括することとなった。各司令部の主要職員は表24の通り。

司令官の三人は、応召の二人と皇族の軍事参議官をあてたのには、政治的な意味もいくぶんはあったにしろ、二・二六事件後の粛軍人事によって高級将官の絶対数が足りなくなっていたことを物語っている。参謀適格者のやりくりも苦しくなっており、ついに参謀本部の課長を三人も割愛している。ここで思い切って陸大を閉鎖して、浮いた人員を野戦司令部に投入すべきだったのだろう。そうすれば日本の決意も鮮明になり、国民政府の対応もまた違ったものになったとも考えられる。

高級司令部の改編、増設が続き、昭和十三年末の時点で方面軍司令部は北支那と中支那の二個、軍司令部は中国戦線に五個と関東軍に三個となっていた。昭和十二年度の動員計画によれば、最大で方面軍司令部二個と軍司令部八個を動員するとしていたのだから、中国との

表23　北支那方面軍、第１軍、第２軍司令部の主要職員（昭和12年８月）

○北支那方面軍		前職／転出先
司令官	寺内寿一（＃11）	教育総監／軍事参議官
参謀長	岡部直三郎（＃18）	技術本部総務部長／第１師団長
参謀副長	河辺正三（＃19）	支那駐屯歩兵旅団長／中支派遣軍参謀長
第１課長	下山琢磨（＃25）	満州国軍政部顧問／飛行第16戦隊長
第２課長	大城戸三治（＃25）	南京駐在武官／歩兵第76連隊長
第３課長	橋本秀信（＃27）	支那駐屯軍第３課長／明野飛校教官
・第１軍		
司令官	香月清司（＃14）	支那駐屯軍司令官／予備役
参謀長	橋本　群（＃20）	支那駐屯軍参謀長／参本第１部長
第１課長	矢野音三郎（＃22）	支那駐屯軍参謀副長／第８国境守備隊長
第２課長	木下　勇（＃26）	騎兵監部員／騎兵第15連隊長
第３課長	板花義一（＃23）	輜重兵監部員／下志津飛校付
・第２軍		
司令官	西尾寿造（＃14）	近衛師団長／教育総監
参謀長	鈴木率道（＃22）	参本付／航空本部総務部長
第１課長	岡本清福（＃27）	支那駐屯軍第１課長／参本付
第２課長	山田国太郎（＃27）	陸大教官／兵務局兵務課長
第３課長	田坂専一（＃27）	陸大教官／自動車学校付

表24　中支那方面軍、上海派遣軍、第10軍司令部の主要職員（昭和12年11月）

○中支那方面軍		前職／転出先
司令官	松井石根（＃ 9）	応召／召集解除
参謀長	塚田　攻（＃19）	参本第３部長／陸大校長
参謀副長	武藤　章（＃25）	参本第２課長／北支方面軍参謀副長
参謀	公平匡武（＃31）	参本第２課部員／中支派遣軍参謀
参謀	光成省三（＃31）	航空本部課員／中支派遣軍参謀
・上海派遣軍		
司令官	朝香宮（＃20）	軍事参議官／軍事参議官
参謀長	飯沼　守（＃21）	予科士校幹事／予科士校幹事
参謀副長	上村利道（＃22）	参本庶務課長／参本付
第１課長	西原一策（＃25）	参本第11課長／中支方面軍参謀副長
第２課長	長　勇（＃28）	漢口駐在武官／歩兵第74連隊長
第３課長	寺垣忠雄（＃28）	秩父宮付武官／歩兵第35連隊長
・第10軍		
司令官	柳川平助（＃12）	応召／召集解除
参謀長	田辺盛武（＃22）	陸士幹事／戦車校長
第１課長	藤本鉄熊（＃26）	陸大教官／下志津飛校教官
第２課長	井上　靖（＃26）	陸大教官／歩兵第15連隊長
第３課長	谷田　勇（＃27）	陸大教官／第38師団参謀長

交戦一年半のうちに、限界に達してしまったことになる。参謀の人事計画からして、これ以上の高級司令部の新編は無理で、やろうとすれば質の面での水増しは避けられない。もちろんこの幕僚陣の弱体化だけが支那事変の長期化をもたらしたとはいえないが、一つの要因であったことは事実だ。

昭和十六年十一月六日、大陸命第五五五号によって、南方軍、第一四軍、第一五軍、第一六軍、第二五軍及び南海支隊の戦闘序列が発令された。この時点で関東軍に六個軍、支那派遣軍に六個軍があった。さらに内地には、防衛総司令部のしたに東部、中部、西部、北部の軍司令部四個があり、加えて朝鮮軍司令部と台湾軍司令部を維持していた。第一四軍は主に台湾軍の転用だったにしろ、よくも南方向けの軍司令部四個に必要な参謀をひねり出したものだ。これら南方軍と各軍の司令部の主要職員は、表25の通り。

大東亜戦争の開戦時、日本陸軍は全力を傾注して南方に向かったわけでないことは前述した。参謀の人事にしても、同じことがいえる。たしかに中央官衙は南方作戦のため人材の割愛に応じてはいる。しかし、その実情はどうだったのか。どうにも使いづらい、理屈が多すぎる、いわゆる「東条人事」のため疎外された、そして先制主動に馴染まず慎重な者を恩着せがましく回したということがあったはずだ。

その好例が参謀次長から南方軍総参謀長に転出した塚田攻だ。彼が心血を注いだ南方攻略作戦を現地で指導して、形にしてくれと送り出したとすれば聞こえは良い。ところがその実情については、さまざま語られている。人との付き合いや和というものを一切否定する塚田

表25　南方進攻各司令部の主要職員

○南方軍		前職／転出先
司令官	寺内寿一（＃11）	軍事参議官／死去
参謀長	塚田　攻（＃19）	参謀次長／第11軍司令官
参謀副長	青木重誠（＃25）	習志野校長／第20師団長
参謀副長	阪口芳太郎（＃25）	航技研飛行実験部長／航空本部付
第１課長	石井正美（＃30）	第23軍高級参謀／陸大教官
第２課長	小畑信良（＃30）	陸大教官／近衛師団参謀長
第３課長	石井秋穂（＃34）	軍務課内政班長／陸大付
第４課長	谷川一男（＃33）	第23軍付／航空兵団高級参謀
・第14軍		
司令官	本間雅晴（＃19）	台湾軍司令官／予備役
参謀長	前田正実（＃25）	台湾軍付／西部軍付
参謀副長	林　義秀（＃26）	台湾軍南方研究部員／第54歩兵団長
高級参謀	中山源夫（＃32）	台湾軍参謀／総力戦研究所員
高級参謀	高津利光（＃32）	北部軍参謀／留守近衛第２師団参謀長
・第15軍		
司令官	飯田祥二郎（＃20）	第25軍司令官／防衛総司令部付
参謀長	諫山春樹（＃27）	第25軍参謀長／第26歩兵団長
参謀副長	守屋精爾（＃29）	野重第２連隊長／タイ駐屯軍参謀長
高級参謀	寺倉小四郎（＃32）	陸大教官／陸大教官
・第16軍		
司令官	今村　均（＃19）	第23軍司令官／第８方面軍司令官
参謀長	岡崎清三郎（＃26）	参本付／第２師団長
参謀副長	原田義和（＃28）	奉天特務機関長／第22歩兵団長
高級参謀	高島辰彦（＃30）	参本付／公主嶺校教官
高級参謀	北村可大（＃31）	運輸本部付／船舶司令部参謀
・第25軍		
司令官	山下奉文（＃18）	関東防衛軍司令官／第１方面軍司令官
参謀長	鈴木宗作（＃24）	参本付／兵器本廠付
参謀副長	馬奈木敬信（＃28）	軍務局付／ボルネオ守備軍参謀長
高級参謀	池谷半二郎（＃33）	参本第10課長／整備局交通課長
高級参謀	山津兵部之助（＃33）	運輸本部付／第30師団参謀長

は、ある種の変人で、とかく第一部長の田中新一と折り合いが悪かった。田中をかっていた杉山元は、塚田を転出させたということだ。また、万事鷹揚の寺内寿一はなにかと心配だから、武骨一点張りの塚田を参謀長に付けたともされる。

シンガポールに向かう第二五軍の場合、陸軍にとって初めての本格的な渡洋作戦ということで、中央部は運輸の専門家、参謀本部第三部長の鈴木宗作、同第一〇課長（船舶課）の池谷半二郎の割愛に応じている。この二人に限らず、第二五軍司令部にはエリートの幕僚が集められ、その結果、ドイツ駐在経験者で固められた。米英に通じ、英語が分かるのは、情報主任の杉田一次だけだった。

中国相手の戦争をしているのに、支那屋が要職に起用されなかったのと同じことで、南方軍には米英に通じている幕僚がごく限られていた。陸軍に米英通がいなかったわけではなく、むしろ多かったことは前述した。陸軍は昭和十二年頃から香港、シンガポールの研究を進め、地図をはじめとする兵要地誌の収集をしていた。その主務者は、イギリス駐在経験者で参謀本部第二課作戦班長の有末次だった。開戦時、有末は参謀本部第二〇班長（戦争指導班）、昭和十七年二月から香港占領地総督府参謀長だった。適材適所とはいえるにしても、本来はまたちがった場所でその経験と能力を発揮してもらうべきだろう。

フィリピンに向かう第一四軍参謀長の前田正美は、大正末から四年間、商社員を装ってフィリピン各地の現地調査にあたっていた。これはまさに適材適所だが、彼の後継者として知られる田村浩と能勢潤三は大東亜戦争開戦時、どこにいたのか。田村は駐タイ武官、能勢は華中にあった第二二師団歩兵第八五連隊長だった。もちろん田村と能勢を第一四軍司令部に配置したとしても、米軍の一掃には手間取っただろうが、いくぶんかはゲリラの跳梁を防げたはずだ。

ガダルカナルの戦況が絶望的になりつつあった昭和十七年十一月、ガダルカナルの第一七軍とニューギニアの第一八軍を統括する第八方面軍司令部が新編された。緒戦の勝利に水を差された形となったガダルカナル戦で苦戦となれば面目の問題になる。そこで第八方面軍司令部には気合を入れて人材を集めた。まずは軍司令官にイギリス駐在を経験している今村均だ。参謀長にアメリカ駐在を経験している加藤鑰平だ。加藤は参謀本部第八課と第九課（ともに運輸課）の課長をつとめ、第三部長からの転出だった。

第八方面軍の参謀だが、第一課長は有末次、情報主任は杉田一次と米英通をそろえ、参謀本部第二課対南方主任だった井本熊男も加わった。ほかの多くは第一七軍参謀からの持ち上がりで、ガダルカナルの現地を知っている。最初からこの陣容の司令部を編成して、大本営と第一七軍の間に挟み込めば、ガダルカナル戦の推移もだいぶちがったものになっていたはずだ。それにしても、今村均、加藤鑰平、有末次という人材を最後までラバウルに縛り付けていた意味はなんであったのか疑問が残るところだ（有末は昭和十八年八月に戦死）。

日米最後の陸戦となった沖縄戦で玉砕した第三二軍は、昭和十九年三月二十二日に発令された大陸命第九七三号で新設された。前月二十五日に新設されたマリアナ諸島防衛の第三一軍と並列して、中部太平洋の防備を固めることとなった。マリアナ諸島への米軍来攻は差し迫っていたが、南西諸島へはフィリピンのあとと予想されていたから、早手回しの措置だった。これは当時、高級参謀次長だった後宮淳の強い主張によるものだとされる。

当初の第三二軍司令部は、軍司令官は科学学校長から転出の渡辺正夫、参謀長は航空士官学校教授部長から転出の北川潔水、高級参謀は陸大教官から転出の八原博道となっていた。よく第三二軍は等閑視されたといわれるが、陸大恩賜の八原を回しているから、それなりの配慮はうかがえる。なお、八原は北川よりも陸士の六期後輩だが、陸大は同期だ。

昭和十九年七月から、第三二軍司令部の人事が動いた。まず七月八日、北川潔水が台湾軍参謀副長に異動した（同年九月、台湾軍は第一〇方面軍に改組）。後任は桜会の猛者として知られる長勇だ。サイパン奪回のY作戦が立案された際、長は逆上陸する旅団長とされていたが、作戦が中止となったため、参謀本部付で東京にいた。長が少尉の時、連隊長が後宮淳という関係もあり、この人事になった。

東条英機退陣後の八月八日、健康上の問題で渡辺正夫が下番して、すぐに予備役に入った。後任は陸士校長の牛島満となった。ほかの参謀の異動も多く、当初からいるのは八原博道だけとなった。この牛島、長勇、八原は部内の有力者ではないから、中央に対する発言力は弱い。そのため問題の第九師団抽出、第八四師団の増援中止も撤回させることはできなかった。これで少なくとも長勇は、戦争を投げてしまったという印象が強い。決戦正面には発言力のある大物を送らなければならないよき例証だ。

◆本土決戦に備える師団と軍

大本営がレイテ決戦構想を放棄したのは、昭和十九年十二月十八日だった。次なる構想は、ルソン、台湾、沖縄など本土の外郭地帯で敵に出血を強要しつつ持久を策し、本土決戦の準備を進めるということになる。そこで翌二十年一月二十五日、最高戦争指導会議は「決勝非常措置要綱」を定め、本土防衛体制の確立を目指すこととなった。

この一月末の時点で本土の防衛体制は、防衛総司令部のしたにある東部軍、中部軍、西部軍、大本営総予備の第三六軍、そして北海道の第五方面軍となっていた。地上師団は、九州に一個、近畿に二個、関東に五個、北海道に二個、合計一〇個だった。これでは正面二〇〇〇キロに及ぶ本土の防衛は成り立たず、急速に増強しなければならない。

そこでまず、昭和二十年二月六日に発令された大陸命第一二四四号によって内地防衛軍と第一七方面軍の戦闘序列が定められ、本土に方面軍五個が新編された。さらに二十年四月八日に発令された大陸命第一二九七号によって、内地防衛軍が廃止され、鈴鹿山系以東は第一総軍、以西は第二総軍がおかれることとなった。

本土決戦のための動員は、昭和二十年二月下旬から三次にわたって実施された。同年八月の終戦までに、北海道、樺太、千島を含めて本土に方面軍六個、軍一一個、地上師団五九個の陣容となった。このため陸海軍合わせて二四〇万人が召集され、さらに関東軍も満州で二五万人を召集した。これがいわゆる「根こそぎ動員」と呼ばれるもので、これで日本の動員率は一一・四七パーセントに達し、経済活動はほぼ停止にまで追い込まれた。

この大動員による大量の応召者によって、軍隊の姿そのものが大きく変わった。連隊長が師団長の先輩、軍司令官と同期の師団長、方面軍のなかで最古参は師団付の中佐というケースもある。建前では階級が絶対だが、日本の思潮からそうは徹底できず、双方が気まずくなり、やりにくいことも多かったはずだ。

下士官、兵の世界でも同じだ。支那事変中に三回も応召した人など、部隊としてどう扱ってよいか分からなくなる。昭和ひと桁に入営した一等兵もいるとなると、兵営の鉄則、メンコの数（食器の数、転じて在営期間）では律しきれない。そこにかなり昔、徴兵検査で第二乙種となり、入営していない未教育の二等兵が応召してくるとなると大混乱となる。

そういった内情はあるものの、各級指揮官はすぐに埋まる。平時からあった規定の「次級者の補職も可」を全面的に援用し、少将の師団長、中佐の連隊長、大尉の大隊長が次々と生まれた。また出身も陸士だけでなく、少尉候補者出身、甲種幹部候補生や予備士官学校出身者で現役を志願した特別志願将校（特志）などまで枠を拡大すれば、どうにか指揮官のポストは埋まる。ところが、高級司令部を構成する幕僚となると、そう簡単な話ではなくなる。相当な訓練と経験を積んで、命令のフォームを知った者でないとつとまらない。

昭和十九年に入った頃から、師団参謀長は陸士三五期を中心にその前後、師団参謀は四〇期代に入っていた。陸大の期でいえば、師団参謀長が四五期前後、師団参謀が五〇期以降となる。長期の人事計画が欠けていたツケか、それとも不運な巡り合わせか、これらの期あたりが陸士卒業生数の低迷期にあたる。陸士三四期から卒業生が三〇〇人を割り込み、五年七月卒業の四二期が二一八人で、これがボトムとなる。陸士の卒業生数が四〇〇人台を回復するのは、十二年六月卒業の四九期からだ。

陸大を見ると、大正十五年卒業の陸大三八期から卒業生数は五〇人台となり、ボトムは昭和十一年卒業の三九人で、これは陸士三七期生が主体の期だ。支那事変が始まり、十三年には陸大五〇期と五一期合わせて九二人を送り出した。陸士の期で四〇期代前半の者だ。どういう事情か翌十四年、十五年の陸大卒業生数はまた五二人、四九人になる。おそらくは一年コースの専科学生で補えるとしたか、それとも支那事変はすぐに終わると考えていたのだろう。なお、陸大専科は昭和九年卒業が一期、十九年卒業の一二期までで卒業生は合計四八〇人だった。

このように参謀適格者の人材が払底し、それでなくとも中央官衙の要員が膨張するなかで、各級司令部の幕僚をどう充足していたのか不思議に思えてくる。とにかく本土正面で師団司令部四一個、軍司令部九個、方面軍司令部五個、さらには大本営に匹敵する規模の総軍司令部を二個を新編したのだ。各級司令部は編成完結に向けて要員を集めているうちに終戦を迎えているから、もし本土決戦となった時にどうなっていたかは想像するほかない。なお、第一総軍、第二総軍などの司令部の職員については、表26を参照してもらいたい。

少なくとも終戦となった昭和二十年八月中旬の時点で、本土に展開していた師団の司令部で、師団参謀長、作戦、兵站、情報の参謀がそろっていたのは、第一六方面軍直轄の第二五師団だけだった。第二五師団は十五年七月に新編されて以来、関東軍にあり、二十年四月に

参謀副長	友森清晴（＃34）	兵務局兵備課長
高級参謀	和田弘志（＃36）	第23軍高級参謀

・第40軍

司令官	中沢三夫（＃24）	予科士校長
参謀長	安達　久（＃33）	教総第２課長
高級参謀	市川治平（＃37）	第10方面軍参謀

・第56軍

司令官	七田一郎（＃20）	戸山学校長、応召
参謀長	内野宇一（＃32）	第46師団参謀長
高級参謀	桃井義一（＃40）	第16方面軍参謀

・第57軍

司令官	西原貫治（＃23）	第４軍司令官
参謀長	吉武安正（＃33）	教総第１課長
高級参謀	藤原岩市（＃43）	第２総軍参謀

◎航空総軍

司令官	河辺正三（＃19）	第15方面軍司令官
総参謀長	田副　登（＃26）	航空本部総務部長
参謀副長	三輪　潔（＃33）	航空本部教育部長
第１課長	宮子　実（＃36）	航空本部総務課長
第２課長	小森田親玄（＃34）	航空本部補給部兵器課長
第３課長	松前未曾雄（＃38）	航空本部教育部第１課長

司令官	飯村　穣（＃21）	第２方面軍司令官
参謀長	江湖要一（＃33）	参本第６課長

・東京湾兵団

司令官	大場四平（＃22）	東京湾要塞司令官
参謀長	水野桂三（＃30）	兵器行政本部付

○第13方面軍

司令官	岡田　資（＃23）	東海軍需監理部長
参謀長	柴田芳三（＃32）	参本総務課長
参謀副長	重安穐之助（＃33）	第２方面軍参謀副長
高級参謀	大西　一（＃36）	軍務課高級課員

・第54軍

司令官	小林信男（＃22）	第60師団長
参謀長	花本盛彦（＃34）	航空本部教育部典範課長
高級参謀	小山公利（＃37）	航空本部教育部保安課長

◎第２総軍

司令官	畑　俊六（＃12）	教育総監
参謀長	岡崎清三郎（＃26）	近畿軍需監理部長
参謀副長	真田穣一郎（＃31）	軍務局長、中部軍付
高級参謀	井本熊男（＃37）	第13軍高級参謀

○第15方面軍

司令官	内山英太郎（＃21）	第12軍司令官
参謀長	国武三千雄（＃27）	中部軍参謀長
参謀副長	山之内二郎（＃32）	軍需省軍需官
参謀副長	宮野正年（＃30）	予科士校幹事
高級参謀	大庭小二郎（＃36）	陸士教官

・第55軍

司令官	原田熊吉（＃22）	第16軍司令官
参謀長	鏑木正隆（＃32）	第34軍参謀長
高級参謀	西原征夫（＃37）	第11師団参謀長

・第59軍

司令官	谷　寿夫（＃15）	中部防衛司令官、応召
参謀長	松村秀逸（＃32）	内閣情報局第１部長
高級参謀	鈴木主習（＃42）	軍務局課員

○第16方面軍

司令官	横山　勇（＃21）	西部軍司令官
参謀長	稲田正純（＃29）	第３船舶輸送司令官
参謀副長	福島久作（＃32）	西部軍高級参謀

表26　第１総軍、第２総軍等司令部の主要職員（昭和20年８月15日）

◎第１総軍		前職
司令官	杉山元(＃12)	陸相
参謀長	須藤栄之助(＃25)	第７飛行師団長
参謀副長	石井正美(＃30)	陸大幹事
高級参謀	吉本重章(＃37)	兵務課長
高級参謀	高崎正男(＃38)	軍事課高級課員
○第11方面軍		
司令官	藤江恵輔(＃18)	第12方面軍司令官、応召
参謀長	今井一二三(＃30)	教総総務部長
高級参謀	武居清太郎(＃35)	整備局交通課長
・第50軍		
司令官	星野利元(＃25)	戦車第１師団長
参謀長	太田公秀(＃32)	北スマトラ燃料工廠長
高級参謀	中吉孚(＃39)	陸軍省副官
○第12方面軍		
司令官	田中静壱(＃19)	陸大校長
参謀長	高島辰彦(＃30)	東部軍参謀副長
参謀副長	小沼治夫(＃32)	東部軍付
高級参謀	不破　博(＃39)	第１総軍高級参謀
高級参謀	日笠　賢(＃35)	南方燃料本部付
・第36軍		
司令官	上村利道(＃22)	第５軍司令官、参本付
参謀長	徳永鹿之助(＃32)	北支那方面軍参謀副長
高級参謀	大槻　章(＃35)	独立混成第13旅団参謀
・第51軍		
司令官	野田謙吾(＃24)	教育総監代理
参謀長	坂井芳雄(＃33)	陸大教官
高級参謀	一戸公哉(＃39)	東部軍参謀
・第52軍		
司令官	重田徳松(＃24)	第72師団長
参謀長	玉置温和(＃29)	独立混成第96旅団長
高級参謀	林　璋(＃36)	陸大教官
・第53軍		
司令官	赤柴八重蔵(＃24)	近衛第１師団長
参謀長	小野打　寛(＃33)	近衛第１師団参謀長
高級参謀	田中忠勝(＃39)	第36軍参謀
・東京防衛軍		

転用されたので内容が充実していたわけだ。九州に展開していた師団は最優先され、それなりの態勢にはあったが、ほかの地域では師団に参謀一人だけ、それも着任したのかどうかすら定かではないといった状況で終戦を迎えている。

軍司令部については、終戦時に一般師団六個、戦車師団二個を抱えた最大規模の第三六軍を取り上げてみたい。この司令部は、昭和十九年七月に編成されたもので、終戦時には参謀長、高級参謀（作戦参謀）、情報、後方に加え作戦補佐、全般補佐という陣容だった。軍司令官の上村利道は、十五年三月以来、関東軍で勤務しており、第五軍司令官からの異動だった。編成当初の参謀長は、石井正美だった。彼は大東亜戦争開戦時、南方軍の第一課長で、陸大教官としてプールされてからの上番だ。二十年二月、東北地方に第一一方面軍が新編されると、石井はそこの参謀長に転出し、後任をどこから持ってくるかが問題となった。

陸大教官などで温存している人材も払底し、全軍規模で本土決戦の参謀を集めることとなる。石井正美の後任は、北支那方面軍参謀副長だった徳永鹿之助となった。彼は杉山元の大臣秘書官、侍従武官をつとめた人だが、彼の後任の北支那方面軍参謀副長は人事局長の岡田重一だ。では後任の人事局長だが、参謀本部第三部長の額田坦となる。第三部長の後任は船舶本部参謀長の磯矢伍郎だ。この際限のない玉突き人事が、外地との連絡が途絶えがちな状況下で行なわれた。

第三六軍司令部は編成の時期も早く、関東地方の決戦軍だから、充実してはいたが、支那事変の当初や大東亜戦争開戦時の軍司令部と比較すれば見劣りがする。八年も戦争を続けていれば、人材不足に陥るのも無理はないし、とにかく高級司令部の増設が急だった。昭和二十年に入ってから編成された軍司令部になると、だれもが困惑するようなことになった。終戦間近、九州を視察した参謀次長の河辺虎四郎は、「ここの参謀長は軍参謀長の価値ありや」「作戦補佐か通信主任か」と苦言を日記に残している。河辺の指摘をもっとも痛切に感じているのは、その軍司令部だったはずだ。

◆方面軍と総軍の司令部

青函以南の方面軍司令部五個は、それまでの東部軍、中部軍、西部軍の司令部を拡充して分割したものだ。ここでは最重要となる関東正面の第一二方面軍と九州正面の第一六方面軍の司令部を取り上げる。方面軍司令部は大きな組織だったが、内地にあるものはどれも課編成をとっていなかった。本土決戦の決号作戦が発動されてから課編成に移行することになっていたと思われる。

第一二方面軍司令部は、大将の軍司令官、中将の軍参謀長、少将の参謀副長、大佐の作戦と後方の高級参謀二人、中佐から少佐までの各主任、補佐、参謀は合わせて一九人だった。これに兵器、経理、軍医、獣医、法務の部長、高級副官がいる。隷下に砲兵司令部、工兵隊司令部、通信隊司令部、野戦輸送司令部を抱えている。第一六方面軍司令部は、参謀副長が二人、高級参謀が一人となっており、ほかは第一二方面軍司令部に準じており、参謀長以下二一人だった。

編成当初、第一二方面軍司令官は東部軍司令官だった藤江恵輔だったが、すぐに予備役に入り、後任は陸大校長の田中静壱となった。軍参謀長は東部軍参謀長の辰巳栄一だったが、華中の第三師団長に転出、後任は参謀副長の高島辰彦が昇格した。終戦時、参謀副長だった小沼治夫は、第一七軍高級参謀としてガダルカナル戦を戦い、第一四方面軍参謀副長としてルソン持久戦を指導、その対米作戦、対戦車戦闘の手腕をかわれて本土に呼び戻された。

高級参謀の不破博は、大東亜戦争中、常に軍や方面軍の作戦参謀をつとめており、その閲歴は高く評価され、マレー半島の第七方面軍第一課長の時に本土に帰還して第一総軍作戦主任から第一二方面軍に転じた。作戦主任の板垣徹は、関東軍の第四軍参謀から大本営参謀、そして第一二方面軍だ。第六代陸上幕僚長として知られる天野良英は、千島列島の第二七軍作戦主任だったが、同軍の解体後に内地に戻り、参謀本部総務課、教育総監部勤務をへて第一二方面軍参謀となっている。

第一六方面軍の司令官は、第一一軍司令官で一号作戦を指揮した横山勇、参謀長は西部軍参謀長の芳仲和太郎だったが、芳仲はすぐに志布志正面の第八六師団長に転出し、後任はマニラにあった第三船舶輸送司令官の稲田正純となった。高級参謀の穐田弘志と築城主任の石井国男は、広東の第二三軍からの異動だ。また、ブーゲンビルの第一七軍司令部からは、杉之尾三夫が情報主任として転入して来た。中央からの異動では、兵務局兵備課長の友森清晴が参謀副長に、軍需省軍需官の篠塚提夫が政務主任として転入している。

本土決戦に向けて軍司令部、方面軍司令部を新編しつつ、昭和二十年四月八日に発令された大陸命第一二九七号によって、内地防衛軍の戦闘序列を解き、鈴鹿山系以東を担当する第一総軍と以西の第二総軍の司令部を編成することになった。同じ時、航空総軍の司令部も設けられることとなった。内地防衛軍の司令部を拡充、強化すれば済む話と思うが、例え地上軍の本格的な侵攻がなくとも、航空攻撃やコマンドウ攻撃によって国土が分断された場合を考慮しての措置だった。それにしても、この総軍司令部の要員をどこから持ってくるかが難問だ。案の定、司令官の人事からして難航したことは前述した。

総軍司令部を編成するにあたって母体になる防衛総司令部は、本来、留守師団など後方の管理が所掌だから、幕僚の層が薄い。これをハイレベルな野戦軍司令部に拡充する、しかも二つひねり出すとなると、広く人材の割愛を求めなければならない。そこに組織の防衛本能が働き、思うようにはいかない。いわゆる「編成道義」が守られないからだ。掛け替えのない人をバーターがない新編部隊に差し出してしまえば、こちらの任務が達成できないと、もっともな理屈も成り立つから厄介だ。

それでも最大限の努力を払って総軍司令部の陣容を整えていた。第一総軍司令部は、防衛総軍司令部の要員を中核にし、各方面からの割愛組で埋めている。参謀長の須藤栄之助は、第七飛行師団長から防衛総軍司令部参謀長、そこから横すべりで第一総軍参謀長だ。参謀副長は編成当初、後藤光蔵で第二方面軍参謀副長から防衛総軍司令部参謀副長、そこから第一総軍参謀副長に横すべりとなっている。ついで参謀副長は石井正美となる。

終戦時、第一総軍の第一課長は前述した不破博から引き継いだ吉本重章で、彼は北支那方面軍作戦主任から兵務局兵務課長、そこからの異動だ。第二課長の高崎正男は、軍事課高級課員からの転出だ。作戦主任の新井健は、北海道の第五方面軍作戦主任からの異動だ。兵站主任の新庄絢夫は、整備局課員からの転出となっている。

昭和二十年の台風シーズンが終わればすぐにも米軍は南九州に来攻と見積もられていたため、第二総軍司令部はほぼ固まった態勢になっていた。編成当初の参謀長は、南方軍総参謀副長から異動の若松只一だったが、すぐに陸軍次官に転出し、後任は近畿軍需監理部長の岡崎清三郎となった。参謀副長は、軍務局長から中部軍付となっていた真田穣一郎だ。第一課長は、上海の第一三軍作戦主任に出ていた井本熊男だ。第二課長は、漢口の第六方面軍第二課長から異動の片山二良だ。また、軍務局課員の白石通教、大本営第二〇班員の橋本正勝も第二総軍参謀に回っていた。

ところで、この総軍司令部の位置付けはどうなっていたのか。大本営陸軍部、参謀本部と方面軍司令部とのあいだにある中間指揮結節なのか、それとも野戦軍司令部の頂点に位置するのかが明確ではない。少なくとも終戦の時点で総軍は、直轄部隊を抱えていない。有力な砲兵部隊や戦車部隊をもって隷下の方面軍、軍を支援して重点を形成するという役割を演じられない。兵站部隊も持っていないから、方面軍、軍への補給能力もない。結局のところ、屋上屋を重ねるというものにとどまっていた。

ともあれ、有能な人材を前線から引き揚げ、また中央官衙から割愛して、本土の高級司令部を編成した。では、その有能な人材とはどのような人をさすのか。陸大恩賜だから、この難局を乗り切れる人材だとは思えないが、一つの目安にはなるだろう。終戦時、中堅幕僚の主力となっていた陸大四六期から五〇期、陸士の期では三三期から四三期の恩賜の軍刀組はどこで任務に付いていたのか。合計は三〇人、中央官衙と大本営に一〇人、野戦軍司令部に九人、連隊長二人、侍従武官、在外武官、航空士官学校付、予備役が各一人、五人が戦死となっていた。

こう見ると、最後の最後まで中央官衙を最優先し、「最良の人材を第一線に」は常に掛け声だけで終わったことがうかがえる。そして各級指揮官にもいえたことだが、参謀も大量循環、大量育成ができず、いつまでも第一線の実情を知らない者ばかりが作戦を立案するから、同じ失敗を繰り返すこととなった。すべてにわたる長期的な人事計画の欠如こそが日本の敗因となったと結論することができよう。

若松　只一　愛知／＃26／歩兵／＃38／駐ハンガリー武官、第22軍参謀長、参本総務部長、第46師団長、南方軍総参謀副長、第２総軍参謀長、次官／中将／*19、59、137、266、268、286、290、314*
和田　亀治　大分／＃ 6／歩兵／＃15／陸大幹事、参本第３部長、陸大校長、第１師団長／中将／*51、231*
渡辺　錠太郎　愛知／＃ 8／歩兵／＃17首席／参本外国戦史課長、参本第４部長、陸大校長、第７師団長、航空本部長、台湾軍司令官、教育総監／大将／*26、27、33、34、68、71、96、100、105、106、112、132、140、145、163、164、168、169、194*
渡辺　正夫　東京／＃21／砲兵／＃31／野砲兵第10連隊長、兵器本廠長、第56師団長、科学学校長、第32軍司令官／中将／*303*
渡　久雄　東京／＃17／歩兵／＃25恩賜／駐米武官、参本欧米課長、歩兵第１連隊長、参本第２部長、第11師団長／中将／*134、286、289*

参本総務部長、教総本部長、次官、陸相、東京警備司令官／大将／*17、21、143、161、181*
山之内　二郎　鹿児島／＃32／歩兵／＃40、東大法学／軍需省軍需官、第15方面軍参謀副長、軍需省軽金属局長／少将／*308*
山室　宗武　東京／＃14／砲兵／　／野戦重砲兵第８連隊長、砲兵監、第11師団長、陸士校長／中将／*205、206*
山脇　正隆　高知／＃18／歩兵／＃26首席／参本編制動員課長、歩兵第22連隊長、整備局長、教総本部長、次官、第３師団長、駐蒙軍司令官、陸大校長／大将／*19、48、97、132、191、254、270*

[ユ]

由比　光衛　高知／旧＃５／歩兵／＃７首席／近衛歩兵第１連隊長、参本第１部長、近衛師団長／大将／*122*

[ヨ]

横山　勇　福島／＃21／歩兵／＃27／歩兵第２連隊長、企画院総務部長、第１師団長、第11軍司令官、第16方面軍司令官／中将／*218、308、312*
吉田　喜八郎　東京／＃29／騎兵、航空転科／＃38恩賜／飛行第98戦隊長、第１航空軍参謀長、第13飛行師団長／中将／*116*
吉武　安正　佐賀／＃33／歩兵／＃45／参本防衛課長、歩兵第23連隊長、参本教育課長、第57軍参謀長／少将／*307*
吉田　豊彦　鹿児島／＃５／砲兵／　／兵器局長、造兵廠長官、技術本部長／大将／*132、143*
吉積　正雄　広島／＃26／歩兵、航空転科／＃35、東大政治／第４軍参謀長、内閣情報局第２部長、整備局長、軍務局長／中将／*57、58、137、254*
芳仲　和太郎　愛媛／＃27／砲兵／＃37／参本欧米課長、駐ハンガリー武官、第16方面軍参謀長、第86師団長／中将／*312*
吉本　重章　高知／＃37／歩兵／＃49／兵務課長、第１総軍第１課長、軍務課長／大佐／*309、313*
吉本　貞一　徳島／＃20／歩兵／＃28恩賜／参本庶務課長、歩兵第68連隊長、第11軍参謀長、第２師団長、関東軍参謀長、第１軍司令官、第11方面軍司令官／大将／*92、132、158、270*

[ワ]

若林　東一　山梨／＃52／歩兵／　／歩兵第228連隊中隊長／大尉／*293*

柳川　平助　佐賀／#12／騎兵／#24恩賜／騎兵第20連隊長、参本演習課長、騎兵監、第1師団長、第10軍司令官／中将／*19、31、33、35、38、153、168、173、174、298*
柳田　元三　長野／#26／歩兵／#34恩賜／軍務局徴募課長、歩兵第1連隊長、関東軍情報部長、第33師団長／中将／*213〜215*
矢野　音三郎　山口／#22／歩兵／#33恩賜／歩兵第49連隊長、関東軍参謀副長、鎮海湾要塞司令官、第26師団長、公主嶺学校長／中将／*196、212、298*
矢野　桂二　福井／#45／歩兵／　／台湾歩兵第1連隊中隊長、久留米予備士官学校中隊長、歩兵第230連隊大隊長／少佐／*126*
矢野　機　東京／#18／歩兵／#25／教総庶務課長、歩兵第6連隊長、憲兵司令部総務部長、歩兵学校長／中将／*189*
八原　博道　鳥取／#35／歩兵／#41恩賜／第15軍参謀、第32軍高級参謀／大佐／*303*
山内　正文　滋賀／#25／歩兵／#36／駐米武官、第12軍参謀長、第15師団長／中将／*213、214*
山岡　重厚　高知／#15／歩兵／#24／歩兵第22連隊長、軍務局長、整備局長、第9師団長／中将／*33、38、145、173、207、252、254、255、261*
山口　一太郎　東京／#33／歩兵／東大理学／技術本部員、歩兵第1連隊中隊長／大尉／*124、125、189*
山口　勝　静岡／旧#4／砲兵／　／軍務局砲兵課長、重砲兵監、第16師団長／中将／*125*
山下　奉文　高知／#18／歩兵／#28恩賜／歩兵第3連隊長、軍事課長、北支那方面軍参謀長、第4師団長、航空総監、第25軍司令官、第1方面軍司令官、第14方面軍司令官／大将／*33、54、56、114、117、124、131、132、173、217、218、220、244、248、255、300*
山田　乙三　長野／#14／騎兵／#24／騎兵第26連隊長、参本第3部長、陸士校長、第12師団長、第3軍司令官、中支那派遣軍司令官、教育総監、関東軍総司令官／大将／*46、48、50、77、80、84、86、96、108〜110、132、150、159、206、266、268*
山田　国太郎　愛知／#27／歩兵／#40恩賜／第2軍第2課長、第1戦車団長、第48師団長／中将／*298*
山田　健三　新潟／#15／歩兵／#26／歩兵第8連隊長、歩兵第22旅団長／中将／*141*
山田　長三郎　宮城／#20／砲兵／#28／野砲兵第22連隊長、兵務課長／大佐／*196*
山津　兵部之助　佐賀／#33／歩兵／#45／第25軍参謀、第30師団参謀長／大佐／*300*
山梨　半造　神奈川／旧#8／歩兵／#8／第2軍参謀副長、歩兵第51連隊長、

31軍司令官／中将／*212、217*
牟田口　廉也　佐賀／＃22／歩兵／＃29／参本庶務課長、支那駐屯歩兵第１連隊長、第18師団長、第15軍司令官／中将／*103、211、212、214、215*
武藤　章　熊本／＃25／歩兵／＃32恩賜／関東軍第２課長、参本作戦課長、軍務局長、近衛師団長、第14方面軍参謀長／中将／*35、48、79、137、138、213、244、245、247、249、254、256〜258、280、281、298*
武藤　信義　佐賀／＃ 3／歩兵／＃13首席／近衛歩兵第４連隊長、参本作戦課長、参本第１部長、第３師団長、参謀次長、教育総監、関東軍司令官／大将、元帥／*24、25、28、30、67、69〜73、96、98〜100、132、149〜154、156、181、185、188、266、267*
村岡　長太郎　佐賀／＃ 5／歩兵／＃16恩賜／歩兵第29連隊長、歩兵学校長、第４師団長、関東軍司令官／中将／*149〜151*
村上　啓作　栃木／＃22／歩兵／＃28恩賜／歩兵第34連隊長、軍事課長、第39師団長、総力戦研究所長、第３軍司令官／中将／*244、248*

［モ］

桃井　義一　大阪／＃40／歩兵／＃51／第16方面軍参謀、第56軍高級参謀／中佐／*307*
森岡　皐　広島／＃22／歩兵／＃32／近衛歩兵第３連隊長、漢口特務機関長、華北連絡部長官、第16師団長／中将／*210、211*
森岡　政元　高知／草創期／騎兵／　／騎兵第５連隊長、騎兵第16連隊長／少将／*63*
森岡　守成　山口／＃ 2／騎兵／＃13恩賜／参本編制動員課長、騎兵監、近衛師団長、朝鮮軍司令官／大将／*24、63、132、161、162*
森　赳　高知／＃28／騎兵／＃39／第１軍参謀、第６軍参謀長、憲兵司令部本部長、近衛第１師団長／中将／*296*
守屋　精爾　岡山／＃29／砲兵／＃41／野戦重砲兵第２連隊長、第15軍参謀副長、タイ駐屯軍参謀長／少将／*300*

［ヤ］

役山　久義　石川／＃19／歩兵／＃26／歩兵第15連隊長、歩兵第24旅団長／少将／*277*
安田　武雄　岡山／＃21／工兵／東大電気／兵務局防備課長、航空技術研究所長、第１航空軍司令官／中将／*36、114、117*
安満　欽一　佐賀／＃ 6／歩兵／＃16／歩兵第33連隊長、朝鮮軍参謀長、航空本部長、第３師団長／中将／*111*

7旅団長／少将／*131*
丸山　政男　長野／＃23／歩兵／＃31／駐英武官、参本欧米課長、近衛歩兵第4連隊長、第2師団長／中将／*212*

[ミ]

三笠宮　崇仁　皇族／＃48／騎兵／＃55／騎兵第13連隊付、参本付／少佐／*122*
三国　直福　福井／＃25／砲兵／＃33／野砲兵第22連隊長、南京特務機関長、陸軍省調査部長、第21師団長／中将／*192*、*193*
三毛　一夫　和歌山／＃15／歩兵／＃22／駐ソ武官、歩兵第43連隊長、参本欧米課長、第7師団長／中将／*206*
水野　桂三　東京／＃30／歩兵／＃42／第18師団参謀、陸大主事、東京湾兵団参謀長／少将／*308*
南　次郎　大分／＃ 6／騎兵／＃17／騎兵第13連隊長、支那駐屯軍司令官、陸士校長、第16師団長、参謀次長、朝鮮軍司令官、陸相、関東軍司令官、朝鮮総督／大将／*18*、*23〜28*、*33*、*51*、*63*、*65*、*67*、*72*、*100*、*104*、*105*、*111*、*132*、*150*、*151*、*154*、*161〜163*、*166*、*187*、*253*、*270*
光成　省三　広島／＃31／航空兵／＃43／中支那派遣軍参謀、飛行第7戦隊長、独立第10飛行団長／中将／*298*
峯　国松　長崎／＃ 7／憲兵／　／京都憲兵隊長、関東憲兵隊司令官、憲兵司令官／中将／*186*、*187*、*263*
三間　正弘　新潟／草創期／憲兵／　／東京憲兵隊本部長、憲兵司令官／大佐／*183*
宮崎　周一　長野／＃28／歩兵／＃39／第11軍第1課長、歩兵第26連隊長、第17軍参謀長、陸大幹事、参本第1部長／中将／*57*、*90*、*222*、*273*、*274*、*276*、*282*、*283*
宮子　実　石川／＃36／航空兵／＃47／関東軍参謀、航士生徒隊長、航空総軍第1課長／大佐／*307*
宮野　正年　広島／＃30／歩兵／＃37／教総第2課長、支那派遣軍第1課長、第15方面軍参謀副長／少将／*308*
三輪　潔　東京／＃33／航空兵／＃46／航空兵団参謀、航空本部教育部長、航空総軍参謀副長／少将／*307*

[ム]

武川　寿輔　福島／＃ 9／歩兵／　／歩兵第3連隊長、第20師団参謀長、歩兵第39旅団長／少将／*131*
麦倉　俊三郎　栃木／＃24／歩兵／＃32／独立歩兵第11連隊長、第52師団長、第

真崎　甚三郎　佐賀／＃ 9／歩兵／＃19恩賜／軍事課長、近衛歩兵第１連隊長、陸士校長、第１師団長、台湾軍司令官、参謀次長、教育総監／大将／*26、28～35、65、73、75、76、96、100～106、132、141、143～145、151～153、168～170、261、276*
増岡　賢七　埼玉／＃23／憲兵／　／東京憲兵隊長、第15軍憲兵隊長、第14方面軍憲兵隊司令官／少将／*190*
町尻　量基　京都／＃21／砲兵／＃29恩賜／近衛野砲兵連隊長、軍事課長、軍務局長、第６師団長、仏印駐屯軍司令官／中将／*48、55、248、254、256、257、277*
町田　経宇　鹿児島／旧＃ 9／歩兵／＃ 9／第４軍参謀、歩兵第48連隊長、駐支武官、参本第２部長、第４師団長、サガレン州派遣軍司令官／大将／*17、95、146*
松井　石根　愛知／＃ 9／歩兵／＃18首席／歩兵第39連隊長、ハルピン特務機関長、参本第２部長、第11師団長、台湾軍司令官、中支那方面軍司令官／大将／*33、132、151、152、168～171、285、286、298*
松井　太久郎　福岡／＃22／歩兵／＃29／独立歩兵第12連隊長、北平特務機関長、第５師団長、支那派遣軍総参謀長、第13軍司令官／中将／*211、212*
松井　兵三郎　京都／＃ 7／歩兵／＃18／歩兵第42連隊長、憲兵司令官、第16師団長／中将／*186*
松井　命　福井／＃16／工兵／　／電信第１連隊長、工兵監、第４師団長、西部防衛司令官／中将／*205、206*
松浦　淳六郎　福岡／＃15／歩兵／＃24／歩兵第13連隊長、教総庶務課長、人事局長、第10師団長／中将／*102、103、259～262*
松木　直亮　山口／＃10／歩兵／＃19／歩兵第78連隊長、整備局長、第14師団長／大将／*132*
松川　敏胤　宮城／旧＃ 5／歩兵／＃ 3恩賜／満州軍参謀、参本第１部長、第10師団長、東京衛戍総督、朝鮮軍司令官／大将／*180*
松田　巻平　静岡／＃15／歩兵／＃26／参本運輸課長、歩兵第７連隊長、運輸本部長、第１船舶輸送司令官／中将／*141*
松前　未曾雄　熊本／＃38／砲兵、航空転科／＃49／南方軍参謀、第４航空軍高級参謀、航空総軍第３課長／大佐／*307*
松村　秀逸　熊本／＃32／砲兵／＃40／大本営情報部長、内閣情報局第１部長、第59軍参謀長／少将／*308*
松村　知勝　福井／＃33／歩兵／＃40／参本ロシア課長、関東軍第１課長、関東軍総参謀副長／少将／*245*
馬奈木　敬信　福岡／＃28／歩兵／＃36／歩兵第79連隊長、第25軍参謀副長、第２師団長／中将／*300*
馬淵　直逸　愛知／＃11／歩兵／＃20／歩兵第３連隊長、参本庶務課長／歩兵第

古荘　幹郎　熊本／＃14／歩兵／＃21首席／参本編制動員課長、近衛歩兵第２連隊長、兵務課長、軍事課長、人事局長、参本第１部長、第11師団長、次官、台湾軍司令官、第21軍司令官／大将／*19、50、71、80、112、132、168、206、248、253、260、266、268、276*
古谷　清　東京／＃10／砲兵／＃21／駐露武官、野重砲兵第２連隊長、航空本部長／中将／*112*
不破　博　大阪／＃39／騎兵／＃50／第15軍参謀、第７方面軍第１課長、第１総軍第１課長、第12方面軍高級参謀／大佐／*309、312、313*

[ホ]

星野　庄三郎　新潟／＃ 2／工兵／＃14／参本第３部長、陸大校長、第９師団長／中将／*17*
星野　利元　新潟／＃25／歩兵／＃37／戦車第５連隊長、教総第２部長、戦車第１師団長、第50軍司令官／中将／*309*
堀　丈夫　奈良／＃13／騎兵、航空転科／　／飛行第６大隊長、航空本部総務部長、第１師団長／中将／*38、112*
堀場　一雄　愛知／＃34／歩兵、航空転科／＃42恩賜／飛行第62戦隊長、南方軍第１課長、第５航空軍参謀副長／大佐／*244、245*
本郷　房太郎　兵庫／旧＃ 3／歩兵／　／歩兵第42連隊長、人事局長、教総本部長、次官、第１師団長、青島守備軍司令官／大将／*20、259*
本郷　義夫　兵庫／＃24／歩兵、航空転科／＃31恩賜／歩兵第21連隊長、第４飛行団長、第62師団長、第44軍司令官／中将／*116*
本庄　繁　兵庫／＃ 9／歩兵／＃19／参本支那課長、歩兵第11連隊長、駐支武官、第10師団長、関東軍司令官、侍従武官長／大将／*26、36、47、125、132、150～153、226、287*
本間　雅晴　新潟／＃19／歩兵／＃27恩賜／駐英武官、歩兵第１連隊長、参本第２部長、第27師団長、台湾軍司令官、第14軍司令官／中将／*125、168、216、218、219、285、286、289、290、300*

[マ]

前田　利為　石川／＃17／歩兵／＃23恩賜／近衛歩兵第２連隊長、参本第４部長、第８師団長、ボルネオ守備軍司令官／大将／*132*
前田　正美　奈良／＃25／工兵／＃34／工兵第１連隊長、第３軍参謀長、上海特務機関長、第14軍参謀長／中将／*300、301*
牧野　正迪　鳥取／＃17／騎兵、航空転科／＃27／飛行第１連隊長、航空本部総務部長、第１飛行集団長／中将／*115*

日笠　賢　岡山／#35／歩兵／#44／ビルマ方面軍参謀、第12方面軍参謀、東京防衛軍高級参謀／大佐／*309*
東久邇宮　稔彦　皇族／#20／歩兵／#26／近衛歩兵第3連隊長、第2師団長、第2軍司令官、防衛総司令官／大将／*18、60、112、122、132、195、218、221、222、277*
樋口　季一郎　岐阜／#21／歩兵／#30／歩兵第41連隊長、ハルピン特務機関長、参本第2部長、第9師団長、第5方面軍司令官／中将／*272、284〜286、290*
菱刈　隆　鹿児島／# 5／歩兵／#16／歩兵第4連隊長、第4師団長、朝鮮軍司令官、関東軍司令官／大将／*26、132、149〜151、154、163、168、169、292*
平林　盛人　長野／#21／歩兵／#31／歩兵第8連隊長、憲兵司令官、第17師団長／中将／*186*

[フ]

福島　久作　埼玉／#32／歩兵／#41／歩兵第4連隊長、第16方面軍参謀副長／少将／*308*
福田　雅太郎　長崎／旧# 9／歩兵／# 9／第1軍参謀副長、歩兵第38連隊長、参本第2部長、第5師団長、参謀次長、台湾軍司令官、関東戒厳司令官／大将／*16、17、62、70、181、185*
福原　豊功　山口／草創期／歩兵／　／近衛歩兵第2連隊長、占領地総督府参謀長／少将／*220*
藤井　洋治　広島／#19／歩兵／#28／歩兵第37連隊長、第38師団長、中部軍司令官／中将／*218*
藤江　恵輔　兵庫／#18／砲兵／#26／野戦重砲兵第2連隊長、関東憲兵隊司令官、憲兵司令官、第16師団長、陸大校長、第12方面軍司令官／大将／*132、186、208、218、309、312*
藤田　進　石川／#16／歩兵／#25／歩兵第15連隊長、歩兵学校長、第3師団長、第13軍司令官／中将／*209*
藤本　鉄熊　山口／#26／歩兵、航空転科／#35／飛行第6連隊長、第6軍参謀長、第2航空軍参謀長／少将／*298*
藤室　良輔　広島／#27／歩兵／#35首席／参本戦史課長、歩兵77連隊長、総力戦研究所主事／少将／*231*
藤原　岩市　兵庫／#43／歩兵／#50／南方軍参謀、第2総軍参謀、第57軍高級参謀／中佐／*307*
二神　力　愛媛／#34／歩兵／#41／参本庶務課長、歩兵第34連隊長、軍事課長、参本運輸課長／大佐／*57、59、248*
二見　秋三郎　神奈川／#28／歩兵、航空転科／#37／第11軍参謀副長、第17軍参謀長、羅津要塞司令官、第154師団長／少将／*282*

132、156、159、168、190、216～221、223、253、256、257、270、273、274～276、308
秦　真次　福岡／#12／歩兵／#21／歩兵第21連隊長、奉天特務機関長、憲兵司令官、第２師団長／中将／*185、186、188、189*
秦　彦三郎　三重／#12／歩兵／#31／歩兵第57連隊長、ハルピン特務機関長、第34師団長、参謀次長、関東軍総参謀長／中将／*57、65、85、87*
服部　卓四郎　山形／#34／歩兵／#42恩賜／参本作戦課長、陸相秘書官、参本作戦課長、歩兵第65連隊長／大佐／*57、87、88、90、138、155、227、242～247、249、250*
服部　武士　岡山／#27／航空兵／#38／飛行第98戦隊長、南方軍航空技術部長、第５飛行師団長／中将／*115*
花本　盛彦　和歌山／#34／歩兵、航空転科／#44首席／飛行第60戦隊長、第13方面軍参謀副長、第54軍参謀長／大佐／*244、308*
浜本　喜三郎　京都／#18／歩兵／#29／歩兵第16連隊長、第104師団長、北部軍司令官／中将／*218*
林　璋　富山／#36／歩兵／#43／第15軍参謀、南方軍参謀、第52軍高級参謀／大佐／*309*
林　桂　和歌山／#13／歩兵／#21恩賜／近衛歩兵第１連隊長、軍事課長、整備局長、教総本部長、第５師団長／中将／*97、248*
林　銑十郎　石川／#８／歩兵／#17／歩兵第57連隊長、陸大校長、近衛師団長、朝鮮軍司令官、教育総監、陸相、首相／大将／*18、27、28、30、32～34、39～41、44、75、96、97、99、100、103～105、132、140、151、152、154、161～165、169、171、173、189、194、255、261、262*
林　仙之　熊本／#９／歩兵／#20／歩兵第41連隊長、陸士校長、第１師団長、東京警備司令官／大将／*97、99、132、151、181*
林　弥三吉　石川／#９／歩兵／#17／参本編制動員課長、歩兵第37連隊長、軍事課長、第４師団長、東京警備司令官／中将／*27～29、140*
林　義秀　和歌山／#26／歩兵／#35／台湾歩兵第１連隊長、第14軍参謀副長、第53師団長／中将／*300*
原　守　大阪／#25／歩兵／#34／近衛歩兵第４連隊長、関東憲兵隊司令官、第９師団長、次官／中将／*19、97*
原田　熊吉　大阪／#22／歩兵／#28／近衛歩兵第４連隊長、駐支武官、第35師団長、第55軍司令官／中将／*308*
原田　義和　福岡／#28／歩兵／#36／歩兵第39連隊長、奉天特務機関長、第16軍参謀副長、南洋第２支隊長／中将／*300*

[ヒ]

[ノ]

納見　敏郎　広島／＃27／歩兵、憲兵転科／＃37／教総庶務課長、歩兵第41連隊長、台湾憲兵隊司令官、第28師団長／中将／*190*、*191*

能勢　潤三　広島／＃28／歩兵／　／歩兵第85連隊長、支那派遣軍歩兵教育隊長／少将／*301*

野田　謙吾　熊本／＃24／歩兵／＃32／歩兵第33連隊長、人事局長、第14師団長、教総本部長、第51軍司令官／中将／*48*、*56*、*96*、*97*、*246*、*260*、*309*

野津　道貫　鹿児島／草創期／　／　／東京鎮台司令官、第５師団長、第１軍司令官、教育総監、第４軍司令官／大将、元帥／*95*

[ハ]

橋本　群　広島／＃20／砲兵／＃28恩賜／野砲兵第１連隊長、参本編制動員課長、軍事課長、第１軍参謀長、参本第１部長／中将／*33*、*48*、*55*、*196*、*248*、*270*、*272*、*276*、*298*

橋本　虎之助　愛知／＃14／騎兵／＃22／駐ソ武官、騎兵第25連隊長、参本欧米課長、参本第２部長、参本総務部長、次官、近衛師団長／中将／*19*、*33*、*38*、*63*、*71*、*102〜105*、*109*、*110*、*159*、*206*、*266*、*268*、*270*、*271*、*284*、*286*、*287*

橋本　秀信　愛媛／＃27／砲兵、航空転科／＃36、東大経済／支那駐屯軍第３課長、第９飛行団長、教導飛行師団長／中将／*298*

橋本　正勝　佐賀／＃45／砲兵／＃53恩賜／軍務局課員、大本営参謀、第２総軍参謀／中佐／*314*

蓮沼　蕃　石川／＃15／騎兵／＃23／騎兵第９連隊長、騎兵監、第９師団長、駐蒙軍司令官、侍従武官長／大将／*47*、*132*、*159*、*206*

長谷川　直敏　京都／＃ 6／歩兵／＃19／歩兵第20連隊長、人事局長、近衛師団長、東京警備司令官／中将／*17*、*22*、*185*、*262*

長谷川　好道　山口／草創期／歩兵／　／歩兵第１連隊長、第３師団長、近衛師団長、韓国駐劄軍司令官、参謀総長、朝鮮総督／大将、元帥／*161*

畑　英太郎　福島／＃ 7／歩兵／＃17恩賜／歩兵第56連隊長、軍事課長、軍務局長、次官、第１師団長、関東軍司令官／大将／*19*、*22*、*23*、*48*、*130*、*132*、*150*、*151*、*163*、*169*、*251*、*252*、*269*、*275*

畑　俊六　福島／＃12／砲兵／＃22首席／野砲兵第16連隊長、参本作戦課長、参本第１部長、砲兵監、第14師団長、台湾軍司令官、教育総監、中支那派遣軍司令官、侍従武官長、陸相、支那派遣軍総司令官、第２総軍司令官／大将、元帥／*18*、*46〜49*、*51*、*60*、*66*、*71*、*77*、*78*、*80*、*87*、*88*、*96*、*107〜109*、*112*、

220
梨本宮　守正　皇族／＃ 7／歩兵／　／歩兵第 6 連隊長、第16師団長／大将、元帥／*122*、*132*
那須　義雄　熊本／＃30／歩兵／＃40／参本編制動員課長、補任課長、歩兵第56連隊長、第15軍参謀副長、兵務局長／少将／*245*
奈良　武次　栃木／旧＃11／砲兵／＃11／陸軍省高級副官、支那駐屯軍司令官、軍務局長、侍従武官長／大将／*24*、*143*、*153*

[ニ]

新見　英夫　山口／＃19／憲兵／　／東京憲兵隊長、京都憲兵隊長／大佐／*196*
西　義一　福島／＃10／砲兵／＃21／侍従武官、第 8 師団長、東京警備司令官、教育総監／大将／*36*、*37*、*96*、*106*、*132*、*155*、*181*
西浦　進　和歌山／＃34／砲兵／＃42首席／陸相秘書官、軍事課長、支那派遣軍第 1 課長／大佐／*57*、*242〜245*、*247*、*248*、*250*
西尾　寿造　鳥取／＃14／歩兵／＃22恩賜／歩兵第40連隊長、参本第 4 部長、参謀次長、近衛師団長、教育総監、支那派遣軍総司令官／大将／*48*、*50*、*65*、*76*、*77*、*80*、*96*、*108*、*109*、*132*、*159*、*205*、*206*、*268*、*298*
西原　一策　広島／＃25／騎兵／＃34恩賜／参本戦史課長、陸大幹事、戦車第 3 師団長、機甲本部長／中将／*298*
西原　貫治　広島／＃23／歩兵／＃33／歩兵第31連隊長、習志野学校長、第23師団長、化兵監、第57軍司令官／中将／*97*、*307*
西原　征夫　愛媛／＃37／騎兵／＃49／関東軍参謀、第11師団参謀、第55軍高級参謀／大佐／*308*
西村　琢磨　福岡／＃22／砲兵／＃32／参本防衛課長、野戦重砲兵第 9 連隊長、近衛師団長／中将／*211*、*212*、*294*
仁田原　重行　福岡／旧＃ 6／歩兵／＃ 4／独立守備隊司令官、近衛師団長、東京衛戍総督／大将／*180*
二宮　治重　岡山／＃12／歩兵／＃22恩賜／参本編制動員課長、近衛歩兵第 3 連隊長、参本第 2 部長、参本総務部長、参謀次長、第 5 師団長／中将／*22*、*29*、*65*、*71*、*165*、*253*、*266*、*268*、*269*、*274*、*276*、*286*

[ヌ]

額田　坦　岡山／＃29／歩兵／＃40／補任課長、独立歩兵第11連隊長、参本総務部長、参本第 3 部長、人事局長／中将／*57*、*85*、*222*、*260*、*268*、*310*

友森　清晴　東京／＃34／歩兵／＃46／北支那方面軍参謀、兵備課長、第16方面軍参謀副長／大佐／*307*、*312*
外山　豊造　和歌山／＃12／歩兵／＃21／歩兵第63連隊長、参本演習課長、憲兵司令官、第９師団長／中将／*29*、*182*、*186*、*187*

［ナ］

長岡　外史　山口／旧＃ 2／歩兵／＃ 1／軍事課長、参本次長、軍務局長、第16師団長／中将／*144*
中吉　孚　石川／＃39／騎兵／＃49／支那派遣軍参謀、陸軍省副官、第50軍高級参謀／大佐／*309*
中島　今朝吾　大分／＃15／砲兵／＃25／野砲兵第７連隊長、憲兵司令官、第16師団長、第４軍司令官／中将／*51*、*142*、*186*
中島　鉄蔵　山形／＃18／歩兵／＃30／歩兵第77連隊長、参本総務部長、参謀次長／中将／*48*、*65*、*76*、*268*、*272*
中島　正武　高知／＃ 1／歩兵／＃13／歩兵第68連隊長、参本欧米課長、参本第２部長、近衛師団長／中将／*266*
中沢　三夫　山梨／＃24／歩兵／＃32／歩兵第18連隊長、第１師団長、第40軍司令官／中将／*307*
永田　鉄山　長野／＃16／歩兵／＃23恩賜／歩兵第３連隊長、軍事課長、参本第２部長、軍務局長／中将／*30*、*33*、*34*、*75*、*88*、*89*、*104*、*112*、*123*、*131*、*173*、*182*、*189*、*196*、*244*、*248*、*252〜256*、*269*、*270*、*278*、*286*
永津　佐比重　愛知／＃23／歩兵／＃32／参本支那課長、歩兵第22連隊長、第20師団長、第58軍司令官／中将／*211*
中村　明人　愛知／＃22／歩兵／＃34恩賜／歩兵第24連隊長、軍務局長、第５師団長、憲兵司令官、第18方面軍司令官／中将／*186*、*192*、*254*
中村　孝太郎　石川／＃13／歩兵／＃21／歩兵第67連隊長、人事局長、第８師団長、教総本部長、陸相、朝鮮軍司令官／大将／*18*、*40*、*41*、*77*、*80*、*97*、*130*、*132*、*151*、*152*、*156*、*162*、*170*、*176〜178*、*259〜261*
長嶺　喜一　新潟／＃28／歩兵／＃36／北支那方面軍参謀、歩兵第139連隊長、独立混成第62旅団長／中将／*296*
長屋　尚作　群馬／＃15／歩兵／　／陸士予科生徒隊長、歩兵第３連隊長、歩兵第40旅団長／少将／*131*
中山　蕃　長野／＃16／騎兵／＃25／騎兵第７連隊長、朝鮮軍参謀、騎兵監／中将／*164*
中山　源夫　鹿児島／＃32／歩兵／＃41／参本編制動員課長、第14軍高級参謀、第12軍参謀長／少将／*300*
永山　元彦　佐賀／＃ 1／騎兵／　／騎兵第１連隊長、騎兵第２旅団長／少将／

寺内　正毅　山口／草創期／歩兵／　／陸士校長、教育総監、参本次長、陸相、朝鮮総督、首相／大将、元帥／*14*、*143*、*161*、*171*、*220*
寺垣　忠雄　石川／＃28／歩兵／＃40／上海派遣軍第３課長、歩兵第35連隊長、第１方面軍参謀長、第142師団長／中将／*298*
寺倉　小四郎　岐阜／＃32／歩兵／＃41／第15軍高級参謀、第55軍参謀長／少将／*300*
寺倉　正三　岐阜／＃22／歩兵、航空転科／＃31恩賜／独立歩兵第１連隊長、第１飛行団長、第42師団長、第27軍司令官／中将／*116*、*244*、*270*
寺田　雅雄　福井／＃29／歩兵／＃40首席／関東軍第１課長、戦車第１連隊長、第２方面軍参謀副長、機甲本部長／中将／*137*、*155*、*245*、*246*
寺本　熊市　和歌山／＃22／歩兵、航空転科／＃33／飛行第８連隊長、第２飛行師団長、第４航空軍司令官、航空本部長／中将／*114*、*118*

［ト］

土居　明夫　高知／＃29／騎兵／＃39恩賜／参本ロシア課長、駐ソ武官、参本作戦課長、関東軍情報部長、第13軍参謀長／中将／*249*
土井　定七　兵庫／＃26／歩兵／　／歩兵第228連隊長、千島第３守備隊長、独立混成第４旅団長／少将／*294*
土肥原　賢二　岡山／＃16／歩兵／＃24／歩兵第30連隊長、奉天特務機関長、第14師団長、第５軍司令官、第７方面軍司令官、教育総監／大将／*60*、*96*、*114*、*117*、*132*、*159*、*206*、*223*
東条　英機　岩手／＃17／歩兵／＃27／歩兵第１連隊長、参本編制動員課長、関東憲兵隊司令官、関東軍参謀長、次官、航空総監、陸相、首相、参謀総長／大将／*18*、*19*、*44*、*45*、*49*、*51～56*、*64*、*76*、*77*、*80～88*、*90*、*109*、*113*、*114*、*117*、*118*、*132*、*134*、*137*、*138*、*143*、*155*、*158*、*190～193*、*217*、*219～221*、*243～247*、*250*、*256～258*、*264～266*、*270*、*280～282*、*303*
東条　英教　岩手／草創期／歩兵／＃１優等／参本第４部長、歩兵第８旅団長、歩兵第30旅団長／中将／*229*
徳川　好敏　東京／＃15／工兵、航空転科／　／飛行第１連隊長、明野飛行学校長、航空兵団司令官／中将／*115*
徳永　鹿之助　山口／＃32／工兵／＃41／侍従武官、北支那方面軍参謀副長、第36軍参謀長／少将／*309*、*310*
冨永　恭次　長崎／＃25／歩兵／＃35／参本作戦課長、近衛歩兵第２連隊長、参本第１部長、人事局長、次官、第４航空軍司令官／中将／*19*、*48*、*52*、*55～57*、*79*、*86～88*、*217*、*220*、*249*、*250*、*257*、*260*、*264*、*265*、*276*、*280*
富永　信政　東京／＃21／歩兵／＃32／歩兵第59連隊長、教総庶務課長、第27師団長、第19軍司令官／大将／*132*

［チ］

秩父宮　雍仁　皇族／＃34／歩兵／＃43／歩兵第３連隊中隊長、参本第２課勤務将校、歩兵第31連隊大隊長、参本第１部付／少将／*74、121～125、131、134、243*
長　勇　福岡／＃28／歩兵／＃40／歩兵第74連隊長、第10歩兵団長、第32軍参謀長／中将／*298、303*

［ツ］

塚田　攻　茨城／＃19／歩兵／＃26／台湾歩兵第２連隊長、兵務課長、関東軍作戦課長、参本第３部長、第８師団長、参謀次長、南方軍総参謀長、第11軍司令官／大将／*52、65、79、132、275、298～300*
塚本　誠　兵庫／＃36／憲兵／　／東京憲兵隊特高課長、ビルマ方面軍憲兵隊長、第10方面軍参謀／大佐／*102、105*
辻　政信　石川／＃36／歩兵／＃43恩賜／第25軍参謀、第17軍参謀、第33軍参謀、第18方面軍第１課長／大佐／*102、105、155、227、246*
土橋　一次　鹿児島／＃18／砲兵／＃29／野戦重砲兵第７連隊長、自動車学校長、第22師団長、第12軍司令官／中将／*208、218、219*
土橋　勇逸　佐賀／＃24／歩兵／＃32／歩兵第20連隊長、参本第２部長、第48師団長、第38軍司令官／中将／*210、212、286、290*
土屋　光春　愛知／草創期／歩兵／　／歩兵第20連隊長、参本第２部長、第11師団長、第14師団長、第11師団長、第４師団長／大将／*143*
筒井　正雄　愛知／＃13／歩兵／＃21恩賜／歩兵第３連隊長、歩兵学校教育部長、東京湾要塞司令官／中将／*68、131*
津野　一輔　山口／＃ 5／歩兵／＃15／近衛歩兵第２連隊長、軍事課長、陸士校長、次官、近衛師団長／中将／*14、17、22、185*

［テ］

豊島　房太郎　山口／＃22／歩兵／＃28／歩兵第23連隊長、憲兵司令官、第３師団長、第２軍司令官／中将／*186、190、191*
寺内　寿一　山口／＃11／歩兵／＃21／近衛歩兵第３連隊長、第４師団長、台湾軍司令官、陸相、教育総監、北支那方面軍司令官、南方軍総司令官／大将、元帥／*18、29、36 ～ 38、41、77、83、96、105、132、146、155、156、159、165、168、171、172、216 ～ 221、233、240、256、258、271、298、300、301*

第34連隊大隊長／中佐／*126*
辰巳　栄一　佐賀／#27／歩兵／#37恩賜／参本欧米課長、駐英武官、第12方面軍参謀長、第3師団長／中将／*312*
建川　美次　新潟／#13／騎兵／#21恩賜／騎兵第5連隊長、参本欧米課長、駐支武官、参本第2部長、参本第1部長、第4師団長、駐ソ大使／中将／*22、24、26、38、63、71、72、159、270、276、285〜287*
田中　義一　山口／旧# 8／歩兵／# 8／歩兵第3連隊長、軍事課長、軍務局長、参謀次長、陸相、首相／大将／*14〜16、20、21、29、70、121、122、143、180、185、188、287*
田中　国重　鹿児島／# 4／騎兵／#14恩賜／騎兵第16連隊長、駐英武官、参本第2部長、近衛師団長、台湾軍司令官／大将／*70、133、168*
田中　弘太郎　京都／# 9／砲兵／　／大阪砲兵工廠技術課長、科学研究所長、技術本部長／大将／*143*
田中　静壱　兵庫／#19／歩兵／#28恩賜／歩兵第2連隊長、駐米武官、憲兵司令官、第14軍司令官、第12方面軍司令官／大将／*132、186、191、192、218、292、309、312*
田中　新一　新潟／#25／歩兵／#35／兵務課長、軍事課長、参本第1部長、第18師団長、ビルマ方面軍参謀長／中将／*43、137、138、213、245、247、248、256、257、274、276、280、281、301*
田中　忠勝　山口／#39／歩兵／#49／南方軍参謀、第36軍参謀、第53軍高級参謀／大佐／*309*
田中　信男　東京／#24／歩兵／　／歩兵第211連隊長、豊橋教導学校長、第33師団長／中将／*215*
田辺　盛武　石川／#22／歩兵／#30／歩兵第34連隊長、第10軍参謀長、第41師団長、第25軍司令官／中将／*65、298*
谷　寿夫　岡山／#15／歩兵／#24恩賜／歩兵第61連隊長、参本演習課長、第6師団長／中将／*205、308*
谷川　一男　福岡／#33／航空兵／#41／南方軍第4課長、第8方面軍作戦課長、大本営参謀／少将／*300*
谷田　勇　東京／#27／工兵／#36／第10軍第3課長、技術本部第2部長、第8方面軍通信隊司令官／中将／*298*
玉置　温和　奈良／#29／歩兵／#41／第2師団参謀長、独立混成第96旅団長、第52軍参謀長／少将／*309*
田村　浩　広島／#28／砲兵／#39／駐タイ武官、関東防衛軍参謀長、俘虜情報局長官／中将／*301*
多門　二郎　静岡／#11／歩兵／#21／歩兵第2連隊長、参本第4部長、陸大校長、第2師団長／中将／*155*

第20軍司令官／中将／*218*
瀬島　龍三　富山／＃44／歩兵／＃51首席／第５軍参謀、参本作戦課部員、関東軍参謀／中佐／*238*

［タ］

高崎　正男　岐阜／＃38／歩兵／＃46恩賜／軍事課員、第１総軍第２課長／大佐／*309*、*314*
高島　辰彦　東京／＃30／歩兵／＃37首席／参本戦史課長、台湾歩兵第１連隊長、第16軍高級参謀、第３軍参謀長、第12方面軍参謀長／少将／*300*、*309*、*312*
高田　豊樹　石川／＃ 7／歩兵／＃17／歩兵第66連隊長、参本支那課長、支那駐屯軍司令官／中将／*176*
高津　利光　新潟／＃32／歩兵／＃40／第14軍高級参謀、第23師団参謀長／少将／*300*
武居　清太郎　群馬／＃35／歩兵／＃42／第11軍高級参謀、整備局交通課長、第11方面軍高級参謀／大佐／*309*
武内　俊二郎　愛媛／＃23／輜重兵／＃32／輜重兵第３連隊長、輜重兵監、第116師団長／中将／*211*
竹上　常三郎　茨城／＃ 5／歩兵／＃14／補任課長、歩兵第51連隊長、参本庶務課長、人事局長、第12師団長／中将／*22*
竹下　義晴　広島／＃23／歩兵／＃33／関東軍第３課長、歩兵第45連隊長、上海特務機関長、第27師団長／中将／*296*
武田　功　宮城／＃34／砲兵／＃44恩賜／参本謀略課長、関東軍第２課長、駐蒙軍高級参謀／大佐／*244*
田坂　専一　愛媛／＃27／輜重兵／＃38／第２軍第３課長、自動車第４連隊長、関東防衛軍参謀長、昭南防衛司令官／中将／*298*
田代　皖一郎　佐賀／＃15／歩兵／＃25／歩兵第30連隊長、参本支那課長、駐支武官、憲兵司令官、支那駐屯軍司令官／中将／*176*、*178*、*179*、*186*、*189*
田尻　利雄　福岡／＃23／歩兵／＃31／歩兵第46連隊長、留守近衛師団長／中将／*217*
田副　登　熊本／＃26／砲兵、航空転科／＃36／飛行第10戦隊長、第５飛行師団長、航空総軍参謀長／中将／*307*
多田　駿　宮城／＃15／砲兵／＃25／野砲兵第４連隊長、支那駐屯軍司令官、第11師団長、参謀次長、第３軍司令官、北支那方面軍司令官／大将／*44〜47*、*50*、*65*、*76*、*113*、*133*、*142*、*176*、*179*、*293*
立花　小一郎　福岡／旧＃ 6／歩兵／＃ 5恩賜／第４軍参謀副長、第４師団長、関東軍司令官、ウラジオ派遣軍司令官／大将／*95*
橘　周太　長崎／旧＃ 9／歩兵／　／名古屋幼年学校長、第２軍管理部長、歩兵

台湾軍司令官／大将／*14、98、133、145*
菅波　一郎　宮崎／＃28／歩兵／＃35／駐英武官、歩兵第222連隊長、香港占領地総督府参謀長／少将／*124*
菅波　三郎　宮崎／＃37／歩兵／　／歩兵第45連隊付、歩兵第３連隊付、歩兵第45連隊中隊長／大尉／*123、124*
菅原　道大　長崎／＃21／歩兵、航空転科／＃31／飛行第６連隊長、第３飛行師団長、航空総監、第６航空軍司令官／中将／*114、116、118*
杉田　一次　奈良／＃37／歩兵／＃44／第25軍参謀、第８方面軍参謀、参本欧米課長、第17方面軍高級参謀／大佐／*301、302*
杉之尾　三夫　鹿児島／＃41／歩兵／＃51／第２方面軍参謀、第17軍参謀、第16方面軍参謀／中佐／*312*
杉山　元　福岡／＃12／歩兵、航空転科／＃22／軍事課長、軍務局長、次官、第12師団長、参謀次長、陸相、参謀総長、陸相、教育総監、第１総軍司令官／大将、元帥／*18、19、22、40～43、52、56～60、64、65、76～81、84、85、96、107、112、133、139、141、156、159、188、223、253～255、262、273、274、281、301、309、310*
鈴木　宗作　愛知／＃24／歩兵／＃31首席／歩兵第４連隊長、参本第３部長、第25軍参謀長、運輸本部長、第35軍司令官／大将／*116、133、244、300、301*
鈴木　荘六　新潟／＃ 1／騎兵／＃12恩賜／第３軍参謀副長、参本作戦課長、騎兵監、第５師団長、台湾軍司令官、朝鮮軍司令官、参謀総長／大将／*24、62～64、66～69、71、94、95、133、143、144、146、273、287*
鈴木　重康　石川／＃17／歩兵／＃24／参本作戦課長、近衛歩兵第１連隊長、参本第１部長、習志野学校長／中将／*249、270、274～276*
鈴木　孝雄　千葉／＃ 2／砲兵／　／野砲兵第21連隊長、陸士校長、第14師団長、技術本部長／大将／*24、98、133、153*
鈴木　率道　広島／＃22／砲兵、航空転科／＃30首席／参本作戦課長、支那駐屯砲兵連隊長、第２軍参謀長、航空兵団司令官、第２航空軍司令官／中将／*116、117、135、136、236、237、244、245、249、278、298*
鈴木　主習　愛媛／＃42／歩兵／＃53／関東軍参謀、軍務局課員、第59軍参謀／中佐／*308*
須藤　栄之助　東京／＃25／砲兵、航空転科／飛行第５連隊長、第７飛行師団長、第１総軍参謀長／中将／*309、313*

［セ］

瀬川　章友　山形／＃12／歩兵／＃24恩賜／歩兵第61連隊長、侍従武官、陸士校長／中将／*30*
関　亀治　兵庫／＃19／歩兵／＃30／歩兵第12連隊長、輜重兵監、第34師団長、

監、第26師団長、南京政府最高顧問、次官／中将／*19*、*57*、*59*、*91*
柴山　重一　栃木／＃ 8／歩兵／＃17／歩兵第 4 連隊長、教総第 1 課長、憲兵司令官、由良要塞司令官／中将／*184*、*185*
渋谷　三郎　東京／＃20／歩兵／＃29／黒河特務機関長、歩兵第 3 連隊長／大佐／*123*、*134*
島川　文八郎　三重／旧＃ 7／砲兵／　／野砲兵第 3 連隊長、兵器局長、技術本部長／大将／*143*
島本　正一　高知／＃21／歩兵／＃30／歩兵第19連隊長、憲兵校長、由良要塞司令官／中将／*126*
清水　規矩　福井／＃23／歩兵／＃30／参本編制動員課長、参本作戦課長、第41師団長、南方軍総参謀長、第 5 軍司令官／中将／*97*、*249*
清水　喜重　愛媛／＃14／歩兵／＃22／参本戦史課長、近衛歩兵第 3 連隊長、台湾軍参謀長、第12師団長／中将／*109*
下野　一霍　東京／＃23／砲兵、航空転科／＃31恩賜／野戦重砲兵第 8 連隊長、第58師団長、南方軍兵站監／中将／*116*
下村　定　高知／＃20／砲兵／＃28首席／野戦重砲兵第 1 連隊長、参本第 1 部長、陸大校長、第13軍司令官、北支那方面軍司令官、陸相／大将／*18*、*58*、*60*、*61*、*96*、*133*、*143*、*194〜196*、*276*
下元　熊弥　高知／＃15／歩兵／＃23／歩兵第 5 連隊長、歩兵学校幹事、第 8 師団長／中将／*206*
下山　琢磨　東京／＃25／歩兵、航空転科／＃33恩賜／飛行第16戦隊長、第 4 飛行師団長、第 5 航空軍司令官／中将／*116*、*280*、*298*
白石　通教　愛媛／＃44／歩兵／＃53／軍務局課員、第 2 総軍参謀／中佐／*314*
白川　義則　愛媛／＃ 1／歩兵／＃12／歩兵第34連隊長、人事局長、第 1 師団長、次官、関東軍司令官、陸相、上海派遣軍司令官／大将／*18*、*20〜22*、*24*、*35*、*63*、*78*、*95*、*98*、*133*、*146*、*149*、*151*、*259*、*262*、*270*、*292*
白銀　重二　山口／＃28／歩兵、航空転科／＃36恩賜／飛行第10戦隊長、第 9 飛行師団長／中将／*116*
城倉　義衛　長野／＃20／憲兵／東大法科／京城憲兵隊長、関東憲兵隊司令官、北支那派遣憲兵隊司令官／中将／*192*
新宮　陽太　長崎／＃38／歩兵／＃47／補任課高級課員、補任課長／大佐／*57*
新庄　絢夫　山口／＃42／歩兵／＃54／整備局課員、第 1 総軍参謀／中佐／*314*

［ス］

末松　茂治　福岡／＃14／歩兵／＃23／歩兵第 1 連隊長、教総庶務課長、陸士校長、第14師団長／中将／*109*、*207*
菅野　尚一　山口／＃ 2／歩兵／＃13／陸軍省高級副官、軍務局長、第20師団長、

佐藤　賢了　石川／＃29／砲兵、航空転科／＃37／陸軍省新聞班長、軍務課長、軍務局長、支那派遣軍総参謀副長、第37師団長／中将／*57*、*137*、*247*、*254*
佐藤　幸徳　山形／＃25／歩兵／＃33／歩兵第75連隊長、第31師団長／中将／*213〜215*
真田　穣一郎　北海道／＃31／歩兵／＃39／歩兵第86連隊長、軍事課長、軍務課長、参本作戦課長、参本第１部長、軍務局長、第２総軍参謀副長／少将／*57*、*85*、*87*、*90*、*247〜250*、*254*、*276*、*282*、*308*、*314*
佐野　忠義　静岡／＃23／砲兵／＃34／野砲兵第24連隊長、第38師団長、第34軍司令官／中将／*210*、*212*
佐村　益雄　山口／＃14／工兵／＃25／参本通信課長、参本運輸課長、工兵監／中将／*109*
沢田　茂　高知／＃18／砲兵／＃26／ハルピン特務機関長、野砲兵第24連隊長、第４師団長、参謀次長、第13軍司令官／中将／*48*、*52*、*65*、*77*、*117*、*218*、*219*、*293*

［シ］

塩田　定市　福岡／＃21／歩兵／＃31／歩兵第47連隊長、台湾混成旅団長、東京湾要塞司令官／中将／*195*
四方　諒二　兵庫／＃29／憲兵／東大政治／憲兵司令部第２課長、東京憲兵隊長、上海憲兵隊長／少将／*192*
重田　徳松　千葉／＃24／砲兵／＃35／野砲兵第10連隊長、第35師団長、砲兵監、第52軍司令官／中将／*136*、*309*
重安　穐之助　山口／＃33／歩兵／＃40／第１軍高級参謀、第２方面軍参謀副長、第13方面軍参謀副長／少将／*308*
七田　一郎　佐賀／＃20／歩兵／＃31／歩兵第22連隊長、陸士幹事、第20師団長、第２軍司令官、第56軍司令官／中将／*103*、*307*
篠塚　捷夫　京都／＃37／歩兵／＃49／支那派遣軍参謀、軍需省軍需官、第16方面軍参謀／大佐／*312*
篠塚　義男　東京／＃17／歩兵／＃23恩賜／参本庶務課長、歩兵第１連隊長、陸士校長、第10師団長、第１軍司令官／中将／*134*、*270*
柴　五郎　福島／旧＃ 5／砲兵／　／野砲兵第15連隊長、駐英武官、第12師団長、東京衛戍総督、台湾軍司令官／大将／*180*
柴田　夘一　福岡／＃21／歩兵／　／歩兵第104連隊長、第15師団長／中将／*215*
柴田　芳三　三重／＃32／歩兵／＃43／参本庶務課長、歩兵第68連隊長、参本総務課長、第13方面軍参謀長／少将／*87*、*308*
柴山　兼四郎　茨城／＃24／輜重兵／＃34／軍務課長、天津特務機関長、輜重兵

上月　良夫　熊本／＃21／歩兵／＃29／整備局統制課長、歩兵第11連隊長、第19師団長、第11軍司令官、第17方面軍司令官／中将／*162*
江湖　要一　佐賀／＃33／歩兵／＃45／第25軍高級参謀、参本欧米課長、東京防衛軍参謀長／少将／*308*
河本　大作　兵庫／＃15／歩兵／＃26／参本支那課支那班長、関東軍高級参謀／大佐／*151、277*
児玉　友雄　山口／＃14／歩兵／＃22／歩兵第34連隊長、参本外国戦史課長、朝鮮軍参謀長、第16師団長、台湾軍司令官／中将／*164、168*
後藤　光蔵　大分／＃29／歩兵／＃38首席／歩兵第１連隊長、教総総務部長、第１総軍参謀副長、近衛第１師団長／中将／*313*
小林　恒一　茨城／＃22／歩兵／＃34／歩兵第78連隊長、第23歩兵団長、東京湾要塞司令官／中将／*195*
小林　信男　茨城／＃22／砲兵／　／山砲兵第27連隊長、第60師団長、第54軍司令官／中将／*308*
小沼　治夫　栃木／＃32／歩兵／＃43／第２軍参謀、第17軍高級参謀、第14方面軍参謀副長、第12方面軍参謀副長／少将／*309、312*
小藤　恵　高知／＃20／歩兵／＃31／補任課長、歩兵第１連隊長、第18師団参謀長／少将／*103*
小森田　親玄　熊本／＃34／工兵、航空転科／＃46／第14軍参謀副長、南方軍第３課長、航空総軍第２課長／大佐／*307*
小山　公利　鹿児島／＃37／砲兵／＃47／第８方面軍参謀、航空本部教育部保安課長、第54軍高級参謀／大佐／*308*

[サ]

酒井　隆　広島／＃20／歩兵／＃28／参本支那課長、歩兵第23連隊長、第23軍司令官／中将／*217、218*
坂井　直　広島／＃44／歩兵／　／歩兵第３連隊付／中尉／*123*
坂井　芳雄　石川／＃33／騎兵／＃43／第４軍高級参謀、陸大教官／第51軍参謀長／少将／*309*
坂口　芳太郎　大阪／＃25／歩兵、航空転科／＃32／飛行第12連隊長、南方軍総参謀副長、第４飛行師団長／中将／*300*
坂部　十寸穂　徳島／＃ 9／砲兵／＃20恩賜／近衛野砲兵連隊長、参本作戦課長、陸大幹事、砲兵監、第３師団長／中将／*275、292*
桜井　省三　山口／＃23／歩兵／＃31恩賜／歩兵第77連隊長、第13軍参謀長、第33師団長、機甲本部長、第28軍司令官／中将／*116*
桜井　徳太郎　福岡／＃30／歩兵／＃37／歩兵第65連隊長、ビルマ国軍事顧問、第212師団長／少将／*296*

令部兵器部長／少将／*300*

木下　勇　福井／＃26／騎兵／＃37恩賜／騎兵第15連隊長、第11軍参謀長、第２飛行師団長、第55航空師団長／中将／*298*

木村　兵太郎　東京／＃20／砲兵／＃28／野砲兵第22連隊長、兵器局長、第32師団長、関東軍参謀長、次官、ビルマ方面軍司令官／大将／*19*、*133*

公平　匡武　東京／＃31／砲兵／＃39／支那派遣軍第１課長、野砲兵第20連隊長、第４軍参謀長、第31軍参謀副長／中将／*298*

［ク］

草場　辰巳　滋賀／＃20／歩兵／＃27／参本運輸課長、歩兵第11連隊長、関東軍野戦鉄道司令官、第52師団長、第４軍司令官、大陸鉄道司令官／中将／*217〜219*

国武　三千雄　福岡／＃27／砲兵／＃39／第101師団参謀長、陸大教官、第15方面軍参謀長／中将／*308*

久邇宮　邦彦　皇族／＃ 7／歩兵／＃16恩賜／歩兵第38連隊長、近衛師団長／大将、元帥／*122*、*133*

栗林　忠道　長野／＃26／騎兵／＃35恩賜／騎兵第７連隊長、兵務局馬政課長、第23軍参謀長、第109師団長／大将／*133*

栗原　安秀　佐賀／＃41／歩兵／　／歩兵第１連隊付、戦車第２連隊付／中尉／*125*

黒沢　準　宮城／＃10／歩兵／＃19恩賜／ハルピン特務機関長、参本作戦課長、参本第１部長、参本総務部長／中将／*266*、*268*、*269*、*275*

黒田　重徳　福岡／＃21／歩兵／＃28／歩兵第59連隊長、第26師団長、南方軍総参謀長、第14方面軍司令官／中将／*97*

桑木　崇明　広島／＃16／砲兵／＃26恩賜／野戦重砲兵第２連隊長、参本演習課長、参本第１部長、第110師団長／中将／*140*、*141*、*208*、*276*

［コ］

小泉　六一　広島／＃ 7／歩兵／＃17／歩兵第１連隊長、憲兵司令官、支那駐屯軍司令官、第３師団長／中将／*177*、*184*

小磯　国昭　山形／＃12／歩兵／＃22／歩兵第51連隊長、参本編制動員課長、整備局長、軍務局長、次官、第５師団長、朝鮮軍司令官、拓相、朝鮮総督、首相／大将／*19*、*22*、*33*、*56〜58*、*130*、*133*、*153*、*160〜162*、*165*、*166*、*252〜255*、*274*

高月　保　長崎／＃33／砲兵／駐ラトビア武官、参本作戦課部員、北支那方面軍参謀／中佐／*52*

関東軍司令官、参謀総長／大将／*15、25、51、62、67、94、122、140、231、267*

川島　義之　愛媛／#10／歩兵／#20恩賜／歩兵第7連隊長、教総第1課長、人事局長、第3師団長、朝鮮軍司令官、陸相／大将／*18、33〜37、97、99、105、133、143、144、162、165、182、260、262*

河田　槌太郎　北海道／#23／歩兵／　／歩兵第44連隊長、近衛歩兵団長、独立混成第26旅団長、第31師団長／中将／*215*

河辺　虎四郎　富山／#24／砲兵、航空転科／#33恩賜／駐ソ武官、近衛野砲兵連隊長、参本戦争指導課長、第2飛行師団長、参謀次長／中将／*57、65、91、116、249、281、311*

河辺　正三　富山／#19／歩兵／#27恩賜／歩兵第6連隊長、支那駐屯歩兵旅団長、第12師団長、第3軍司令官、ビルマ方面軍司令官、航空総軍司令官／大将／*48、59、60、96、97、109、133、218、298、307*

川村　景明　鹿児島／草創期／　／　／歩兵第4連隊長、第1師団長、鴨緑江軍司令官／大将、元帥／*182*

河村　恭輔　山口／#15／砲兵／#27／参本防衛課長、野砲兵第22連隊長、重砲兵学校長、第1師団長／中将／*205、206*

閑院宮　載仁　皇族／草創期／騎兵／　／騎兵第2旅団長、第1師団長、近衛師団長、参謀総長／大将、元帥／*17、29、33、37、48、49、52、63、64、66、70、73〜78、100、101、105、155、173、261、272、273*

神田　正種　愛知／#23／歩兵／#31／参本欧米課長、歩兵第45連隊長、参本総務部長、第6師団長、第17軍司令官／中将／*48、164、268*

[キ]

菊池　慎之助　茨城／旧#11／歩兵／#11／人事局長、参本総務部長、教総本部長、第3師団長、参謀次長、朝鮮軍司令官、教育総監／大将／*95、96、99、149、181、267*

岸本　綾夫　岡山／#11／砲兵／東大造兵／野戦重砲兵第4連隊長、兵器局長、造兵廠長、技術本部長／大将／*133、143*

岸本　鹿太郎　岡山／# 5／歩兵／#15／参本運輸課長、参本第3部長、参本総務部長、第5師団長、東京警備司令官／大将／*97、99、133、181、259、266、269*

北川　潔水　広島／#29／砲兵、航空転科／#41／飛行第28戦隊長、航士生徒隊長、第32軍参謀長、第10方面軍参謀副長、第55航空師団長／少将／*303*

喜多　誠一　滋賀／#19／歩兵／#31／歩兵第37連隊長、参本支那課長、駐支武官、第14師団長、第6軍司令官、第1方面軍司令官／大将／*133、218、289*

北村　可大　熊本／#31／歩兵／#38／第16軍第3課長、第13船舶団長、船舶司

参本第３部長、陸大校長／中将／*30、33、88、109、136、237、244、249、253、266*
小畑　信良　大阪／＃30／輜重兵／＃36／近衛輜重兵連隊長、南方軍第２課長、奉天特務機関長、第44軍参謀長／少将／*300*
小畑　英良　大阪／＃23／騎兵、航空転科／＃31恩賜／参本演習課長、騎兵第14連隊長、第３航空軍司令官、第31軍司令官／大将／*116、133*

［カ］

笠原　幸雄　東京／＃22／騎兵／＃30恩賜／駐ソ武官、近衛騎兵連隊長、参本ロシア課長、参本総務部長、第12師団長、関東軍総参謀長、第11軍司令官／中将／*48、158、267、268、271、272、275*
香椎　浩平　福岡／＃12／歩兵／＃21／駐独武官、歩兵第46連隊長、支那駐屯軍司令官、第６師団長、東京警備司令官／中将／*36、38、97、176、177、181～183*
片倉　衷　福島／＃31／歩兵／＃40／歩兵第53連隊長、第33軍参謀長、第202師団長／少将／*40*
片山　二良　石川／＃37／砲兵／＃47／北支那方面軍参謀、第６方面軍第３課長、第２総軍第２課長／大佐／*314*
香月　清司　佐賀／＃14／歩兵／＃24／歩兵第８連隊長、兵務課長、歩兵学校長、近衛師団長、教総本部長、第１軍司令官／中将／*40、97、176、179、298*
加藤　泊治郎　山口／＃22／憲兵／　／東京憲兵隊長、朝鮮憲兵隊司令官、関東憲兵隊司令官、憲兵司令官、北支那派遣憲兵隊司令官／中将／*186、190、192*
加藤　鑰平　愛知／＃25／歩兵／＃36／参本運輸課長、歩兵第68連隊長、第23軍参謀長、参本第３部長、第８方面軍参謀長／中将／*302*
金谷　範三　大分／＃ 5／歩兵／＃15恩賜／歩兵第57連隊長、参本作戦課長、支那駐屯軍司令官、参本第１部長、第18師団長、朝鮮軍司令官、参謀総長／大将／*24、25、27、28、51、63～73、100、106、133、139、151、152、154、161、162、169、170、231、270、273*
金光　恵次郎　岡山／少候＃ 7／砲兵／　／野砲兵第56連隊大隊長／中佐／*126、129*
鏑木　正隆　石川／＃32／歩兵／＃42／第11軍参謀、第34軍参謀長、第55軍参謀長／少将／*308*
賀谷　與吉　山口／＃33／歩兵／　／第３軍司令部付、第62師団独立歩兵第12大隊長／少将／*126*
賀陽宮　恒憲　皇族／＃32／騎兵／＃38／騎兵第10連隊長、戸山学校長、第43師団長、陸大校長／中将／*122*
河合　操　大分／旧＃ 8／歩兵／＃ 8／第３軍参謀副長、人事局長、第１師団長、

級参謀／大佐／*308*
大場　四平　宮城／＃22／歩兵／　／歩兵第42連隊長、第16師団長、東京湾要塞司令官、東京湾兵団長／中将／*308*
大庭　二郎　山口／旧＃ 8／歩兵／＃ 8首席／第３軍参謀副長、近衛歩兵第２連隊長、第３師団長、朝鮮軍司令官、教育総監／大将／*15、62、94、267*
大平　秀雄　香川／＃33／歩兵／＃43／歩兵第239連隊長、第25軍高級参謀、東部軍参謀副長／少将／*297*
岡　市之助　京都／旧＃ 4／歩兵／＃ 4／軍事課長、参本総務部長、軍務局長、次官、第３師団長、陸相／中将／*22*
岡崎　清三郎　島根／＃26／歩兵／＃33／支那駐屯歩兵第２連隊長、教総総務部長、第16軍参謀長、第２師団長、第２総軍参謀長／中将／*300、308、314*
岡沢　精　山口／草創期／　／　／近衛参謀長、次官、侍従武官長／大将／*142*
岡田　重一　高知／＃31／歩兵／＃41／参本庶務課長、参本作戦課長、歩兵第78連隊長、補任課長、人事局長、支那派遣軍総参謀副長／少将／*52、55、57、79、249、260、264、265、310*
岡田　資　鳥取／＃23／歩兵／＃34／歩兵第80連隊長、相模造兵廠長、戦車第２師団長、第13方面軍司令官／中将／*308*
緒方　勝一　佐賀／＃ 7／砲兵／　／砲工学校長、科学研究所長、造兵廠長官、技術本部長／大将／*133、143*
岡部　直三郎　広島／＃18／砲兵／＃27／野砲兵第１連隊長、第１師団長、駐蒙軍司令官、第３方面軍司令官、第６方面軍司令官／大将／*113、133、298*
岡村　寧次　東京／＃16／歩兵／＃25／歩兵第６連隊長、補任課長、参本第２部長、第２師団長、第11軍司令官、第６方面軍司令官、支那派遣軍総司令官／大将／*30、42、133、159、178、179、206、216、218、282、285、286、288、289*
岡本　清福　石川／＃27／砲兵／＃37恩賜／野砲兵第４連隊長、駐独武官、参本第２部長、駐スイス武官／中将／*281、284、286、290、298*
岡本　連一郎　和歌山／＃ 9／歩兵／＃21恩賜／駐英武官、参本総務部長、次長、近衛師団長／中将／*65、71、151、268*
小川　恒三郎　新潟／＃14／歩兵／＃23／歩兵第58連隊長、参本作戦課長、参本庶務課長、参本第４部長／中将／*66、249*
奥　保鞏　福岡／草創期／　／　／第５師団長、第２軍司令官、参謀総長／大将、元帥／*15、17、69、70*
小野打　寛　東京／＃33／砲兵／＃41／駐フィンランド武官、近衛第１師団参謀長、第53軍参謀長／少将／*309*
尾野　実信　福岡／旧＃10／歩兵／＃10首席／駐独武官、歩兵第37連隊長、参本第１部長、第10師団長、次官、関東軍司令官／大将／*16、17、62、266*
小畑　敏四郎　高知／＃16／歩兵／＃23恩賜／参本作戦課長、歩兵第10連隊長、

／*37*、*38*、*54*、*65*、*85*、*87*、*88*、*91*、*114*、*118*、*133*、*158*、*182*、*233*、*254*、*260*、*263*、*292*、*303*

内野　宇一　静岡／＃32／歩兵／＃45／第104師団参謀長、第16軍高級参謀、第56軍参謀長／少将／*307*

内山　英太郎　鳥取／＃21／砲兵／＃32／野砲兵第１連隊長、整備課長、第13師団長、第３軍司令官、第12軍司令官、第15方面軍司令官／中将／*308*

宇都宮　太郎　佐賀／旧＃７／歩兵／＃６恩賜／歩兵第１逈隊長、参本第１部長、第７師団長、第４師団長、朝鮮軍司令官／大将／*145*、*273*

梅津　美治郎　大分／＃15／歩兵／＃23首席／歩兵第３連隊長、参本編制動員課長、軍事課長、参本総務部長、第２師団長、次官、第１軍司令官、関東軍司令官、参謀総長／大将／*19*、*37*、*38*、*40*、*42*、*44*、*47〜51*、*56〜60*、*64*、*71*、*77*、*81*、*87〜89*、*91〜93*、*131*、*133*、*136*、*141*、*150*、*156〜159*、*176〜178*、*217〜221*、*223*、*233*、*248*、*267〜271*、*282*、*283*

[エ]

江橋　英次郎　茨城／＃17／歩兵、航空転科／＃24／飛行第６連隊長、第１飛行団長、航空兵団司令官／中将／*115*

遠藤　三郎　山形／＃26／砲兵、航空転科／＃34恩賜／野戦重砲兵第５連隊長、参本教育課長、航士校長、軍需省航空兵器総局長官／中将／*116*、*157*

[オ]

大木　繁　東京／＃22／憲兵／　／大阪憲兵隊長、中支那派遣憲兵隊司令官、憲兵司令官、関東憲兵隊司令官／中将／*186*、*192*

大城戸　三治　兵庫／＃25／歩兵／＃36恩賜／歩兵第76連隊長、第22師団長、北支那方面軍参謀長、憲兵司令官／中将／*186*、*296*、*298*

大竹　沢治　新潟／＃７／歩兵／＃16恩賜／参本欧米課長、歩兵第38連隊長、参本作戦課長、参本第１部長／少将／*66*、*71*、*275*

太田　公秀　東京／＃32／歩兵／＃39、東大政治／第６軍高級参謀、燃料廠員、北スマトラ燃料工廠長、第50軍参謀長／少将／*309*

大槻　章　東京／＃35／騎兵／＃45／第14軍参謀、第65師団参謀長、第36軍高級参謀／大佐／*309*

大西　一　兵庫／＃36／歩兵／＃46／軍務課高級課員、第13方面軍高級参謀／大佐／*308*

大野　豊四　佐賀／＃３／歩兵／＃13／歩兵第15連隊長、朝鮮軍参謀長、第17師団長／中将／*17*

大庭　小二郎　東京／＃36／騎兵／＃48／第３軍参謀、陸大教官、第15方面軍高官／大将／*26、44、91、97、133、217～219、244、246、249、257、270、271、277、300、302*
井本　熊男　山口／＃37／歩兵／＃46／参本部員、第８方面軍参謀、第11軍高級参謀、第２総軍高級参謀／大佐／*250、302、308、314*
岩畔　豪雄　広島／＃30／歩兵／＃38／軍事課長、近衛歩兵第５連隊長、第28軍参謀長／少将／*245、247、248*
岩佐　禄郎　新潟／＃15／憲兵／　／東京憲兵隊長、朝鮮憲兵隊司令官、関東憲兵隊司令官、憲兵司令官／中将／*186、189*
岩松　義雄　愛知／＃17／歩兵／＃30／台湾歩兵第２連隊長、参本支那課長、第15師団長、第１軍司令官／中将／*208、218*

［ウ］

植田　謙吉　大阪／＃10／騎兵／＃21／騎兵第１連隊長、支那駐屯軍司令官、第９師団長、参謀次長、朝鮮軍司令官、関東軍司令官／大将／*36、37、65、76、105、133、150、155、162、176*
上原　勇作　宮崎／旧＃３／工兵／　／参本第３部長、工兵監、第４軍参謀長、第７師団長、第14師団長、陸相、第３師団長、教育総監、参謀総長／大将、元帥／*15～17、30、67、69、70、95、98、145、153、187、273*
上村　清太郎　秋田／＃15／砲兵／＃28／横須賀重砲兵連隊長、第12師団長、西部軍司令官／中将／*142*
上村　利道　熊本／＃22／歩兵／＃34／歩兵第24連隊長、参本庶務課長、第29師団長、第５軍司令官、第36軍司令官／中将／*298、309、310*
宇垣　一成　岡山／＃１／歩兵／＃14恩賜／軍事課長、歩兵第６連隊長、参本第１部長、参本総務部長、第10師団長、教総本部長、次官、陸相、朝鮮総督、外相／大将／*15～18、20～26、28、31、37、39、40、43、51～53、62、63、66、69～72、78、98、104、133、139、151、159、161、165、166、170、172、185、187、251～253、259、262、263、266、267、269、271、274、287*
宇佐美　興屋　東京／＃14／騎兵／＃25恩賜／騎兵第13連隊長、騎兵監、第７師団長、侍従武官長／中将／*47、110*
牛島　貞雄　熊本／＃12／歩兵／＃24／歩兵第３連隊長、参本庶務課長、陸大校長、第19師団長、第18師団長／中将／*131*
牛島　実常　東京／＃16／工兵／＃25／第11師団参謀長、工兵監、第20師団長、台湾軍司令官／中将／*168*
牛島　満　鹿児島／＃20／歩兵／＃28／歩兵第１連隊長、予科士官学校長、第11師団長、陸士校長、第32軍司令官／大将／*133、303*
後宮　淳　京都／＃17／歩兵／＃29／歩兵第48連隊長、参本第３部長、人事局長、軍務局長、第26師団長、第４軍司令官、高級参謀次長、第３方面軍司令官／大将

板垣　征四郎　岩手／＃16／歩兵／＃28／歩兵第33連隊長、関東軍高級参謀、関東軍参謀長、第５師団長、陸相、朝鮮軍司令官、第７方面軍司令官／大将／*18、40、44 ～ 46、50、76、133、152、158、159、162、166、197、206、218、220、221、226、236、256、277、296*

板垣　徹　山口／＃41／歩兵／＃54恩賜／第４軍参謀、大本営参謀、第12方面軍参謀／中佐／*312*

板花　義一　長野／＃23／輜重兵、航空転科／＃35／第１軍第３課長、第６飛行師団長、第２航空軍司令官／中将／*116、244、298*

市川　治平　山梨／＃37／歩兵／＃49／第５軍参謀、第10方面軍参謀、第40軍高級参謀／大佐／*307*

一戸　公哉　東京／＃39／歩兵／　／第４師団参謀、大本営副官、第51軍高級参謀／中佐／*309*

井出　鉄蔵　東京／＃21／輜重兵／＃29／自動車学校長、輜重兵監、第32師団長／中将／*212*

井出　宣時　東京／＃21／歩兵／＃29首席／歩兵第３連隊長、参本演習課長、旅順要塞司令官／中将／*123、134*

伊藤　政喜　大分／＃14／砲兵／＃24／兵務課長、近衛野砲兵連隊長、砲兵監、第３師団長、第101師団長／中将／*205*

井戸川　辰三　宮崎／＃ 1／歩兵／　／近衛歩兵第３連隊長、由良要塞司令官、第13師団長／中将／*17*

稲垣　三郎　島根／＃ 2／騎兵／＃13恩賜／騎兵第１連隊長、駐英武官、連盟陸軍代表／中将／*63、73、76*

稲田　正純　鳥取／＃29／砲兵／＃37恩賜／参本作戦課長、阿城重砲兵連隊長、南方軍総参謀副長、第16方面軍参謀長／中将／*137、245、249、272、308、312*

井上　幾太郎　山口／＃ 4／工兵／＃14／軍事課長、第３師団長、航空本部長／大将／*24、100、111、112、133、154、187*

井上　靖　兵庫／＃26／歩兵／＃33／第10軍第２課長、歩兵第15連隊長、第11独立守備隊長／少将／*298*

今井　亀次郎　東京／＃30／歩兵／＃42／綏芬河特務機関長、近衛師団参謀長、歩兵第236連隊長／大佐／*294、295*

今井　清　愛知／＃15／歩兵／＃26恩賜／歩兵第80連隊長、参本作戦課長、参本第１部長、人事局長、軍務局長、第４師団長、参謀次長／中将／*65、76、81、104、249、254、260、275、276*

今井　一二三　新潟／＃30／歩兵／＃42／台湾歩兵第１連隊長、陸士幹事、教総総務部長、第11方面軍参謀長／少将／*309*

今村　均　宮城／＃19／歩兵／＃27首席／参本作戦課長、歩兵第57連隊長、兵務局長、第５師団長、教総本部長、第23軍司令官、第16軍司令官、第８方面軍司令

飯田　貞固　新潟／＃17／騎兵／＃24／近衛騎兵連隊長、参本総務部長、近衛師団長、第12軍司令官／中将／*113、268*
飯田　祥二郎　山口／＃20／歩兵／＃27／近衛歩兵第４連隊長、兵務局長、近衛師団長、第15軍司令官、第30軍司令官／中将／*218、219、300*
飯村　穣　茨城／＃21／歩兵／＃33／歩兵第61連隊長、陸大校長、総力戦研究所長、南方軍総参謀長、第２方面軍司令官、東京防衛軍司令官／中将／*157、186、218、219、277、308*
飯沼　守　愛知／＃21／歩兵／＃31／近衛歩兵第２連隊長、上海派遣軍参謀長、人事局長、第110師団長／中将／*47、48、260、298*
池谷　半二郎　静岡／＃33／工兵／＃41恩賜／参本船舶課長、第25軍作戦課長、第１方面軍高級参謀、第３軍参謀長／少将／*294、300、301*
池田　純久　大分／＃28／歩兵／＃36、東大経済／企画院調査官、歩兵第45連隊長、関東軍第５課長、内閣綜合計画局長官／中将／*51*
諫山　春樹　福岡／＃27／歩兵／＃36／参本庶務課長、歩兵第11連隊長、第15軍参謀長、第10方面軍参謀長／中将／*300*
石井　秋穂　山口／＃34／歩兵／＃44／北支那方面軍参謀、軍務課班長、南方軍第３課長、陸大教官／大佐／*300*
石井　国男　岐阜／＃35／工兵／　／第14方面軍参謀、第23軍参謀、第16方面軍参謀／大佐／*312*
石井　正美　東京／＃30／工兵／＃39／南方軍作戦課長、第36軍参謀長、陸大幹事、第１総軍参謀副長／少将／*300、309、310、313*
石光　真臣　熊本／＃ 1／砲兵／＃14／野砲兵第８連隊長、参本支那課長、憲兵司令官、第１師団長／中将／*17*
石本　貞直　高知／＃22／歩兵／　／台湾歩兵第１連隊長、釜山要塞司令官、第50師団長／中将／*217*
石原　莞爾　山形／＃21／歩兵／＃30恩賜／関東軍第１課長、歩兵第４連隊長、参本作戦課長、参本第１部長、関東軍参謀副長、第16師団長／中将／*35、39、40、42、44、55、91、152、194、197、226、236、237、249、256、271、273、275～279、296*
井関　隆昌　広島／＃18／砲兵／＃26恩賜／野戦重砲兵第３連隊長、砲兵監、第14師団長／中将／*208*
磯村　年　滋賀／＃ 4／砲兵／＃14恩賜／野砲兵第16連隊長、参本庶務課長、砲工学校長、第12師団長、東京警備司令官／大将／*133、181*
磯谷　廉介　兵庫／＃16／歩兵／＃27／歩兵第７連隊長、補任課長、参本第２部長、軍務局長、第10師団長、関東軍参謀長／中将／*42、46、47、156、206、246、254、285、286、288、289*
磯矢　伍郎　三重／＃29／歩兵／＃37／関東軍第３課長、第２軍参謀長、参本第３部長／中将／*310*

22、29、34、36、46、47、49、133、151、161、168～170、251、252、254、266、267、269
阿部　芳光　愛媛／＃32／歩兵／＃45／第38師団参謀長、歩兵学校教官、内地鉄道司令部参謀長／少将／293、294
甘粕　重太郎　山形／＃18／歩兵／＃29／歩兵第15連隊長、陸士幹事、第33師団長、駐蒙軍司令官／中将／218
天野　正一　愛知／＃32／歩兵／＃43首席／参本欧米課長、支那派遣軍第1課長、第6方面軍参謀副長、参本作戦課長／少将／57、90、249
天野　良英　宮城／＃43／歩兵／＃52恩賜／第27軍参謀、参本総務課部員、教総第1課高級課員／中佐／312
綾部　橘樹　大分／＃27／騎兵／＃36首席／参本編制動員課長、騎兵第25連隊長、関東軍参謀副長、参本第1部長、南方軍総参謀副長、第7方面軍参謀長／中将／244、245、247、276、281、282
新井　亀太郎　群馬／＃ 8／歩兵／＃19／台湾歩兵第1連隊長、戸山学校長、支那駐屯軍司令官、第7師団長／中将／176
新井　健　東京／＃44／歩兵／＃52恩賜／北部軍参謀、教総課員、第5方面軍参謀、第1総軍参謀／中佐／314
荒尾　興功　高知／＃35／歩兵／＃42恩賜／南方軍参謀、参本運輸課長、軍事課長／大佐／52、59、248
荒木　貞夫　東京／＃ 9／歩兵／＃19首席／歩兵第23連隊長、憲兵司令官、参本第1部長、第6師団長、教総本部長、陸相、文相／大将／18、26～31、34、66、71～73、75、97、99、100、104、124、133～135、145、151～153、165、170、172、173、185、186、188、189、253、255、261、266、274、276、278
有末　精三　北海道／＃29／歩兵、航空転科／＃36恩賜／軍務課長、北支那方面軍第4課長、参本第2部長／中将／85、137、286、290
有末　次　北海道／＃31／砲兵／＃41／参本編制動員課長、関東軍第1課長、第8方面軍参謀副長／中将／157、301、302
安藤　三郎　栃木／＃18／歩兵、航空転科／＃29／飛行第7連隊長、航本第1課長、航空兵団司令官／中将／115
安藤　輝三　岐阜／＃38／歩兵／　／歩兵第3連隊付、同中隊長／大尉／123、189
安藤　利吉　宮城／＃16／歩兵／＃26恩賜／歩兵第13連隊長、兵務課長、教総本部長、第5師団長、南支那方面軍司令官、第10方面軍司令官／大将／30、96、97、108、133、167、168、216、218、220、292

［イ］

人名索引

名前　出身／陸士期／兵科／陸大期／略歴／最終階級／掲載頁（参本課は通称）

[ア]

相沢　三郎　宮城／＃22／歩兵／　／戸山学校教官、歩兵第５連隊大隊長、歩兵第41連隊付／中佐／*34、35、173、196*

青木　重誠　石川／＃25／歩兵／＃32恩賜／歩兵第７連隊長、補任課長、第11軍参謀長、第20師団長／中将／*300*

青木　宣純　宮崎／旧＃３／砲兵／　／清国駐屯軍参謀長、野砲兵第14連隊長、北京公使館付武官／中将／*288*

赤柴　八重蔵　新潟／＃24／歩兵／＃37／歩兵第10連隊長、陸士幹事、第25師団長、近衛第１師団長、第53軍司令官／中将／*309*

明石　元二郎　福岡／旧＃６／歩兵／＃５／参本付（欧州駐在）、歩兵第７連隊長、韓国駐剳憲兵司令官、参謀次長、第６師団長、台湾総督／大将／*167*

赤松　貞雄　東京／＃34／歩兵／＃46恩賜／陸相秘書官、首相秘書官、軍事課長、歩兵第157連隊長／大佐／*138、244、247、250*

秾田　弘志　東京／＃36／騎兵、航空転科／＃46／駐独武官補佐官、第７飛行団長、南方軍参謀、第16方面軍高級参謀／大佐／*307、312*

秋永　月三　大分／＃27／砲兵／＃36、東大経済／企画院第１部長、第17軍参謀長、内閣綜合計画局長官／中将／*51*

秋山　好古　愛媛／旧＃３／騎兵／＃１／清国駐屯守備隊司令官、騎兵第１旅団長、近衛師団長、教育総監／大将／*63、95、262*

朝香宮　鳩彦　皇族／＃20／歩兵／＃26／近衛師団長、上海派遣軍司令官／大将／*122、133、222、298*

浅野　克己　石川／＃32／歩兵／＃43／兵務課高級課員、第23軍高級参謀／少将／*293*

安達　久　香川／＃33／歩兵／＃42恩賜／機甲本部第１課長、第６軍高級参謀、教総第２課長、第40軍参謀長／少将／*307*

阿南　惟幾　大分／＃18／歩兵／＃30／近衛歩兵第２連隊長、兵務局長、人事局長、次官、第11軍司令官、第２方面軍司令官、航空総監、陸相／大将／*18、19、44、48、56、58、59、91～93、114、115、117、118、133、166、191、218、219、223、260、262、263、281*

安倍　定　大分／＃22／歩兵、航空転科／＃31／飛行第４連隊長、飛行集団参謀長、第51教育飛行師団長／中将／*116*

阿部　信行　石川／＃９／砲兵／＃19恩賜／野砲兵第３連隊長、参本総務部長、軍務局長、次官、第４師団長、台湾軍司令官、首相、朝鮮総督／大将／*19、21、*

ＮＦ文庫書き下ろし作品

NF文庫

昭和の陸軍人事

二〇一五年十二月十七日　印刷
二〇一五年十二月二十三日　発行

著　者　藤井非三四
発行者　高城直一
発行所　株式会社潮書房光人社
〒102-0073 東京都千代田区九段北一-九-十一
振替／〇〇一七〇-六-五四六九三
電話／〇三-三二六五-一八六四代
印刷所　慶昌堂印刷株式会社
製本所　東　京　美　術　紙　工
定価はカバーに表示してあります
乱丁・落丁のものはお取りかえ致します。本文は中性紙を使用

ISBN978-4-7698-2920-1　C0195
http://www.kojinsha.co.jp

ＮＦ文庫

刊行のことば

第二次世界大戦の戦火が熄《や》んで五〇年――その間、小社は夥しい数の戦争の記録を渉猟し、発掘し、常に公正なる立場を貫いて書誌とし、大方の絶讃を博して今日に及ぶが、その源は、散華された世代への熱き思い入れであり、同時に、その記録を誌して平和の礎とし、後世に伝えんとするにある。

小社の出版物は、戦記、伝記、文学、エッセイ、写真集、その他、すでに一、〇〇〇点を越え、加えて戦後五〇年になんなんとするを契機として、「光人社ＮＦ（ノンフィクション）文庫」を創刊して、読者諸賢の熱烈要望におこたえする次第である。人生のバイブルとして、心弱きときの活性の糧《かて》として、散華の世代からの感動の肉声に、あなたもぜひ、耳を傾けて下さい。

＊潮書房光人社が贈る勇気と感動を伝える人生のバイブル＊

ＮＦ文庫

アンガウル、ペリリュー戦記　玉砕を生きのびて
星　亮一

日米両軍の死闘が行なわれ一万一千余の日本兵が戦場の露と消えた二つの島。奇跡的に生還を果たした日本軍兵士の証言を綴る。

伝説の潜水艦長　夫　板倉光馬の生涯
板倉恭子
片岡紀明

わが子の死に涙し、部下の特攻出撃に号泣する人間魚雷「回天」指揮官の真情——苛烈酷薄の裏に隠された溢れる情愛をつたえる。

父・大田實海軍中将との絆　自衛隊国際貢献の嚆矢となった男の軌跡
三根明日香

「沖縄県民斯ク戦ヘリ」の電文で知られる大田中将と日本初のＰＫＯ、ペルシャ湾の掃海部隊を指揮した落合海将補の足跡を描く。

真珠湾攻撃作戦　日本は卑怯な「騙し討ち」ではなかった
森　史朗

各隊の攻撃記録を克明に再現し、空母六隻の全航跡をたどる。日米双方の視点から多角的にとらえたパールハーバー攻撃の全容。

ニューギニア砲兵隊戦記　東部ニューギニア歓喜嶺の死闘
大畠正彦

砲兵の編成、装備、訓練、補給、戦場生活、陣地構築から息詰まる戦闘の一挙手一投足までを活写した砲兵中隊長、渾身の手記。

写真　太平洋戦争　全10巻　〈全巻完結〉
「丸」編集部編

日米の戦闘を綴る激動の写真昭和史——雑誌「丸」が四十数年にわたって収集した極秘フィルムで構築した太平洋戦争の全記録。

＊潮書房光人社が贈る勇気と感動を伝える人生のバイブル＊

ＮＦ文庫

空母「瑞鶴」の生涯
豊田　穣
不滅の名艦 栄光の航跡
艦上爆撃機搭乗員として「瑞鶴」を知る直木賞作家が、艦の運命にみずからの命を託していった人たちの思いを綴った空母物語。

非情の操縦席
渡辺洋二
生死のはざまに位置して
そこには無機質な装置類が詰まり、人間性を消したパイロットが潜む。一瞬の判断が生死を分ける、過酷な宿命を描いた話題作。

不屈の海軍戦闘機隊
中野忠二郎ほか
苦闘を制した者たちの空戦体験手記
九六艦戦・零戦・紫電・紫電改・雷電・月光・烈風・震電・秋水——愛機と共に生死紙一重の戦いを生き抜いた勇者たちの証言。

終戦時宰相 鈴木貫太郎
小松茂朗
昭和天皇に信頼された海の武人の生涯
太平洋戦争の末期、推されて首相となり、戦争終結に尽瘁し、日本の平和と繁栄のいしずえを作った至誠一途の男の気骨を描く。

もうひとつの小さな戦争
小田部家邦
小学六年生が体験した東京大空襲と学童集団疎開の記録
高射砲弾の炸裂と無気味な爆音、そして空腹と栄養不足の集団生活。戦時下に暮らした子供たちの戦いを綴るノンフィクション。

ゲッベルスとナチ宣伝戦
広田厚司
一般市民を扇動する恐るべき野望
世界最初にして、最大の「国民啓蒙宣伝省」——ヒトラー、ナチ幹部、国防軍、そして市民を従属させたその全貌を描いた話題作。

＊潮書房光人社が贈る勇気と感動を伝える人生のバイブル＊

NF文庫

戦艦大和の台所
高森直史

海軍食グルメ・アラカルト

超弩級戦艦「大和」乗員二五〇〇人の食事は、どのようにつくられたのか？　メシ炊き兵の気概を描く蘊蓄満載の海軍食生活史。

沖縄一中 鉄血勤皇隊
田村洋三

学徒の盾となった隊長 篠原保司

悲劇の中学生隊を指揮、凄惨な地上戦のただ中で最後まで人として歩むべき道を示し続けた若き陸軍将校と生徒たちの絆を描く。

飛燕 B29邀撃記
高木晃治

飛行第56戦隊 足摺の海と空

本土上空に彩られた非情の戦い！　大戦末期、足摺岬上空で集合するB29に肉迫攻撃を挑んだ陸軍戦闘機パイロットたちの航跡。

砲艦 駆潜艇 水雷艇 掃海艇
大内建二

それぞれの任務に適した個性的な艦艇

河川の哨戒、陸兵の援護や輸送などを担い、時として外交の場となった砲艦など、日本海軍の特異な四艦種を写真と図版で詳解。

重巡洋艦の栄光と終焉
寺岡正雄ほか

修羅の海から生還した男たちの手記

重巡洋艦は万能艦として海上戦の中核を担った――乗員たちの熾烈な戦争体験記が物語る、生死をものみこんだ日米海戦の実態。

くちなしの花
宅嶋徳光

ある戦歿学生の手記

戦後七十年をへてなお輝きを失わぬ不滅の紙碑！　愛するが故に愛しき人への愛の絆をたちきり祖国に殉じた若き学徒兵の肉声。

＊潮書房光人社が贈る勇気と感動を伝える人生のバイブル＊

ＮＦ文庫

大空のサムライ　正・続
坂井三郎

出撃すること二百余回——みごと己れ自身に勝ち抜いた日本のエース・坂井が描き上げた零戦と空戦に青春を賭けた強者の記録。

紫電改の六機　若き撃墜王と列機の生涯
碇　義朗

本土防空の尖兵となって散った若者たちを描いたベストセラー。新鋭機を駆って戦い抜いた三四三空の六人の空の男たちの物語。

連合艦隊の栄光　太平洋海戦史
伊藤正徳

第一級ジャーナリストが晩年八年間の歳月を費やし、残り火の全てを燃焼させて執筆した白眉の〝伊藤戦史〟の掉尾を飾る感動作。

ガダルカナル戦記　全三巻
亀井　宏

太平洋戦争の縮図——ガダルカナル。硬直化した日本軍の風土とその中で死んでいった名もなき兵士たちの声を綴る力作四千枚。

『雪風ハ沈マズ』　強運駆逐艦　栄光の生涯
豊田　穣

直木賞作家が描く迫真の海戦記！　艦長と乗員が織りなす絶対の信頼と苦難に耐え抜いて勝ち続けた不沈艦の奇蹟の戦いを綴る。

沖縄　日米最後の戦闘
米国陸軍省編
外間正四郎訳

悲劇の戦場、90日間の戦いのすべて——米国陸軍省が内外の資料を網羅して築きあげた沖縄戦史の決定版。図版・写真多数収載。